高等学校碳中和城市与低碳建筑设计系列教材

高等学校土建类专业课程教材与教学资源专家委员会规划教材

丛书主编　刘加平

低碳交通建筑设计

Low-Carbon Transportation Building Design

沈中伟　张樱子　主编

中国建筑工业出版社

图书在版编目（CIP）数据

低碳交通建筑设计 = Low-Carbon Transportation Building Design / 沈中伟，张樱子主编 . -- 北京：中国建筑工业出版社，2024. 11. --（高等学校碳中和城市与低碳建筑设计系列教材 / 刘加平主编）（高等学校土建类专业课程教材与教学资源专家委员会规划教材）.

ISBN 978-7-112-30538-4

Ⅰ. TU248

中国国家版本馆 CIP 数据核字第 2024LV4241 号

为了更好地支持相应课程的教学，我们向采用本书作为教材的教师提供课件，有需要者可与出版社联系。
建工书院：https://edu.cabplink.com
邮箱：jckj@cabp.com.cn　电话：（010）58337285

策　　划：陈　桦　柏铭泽
责任编辑：王　惠　陈　桦
责任校对：赵　力

高等学校碳中和城市与低碳建筑设计系列教材
高等学校土建类专业课程教材与教学资源专家委员会规划教材
丛书主编　刘加平

低碳交通建筑设计

Low-Carbon Transportation Building Design

沈中伟　张樱子　主编

*

中国建筑工业出版社出版、发行（北京海淀三里河路9号）
各地新华书店、建筑书店经销
北京海视强森图文设计有限公司制版
北京中科印刷有限公司印刷

*

开本：787毫米 × 1092毫米　1/16　印张：13　字数：247千字
2025 年 2 月第一版　2025 年 2 月第一次印刷
定价：59.00元（赠教师课件）
ISBN 978-7-112-30538-4
（43915）

《高等学校碳中和城市与低碳建筑设计系列教材》编审委员会

《高等学校碳中和城市与低碳建筑设计系列教材》

总序

党的二十大报告中指出要“积极稳妥推进碳达峰碳中和，推进工业、建筑、交通等领域清洁低碳转型”，同时要“实施城市更新行动，加强城市基础设施建设，打造宜居、韧性、智慧城市”，并且要“统筹乡村基础设施和公共服务布局，建设宜居宜业和美乡村”。中国建筑节能协会的统计数据表明，我国2020年建材生产与施工过程碳排放量已占全国总排放量的29%，建筑运行碳排放量占22%。提高城镇建筑宜居品质、提升乡村人居环境质量，还将会提高能源等资源消耗，直接和间接增加碳排放。在这一背景下，碳中和城市与低碳建筑设计作为实现碳中和的重要路径，成为摆在我们面前的重要课题，具有重要的现实意义和深远的战略价值。

建筑学（类）学科基础与应用研究是培养城乡建设专业人才的关键环节。建筑学的演进，无论是对建筑设计专业的要求，还是建筑学学科内容的更新与提高，主要受以下三个因素的影响：建筑设计外部约束条件的变化、建筑自身品质的提升、国家和社会的期望。近年来，随着绿色建筑、低能耗建筑等理念的兴起，建筑学（类）学科教育在课程体系、教学内容、实践环节等方面进行了深刻的变革，但仍存在较大的优化和提升空间，以顺应新时代发展要求。

为响应国家“3060”双碳目标，面向城乡建设“碳中和”新兴产业领域的人才培养需求，教育部进一步推进战略性新兴领域高等教育教材体系建设工作。旨在系统建设涵盖碳中和基础理论、低碳城市规划、低碳建筑设计、低碳专项技术四大模块的核心教材，优化升级建筑学专业课程，建立健全校内外实践项目体系，并组建一支高水平师资队伍，以实现建筑学（类）学科人才培养体系的全面优化和升级。

“高等学校碳中和城市与低碳建筑设计系列教材”正是在这一建设背景下完成的，共包括18本教材，其中，《低碳国土空间规划概论》《低碳城市规划原理》《建筑碳中和概论》《低碳工业建筑设计原理》《低碳公共建筑设计原理》这5本教材属于碳中和基础理论模块；《低碳城乡规划设计》《低碳城市规划工程技术》《低碳增汇景观规划设计》这3本教材属于低碳城市规划模块；《低碳教育建筑设计》《低碳办公建筑设计》《低碳文体建筑设计》《低碳交通建筑设计》《低碳居住建筑设计》《低碳智慧建筑设计》这6本教材属于低碳建筑设计模块；《装配式建筑设计概论》《低碳建筑材料与构造》《低碳建筑设备工程》《低碳建筑性能模拟》这4本教材属于低碳专项技术模块。

本系列丛书作为碳中和在城市规划和建筑设计领域的重要研究成果，涵盖了从基础理论到具体应用的各个方面，以期为建筑学（类）学科师生提供全面的知识体系和实践指导，推动绿色低碳城市和建筑的可持续发展，培养高水平专业人才。希望本系列教材能够为广大建筑学子带来启示和帮助，共同推进实现碳中和城市与低碳建筑的美好未来！

刘加平

丛书主编、西安建筑科技大学建筑学院教授、中国工程院院士

前言

面对全球气候变化的严峻挑战，低碳发展已成为我们这个时代的共同课题。建筑行业作为全球能源消耗和温室气体排放的重要来源，其转型升级对于实现可持续发展具有不可替代的作用。区别于其他公共建筑类型，交通建筑作为交通系统的重要组成部分，其低碳转型的内涵存在特殊性：低碳交通建筑不仅关乎建筑本身的节能减排，也影响着居民的出行选择，对建筑领域与交通领域的碳中和实现都具有重要意义。作为教育者和实践者，我们有责任培养未来的建筑师，使他们能够运用低碳设计理念，为实现城乡建设与交通领域的可持续发展做出贡献。这本教材正是在这样的背景下应运而生。

本教材的编写是在教育部“十四五”高等教育教材体系建设工作的政策指导下进行的，旨在响应国家对战略性新兴领域人才培养的重视，通过整合时代精神、产学共识和数字技术，构建一个高质量、前沿性、实践性强的专业教材体系。本教材是由西安建筑科技大学刘加平院士领衔的“未来产业（碳中和）”领域系列教材之一，聚焦低碳交通建筑这一特殊领域。作为一名在建筑教育和工程实践领域耕耘了 20 余年的教育工作者，我深感荣幸能够担任这本《低碳交通建筑设计》教材的主编。这本教材的编写遵循了紧跟产业发展前沿、反映中国特色、融合理论与实践、应用数字技术等原则，由建筑、交通、低碳技术等多领域的学者组成编写团队，确保了教材内容的先进性、系统性和科学性，以期培养具有创新精神和实践能力的高素质专业人才。

《低碳交通建筑设计》旨在为建筑学专业的本科生提供一本专业、前沿的教材，帮助他们构建起低碳交通建筑设计的知识体系，培养他们的创新能力和实践技能。在编写这本教材的过程中，我们的编写团队深入探讨了低碳交通建筑设计的理论基础和技术方法，并且采用知识图谱构建了一个结构化的知识体系，使学生能够清晰地理解低碳交通建筑设计的理论和实践，实现知识的有效整合和系统化学习。此外，作为设计实践课程的配套教材，我们不仅注重理论知识的系统性，更强调将理论与实践相结合，通过丰富的案例，展示低碳技术在交通建筑设计实践项目中的应用和效果。我们期望学生能够在学习过程中，不仅掌握理论知识，更能学会如何在实际项目中应用这些知识，解决实际问题。同时，我们还特别强调了数字技术的应用，这不仅体现了建筑教育的现代化，也是对建筑行业未来发展的前瞻性布局。我们相信，通过这本教材的学习，学生们将能够更好地理解并响应国家政策，掌握行业发展趋势，适应未来城乡建设与交通领域对复合型人才的需求。

本书由沈中伟、张樱子主编。各部分的编者是：沈中伟（第 1、7 章）、唐浩和张樱子（第 2 章）、张樱子（第 3、6 章）、宣湟（第 4 章）、吴聃和刘学（第 5 章）。同时，在本书的编写过程中，陈思婷、刘盛、王俊、侯丹和陈尧东老师也付出了大量心血和努力，为本书的完成做出了重要贡献。此外，教材的编写得到了众多同行和行业专家的支持，中铁二院工程集团有限责任公司、中国建筑西南设计研究院有限公司、首都机场集团有限公司等行业领军企业提供了丰富的案例和数据，极大地增强了教材的实用性和针对性。本教材得到了主审人哈尔滨工业大学孙澄教授的专业指导，为我们在教材的结构和表达上提出了诸多建设性的意见，在此我们深表敬意和感谢。本教材在编写过程中，还选用了部分优秀案例的精彩图片，因无法获得有效的联系方式，仍有个别图片未能联系上原作者，请图片作者或著作权人见书后及时与编写者联系沟通（邮箱 49732758@qq.com）。

沈中伟
西南交通大学建筑学院
院长、教授、博士生导师

2024 年 6 月

知识图谱

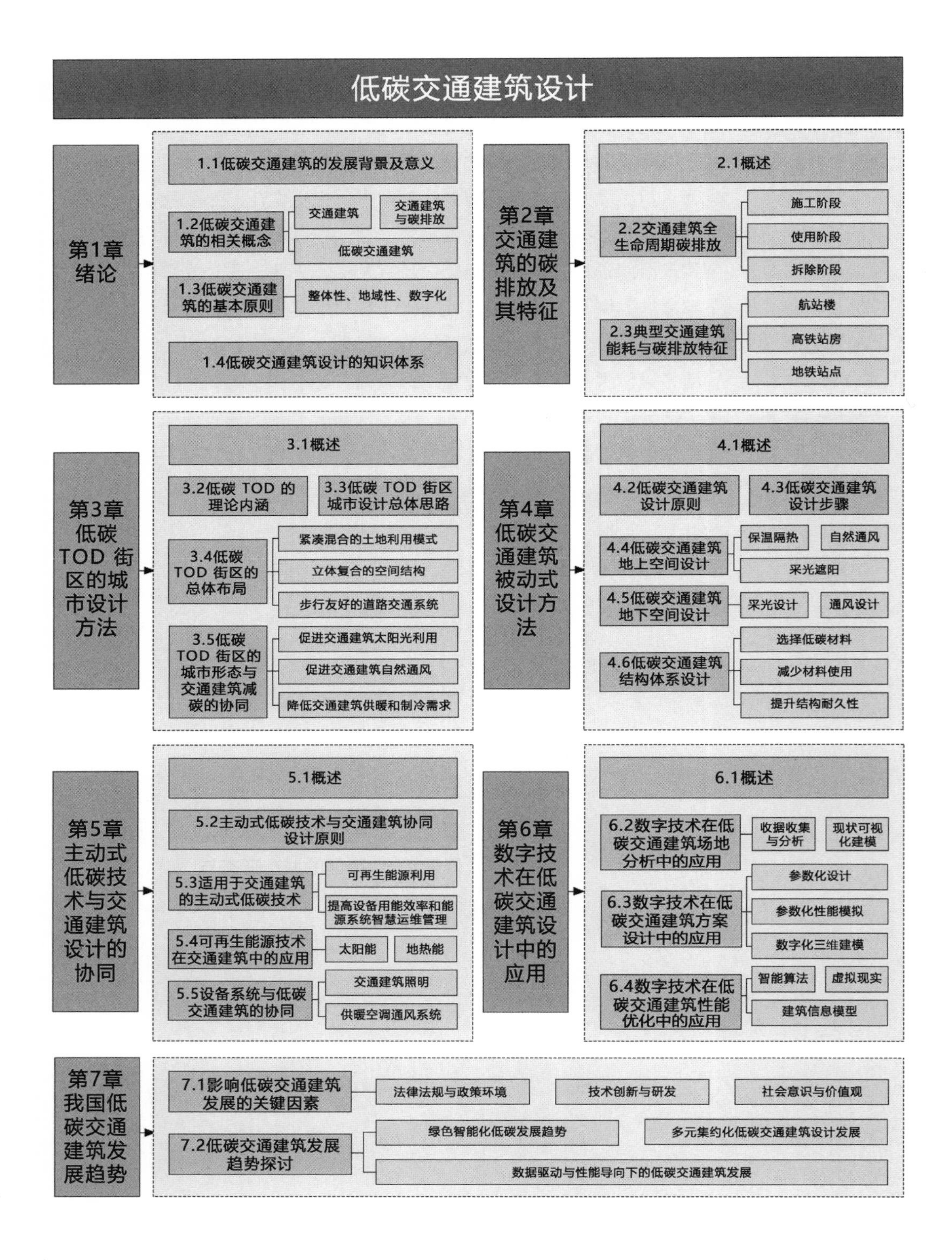
低碳交通建筑设计
第1章 绪论
1.1低碳交通建筑的发展背景及意义
1.2低碳交通建筑的相关概念
交通建筑
交通建筑与碳排放
低碳交通建筑
1.3低碳交通建筑的基本原则
整体性、地域性、数字化
1.4低碳交通建筑设计的知识体系
第2章 交通建筑的碳排放及其特征
2.1概述
2.2交通建筑全生命周期碳排放
施工阶段
使用阶段
拆除阶段
2.3典型交通建筑能耗与碳排放特征
航站楼
高铁站房
地铁站点
第3章 低碳TOD街区的城市设计方法
3.1概述
3.2低碳TOD的理论内涵
3.3低碳TOD街区城市设计总体思路
3.4低碳TOD街区的总体布局
紧凑混合的土地利用模式
立体复合的空间结构
步行友好的道路交通系统
3.5低碳TOD街区的城市形态与交通建筑减碳的协同
促进交通建筑太阳光利用
促进交通建筑自然通风
降低交通建筑供暖和制冷需求
第4章 低碳交通建筑被动式设计方法
4.1概述
4.2低碳交通建筑设计原则
4.3低碳交通建筑设计步骤
4.4低碳交通建筑地上空间设计
保温隔热
自然通风
采光遮阳
4.5低碳交通建筑地下空间设计
采光设计
通风设计
4.6低碳交通建筑结构体系设计
选择低碳材料
减少材料使用
提升结构耐久性
第5章 主动式低碳技术与交通建筑设计的协同
5.1概述
5.2主动式低碳技术与交通建筑协同设计原则
5.3适用于交通建筑的主动式低碳技术
可再生能源利用
提高设备用能效率和能源系统智慧运维管理
5.4可再生能源技术在交通建筑中的应用
太阳能
地热能
5.5设备系统与低碳交通建筑的协同
交通建筑照明
供暖空调通风系统
第6章 数字技术在低碳交通建筑设计中的应用
6.1概述
6.2数字技术在低碳交通建筑场地分析中的应用
数据收集与分析
现状可视化建模
6.3数字技术在低碳交通建筑方案设计中的应用
参数化设计
参数化性能模拟
数字化三维建模
6.4数字技术在低碳交通建筑性能优化中的应用
智能算法
虚拟现实
建筑信息模型
第7章 我国低碳交通建筑发展趋势
7.1影响低碳交通建筑发展的关键因素
法律法规与政策环境
技术创新与研发
社会意识与价值观
7.2低碳交通建筑发展趋势探讨
绿色智能化低碳发展趋势
多元集约化低碳交通建筑设计发展
数据驱动与性能导向下的低碳交通建筑发展

目录

第1章 绪论

自2017年提出在2035年基本建成交通强国的国家战略，我国便致力于加快交通基础设施的建设，推动交通建设领域的高质量发展。2023年实施的《加快建设交通强国五年行动计划（2023—2027年）》中[1]，进一步明确了这一思路，将地铁、高铁车站和机场等交通基础设施作为未来十年国家基建的重点。在交通强国战略背景下，交通建筑承载了城市核心的运载任务，是未来城市发展建设的重要内容。同时，自2020年我国正式提出“双碳”目标后，绿色低碳发展成为关注的焦点。交通建筑作为国家基建的重点，其低碳化发展既是城乡建设领域实现低碳化的重要一环，也是加快交通运输领域结构调整优化的重要路径，对促进城市的可持续发展以应对全球气候的急剧变化，促进经济社会发展全面绿色转型具有重要意义。

1.1.1 加速绿色建筑发展，有利于推动绿色技术创新

当代交通建筑的低碳化发展是一项复杂的全方位转型。这首先对设计方法提出了新的要求，需要从理念到方法上的技术创新。低碳交通建筑的发展有助于加速探索新的绿色技术，通过技术创新与进步提高能源利用效率，同时研发新的节能、环保建筑材料以缓解资源短缺，加速数字化、智能化管理技术在建筑领域的落实，加速推动技术创新并提高绿色建筑发展水平。

1.1.2 促进城乡建设领域与交通领域的低碳化协同发展

交通建筑因其特殊的建筑形式和运行方式，呈现出能耗高、强度大的特点，且不同类型的交通建筑，碳排放特征存在较大的差异。随着交通建筑的建设需求不断增加，发展低碳交通建筑对促进城乡建设领域的低碳转型具有积极的作用。同时，随着城市规模不断扩大，区域内要素的关联也越来越紧密，全社会的运输总量仍将保持较大规模且持续性的增长趋势，城市中以公共交通为导向的发展（TOD：Transit-Oriented Development）模式可极大地促进步行活动、公共交通出行等低碳出行方式，对降低交通碳排放同样具有显著作用。因此，发展低碳交通建筑、促进交通建筑与城市的协同，可促进城乡建设领域和交通领域的协同减碳。

随着社会的发展，公共交通也早已突破了城市与城市的边界，交通建筑对社会经济、居民生活产生的影响和变化越来越显著，推进城市化进程朝着良性方向发展离不开交通建筑的建设。交通建筑作为连接片区和城市的“中转站”，渗透到城市空间的各个部位，既是交通运输的基本设备，也是城市重要的基础设施，又是城市协同交通发展的重要环节。因此，低碳交通建筑对当代交通领域的发展以及城乡建设领域的低碳转型有重要的影响和意义。

1.1.3 构建低碳社区，促进社会可持续发展

推动低碳交通建筑的建设是实现社会可持续发展的重要手段。交通建筑作为片区乃至城市基础设施的重要组成部分，其低碳化转型不仅有助于减少整个片区的能源消耗和碳排放，也有助于发挥低碳交通建筑的周边辐射带动作用，形成以低碳交通建筑为核心，并辐射至周边片区的低碳社区。

其次，低碳交通建筑的发展也会为城市带来巨大的经济潜力，提升交通建筑周边片区乃至城市的社会、经济与环境价值，不仅有助于城市的长期发展，还能够提升城市的国际形象，吸引更多的投资和人才，为打造可持续发展的社会培育新动能、注入新活力。

1.2.1 交通建筑的概念与类型

1）交通建筑的概念

交通建筑是以交通运输方式为基础，以满足交通运输在交通组织、旅客乘降、货物装运、运输管理等方面功能的公共建筑，是整合城市公共交通运输必不可少的基础设施，也是城市发展的重要组成部分。交通建筑的规划和建设在完善城市的交通系统、提升城市的整体生活品质和提高居民的生活质量等方面都有着不可替代的积极作用，对加快国家经济建设和促进社会发展有着不可替代的积极作用。

2）交通建筑的类型

（1）按运输方式分类：交通建筑依据建筑所承载的不同公共交通运输方式类型，可分为航空交通建筑、铁路交通建筑、水运交通建筑、公路交通建筑城市轨道交通建筑、交通综合体等。

①航空交通建筑：如航站楼、机场指挥塔等。

②铁路交通建筑：如铁路客站、火车站、高铁站等。

③水运交通建筑：如港口客运站、客运码头、海港等港口码头建筑等。

④公路交通建筑：如公路客运站、高速公路服务区用房、公交车站等。

⑤城市轨道交通建筑：如地铁站、轻轨站、城市公交换乘站等。

⑥交通综合体：以交通为导向，实现多模式交通转换，并将商业、商务、休闲等城市功能一体化整合的综合性建筑或建筑群体。

⑦其他：索道站等。

（2）按建筑功能性质分类：

①枢纽型交通建筑：交通枢纽建筑，如火车站、机场、长途汽车站等，是城市交通体系中的核心组成部分，承担着大量人流、物流的集散和转运任务。这些建筑通常规模庞大，设计复杂，既要求满足高效率的交通运行，又要满足人性化的旅客服务，同时也要兼顾城市的整体形象和文化建设。

②节点型交通建筑：交通节点建筑，如地铁站、公交车站、出租车停靠站等，是城市交通网络中的基础单元，虽然规模相对较小，但数量众多，分布广泛。节点型交通建筑虽然不如枢纽型交通建筑拥有庞大的规模和体量，但在城市交通中却扮演着至关重要的角色，它们连接着城市的各个角落，为市民提供便捷的出行服务。

1.2.2 交通建筑与碳排放

从建筑全生命周期的碳排放看，交通建筑碳排放在建筑各阶段占比结构不同，相较于其他公共建筑，交通建筑在运行阶段碳排放占比更大；从单位时间看，交通建筑在建材生产过程中的碳排放强度更高。总体来看，交通建筑的碳排放主要受以下几个方面的影响：

1）地理位置和气候条件

交通建筑碳排放量与所处的地理位置和气候热工分区密切相关，主要体现在能源结构、建筑材料来源、能耗需求、建筑设计等方面。一方面，地理位置决定了当地可获取的能源类型，如煤炭等化石燃料或可再生清洁能源，这直接决定了交通建筑运维阶段的能源消耗和碳排放量。地理位置还会影响建筑材料的来源以及运输方式，进而增加建材生产、运输过程中的碳排放。另一方面，气候条件直接影响交通建筑的用能需求，这些用能需求及能源供给方式都会对碳排放量产生较大影响。因此，在设计和建设交通建筑时，需要充分考虑地理位置和气候条件，采取合适的节能措施，以降低碳排放。

2）结构形式

交通建筑尤其是枢纽型交通建筑在结构形式上不同于其他类型建筑，通常采用大跨度结构，如网架结构、桁架结构等，这些结构形式可以为交通建筑提供更大的可变空间。不同的结构形式在材料选择、制作工艺和施工方法上存在差异，因此其碳排放也会有所不同。如网架结构，由于采用轻质材料，相对于传统结构，其材料生产阶段的碳排放可能较低，但其节点复杂，可能会增加施工阶段的碳排放。总的来说，交通建筑的结构形式选择应综合考虑建筑的功能需求、经济成本、环境影响等因素，优先选择低碳环保的结构形式，并通过优化设计、提高施工效率等措施降低碳排放。

3）交通类型和交通流量

不同类型的交通建筑（如汽车站、火车站、航站楼等）因其承载的交通工具各异，在空间、结构设计和材料运用等方面须作出适应性调整，这一特性直接且显著影响了建设和运维过程中的碳排放量。交通建筑的类型也决定其承载的交通流量，高流量的区域必然会吸引大量车辆与人员往来，并直接加剧建筑在运维阶段及后续维护中对能源的需求，特别是空调、照明等能耗系统的负荷。因此，在规划和设计交通建筑时，应全面考量各类交通模式及其流量需求，采取针对性的规划布局和结构设计方案与可再生能源及环保材料应用策略，旨在提升交通系统的运营效率，并有效疏导不必要的交通流量，从而显著降低建筑的能耗与碳排放，促进低碳建筑和绿色交通发展。

4）运维方式

交通建筑在运维方式中的减碳路径是一个综合性的过程，旨在通过优化运维策略、提升能源效率、采用低碳技术和材料等手段来降低碳排放。具体体现在优化能源利用和智能能源管理两个方面。交通建筑在运维过程中的能源利用应优先考虑太阳能、风能等可再生能源的利用，将可再生能源纳入交通建筑的能源供应体系，减少对化石燃料的依赖，从而降低碳排放。而目前，人工智能、大数据等新一代信息技术在交通建筑能源管理中实现了智能化、精细化与高效化。这些技术不仅助力能源使用的精准预测与优化调度，还通过大数据分析揭示能源使用规律、分析用户行为模式、集成与协同能源系统，促进预测性维护，提升能源管理效率，减少浪费与成本。在绿色建筑运维过程中，这些技术发挥着关键性作用，推动交通建筑向绿色、低碳、可持续的方向发展。

1.2.3 低碳交通建筑的内涵

交通建筑是一种具有鲜明的时代和文化印记的建筑类型，从单一功能交通建筑到文化地标性建筑，再到如今强调绿色低碳化的发展趋势，文化、经济与社会的元素在交通建筑中都能够充分体现[3]。低碳交通建筑是城市可持续发展建设不可或缺的一部分，它既承载了城市核心的运载任务，又能够大幅提升城市整体的低碳建设水平。交通建筑的低碳化对城乡建设领域乃至社会经济的低碳转型均产生综合性影响，故低碳交通建筑的内涵是极为丰富且多维的，可以从以下三个层面概括其内涵：

第一是全生命周期的低碳化，从规划设计、施工到运维，低碳交通建筑强调在整个生命周期内实现能源利用效率的最大化和碳排放的最小化，从而达到全生命周期的低碳化目标。

第二是多维度的系统化整合，低碳交通建筑需要综合考虑城市规划、建筑设计、材料选择、能源利用、交通模式等多个方面，采用创新性设计方法和先进的技术如太阳能利用、绿色建材、智能建筑管理系统等，形成一个多维协调的持续的运行系统。

第三是建筑与社区的协同发展，低碳交通建筑不仅是单个项目的责任，还需要在规划设计中考虑同周边社区和城市的整体规划和发展策略相协调，通过低碳 TOD 规划等改善社区环境、提高能源利用效率、促进资源循环利用，从而带动周边区域的低碳协同发展。

1.3.1 低碳交通建筑的设计范畴

低碳交通建筑的设计是一个多层次、多维度的课题，建筑师需要从城市、建筑和技术的角度出发，综合考虑各种因素，它涵盖了三个主要方面：低碳 TOD 街区的设计、低碳的被动式建筑设计以及主动式低碳技术与建筑设计的协同（图 1-1）。低碳 TOD 街区的设计主要是基于城市维度的考量，建筑师将目光从建筑单体放宽到街区和建筑群的角度进行思考，通过对街区的土地利用、街区形态的设计等，创造良好的微气候环境，同时提高公共交通和步行交通的便捷性，促进绿色出行，从而降低区域整体的碳排放。低碳的被动式建筑设计更多的是从低碳的角度考量建筑的空间和围护结构的设计等，如何通过设计策略在建筑层面实现低碳目标。主动式低碳技术与建筑设计协同是指在建筑设计中考虑同低碳技术的结合，将其看作一个与建筑相辅相成的整体进行统一规划，让低碳技术在建筑中更高效地运作。

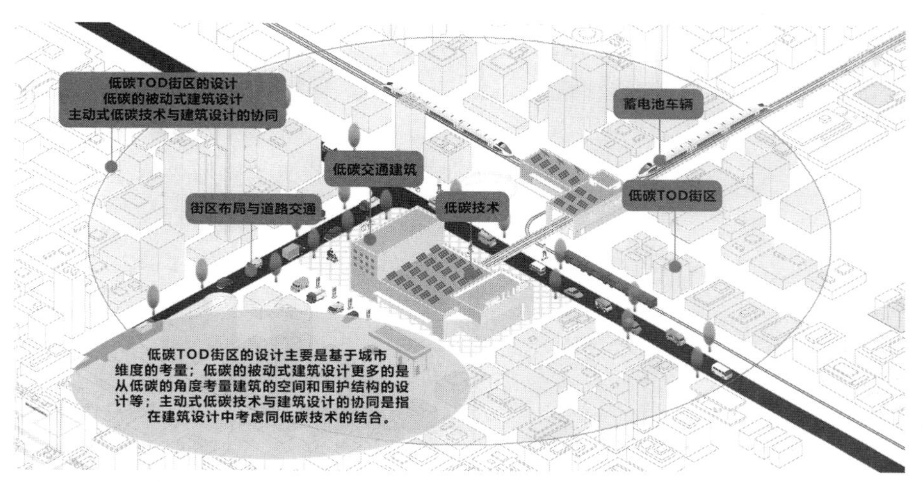

图 1-1 低碳交通建筑设计范畴示意图

1）低碳 TOD 街区的设计

低碳 TOD 街区的设计主要围绕“双碳”目标背景下，以公共交通为导向的发展模式展开，该城市开发模式能有效协调公共交通与土地利用的良性互动，是实现城乡建设与交通领域的低碳转型的重要途径。作为低碳交通建筑中的重要一环，其设计旨在通过土地利用与公共交通的协同、能源利用效率的提升、绿色建筑与绿色基础设施的建设等途径，实现城市的减碳增汇与可持续发展。

通俗意义上讲，TOD 模式会被理解为临近交通枢纽建筑，如地铁站、高铁站等的大型综合性商业开发设计。这要求在设计中考虑如何有效节约公共资源，将多种功能空间如：居住、办公、交通、商业等进行合理混合，优化建筑布局[2]，减少低承载率的私家车、出租车和网约车的使用，同时降低交通系统和开发项目的能耗，以缓解道路拥堵、避免交通安全事故和对环境空间的浪费，从而达到节能减碳的目的。

2）低碳的被动式建筑设计

交通建筑的低碳化设计是对过量排放温室气体导致全球气候变化的积极响应，也为减少环境影响、提升能源效率及使用舒适度提供了有效途径。低碳建筑设计应注重在建筑的全生命周期内提高能源利用效率、减少能源消耗、进而降低碳排放。在建筑的设计阶段，建筑师需要充分考虑交通建筑类型、交通流量、结构选型及所处的地理位置和气候条件，因地制宜地对资源进行合理分配和利用。具体如下：

（1）采用高效节能及本土的建筑材料：如高效隔热材料、节能玻璃以及当地的建筑材料，降低建筑的建材在建造、运输以及建筑运维过程中的碳排放量。

（2）采用低碳环保的结构形式：依据建筑的功能需求、经济成本、环境影响等因素，优化结构选型，能显著提高建筑能效，节约隐形碳排放。

（3）采用因地制宜的建筑设计策略：根据交通建筑所处的气候热工分区，选择恰当的设计策略，如建筑的体形系数、窗墙比、保温层材料等，这些均会直接影响建筑在运维过程中的碳排放。

综合来看，在建筑设计阶段推广低碳化设计，可以有效地减少建筑在全生命周期内的能源消耗和隐形碳排放，是推动智慧城市建设与发展的重要内容，也是实现城市数字化转型与低碳建筑发展的关键手段。

3）低碳技术与建筑设计的协同

可再生能源的利用是当前全球能源发展的重要方向，它对于缓解能源危机、减少环境污染、促进可持续发展具有重要意义。交通建筑设计与主动式低碳技术的协同设计，是城市交通与建筑环境可持续发展的重要方向。这种协同设计旨在通过优化交通建筑的设计方案，结合主动式低碳技术，以减少能源消耗、提升能源利用效率、降低环境影响，从而推动城市交通与建筑环境的绿色、低碳、高质量发展。具体如下：

（1）主被动设计方案的协同：综合考虑主动式和被动式相协同的设计方案，从被动式的角度优化建筑的场地布局、空间布局等因素，最大限度地利用日光、提高自然通风效果，从需求侧降低建筑碳排放。从主动式的角度在建筑中集成可再生能源系统，如太阳能光伏板、风力发电等，从供给侧增加建筑产能，减少对传统能源的依赖。

（2）材料选择与构造设计的协同：选用高效保温隔热材料、低辐射玻璃等高性能建筑材料，减少建筑围护结构的热损失，提高建筑的整体能效。除此之外，还要充分考虑建筑应用主动式技术手段后，围护结构材料选择与构造设计的协同作用。例如，在太阳能光伏系统的安装中，考虑光伏板的材质、重量与建筑屋顶、立面结构的兼容性，确保系统安全可靠。

（3）系统集成与智能控制的协同：将被动式设计与主动式低碳技术进行有效集成，形成一个整体性的绿色交通建筑解决方案，并利用先进的智能控制技术，根据建筑内外环境的变化和实际需求，自动调节各种能源系统的运行状态，实现能源的最优分配和利用。

综上所述，交通建筑设计与主动式低碳技术的协同设计有助于实现交通建筑的绿色、低碳、高效发展，推动城市交通与建筑环境的可持续发展。

1.3.2 低碳交通建筑的设计理念与原则

低碳交通建筑在设计理念与原则上，除了考量一些基础性要素外，更多的需要从以下三个角度进行思考：

1）整体性

交通建筑中的低碳设计要有大局观念，要注重设计的整体性，要从城乡建设领域和交通领域双向协同的角度考虑低碳交通建筑的设计，也要从低碳交通技术如何与建筑设计耦合进而推进地区的节能减碳进行一体化的思考。低碳设计的理念应贯穿建筑使用的全过程、多方面，它不是单一部位的节能减碳，而是需要通过节能减排技术对交通建筑的整体环保水平产生积极影响。设计过程需要全面系统，让低碳交通建筑的设计形成闭环避免由于过分关注某一部位而导致最终全局效果减弱的问题。同时也要关注各项技术的先后次序，避免由于重复工作或者程序堆叠造成资源浪费。此外，低碳技术之间存在相互影响关系，在设计过程中需关注技术之间是否存在冲突，一些技术的使用可能会对工程中其他低碳技术产生反效果。要想真正实现节能减排的目的，必须对整体的交通建筑进行全方位的技术评价，实现立体式开发，减少不必要的能源消耗[4]。

2）地域性

交通建筑本身承载着极强的地域和文化属性，地域文化元素与低碳交通建筑二者相辅相成。一方面，交通建筑是文化的一种载体，建筑的设计应当体现出当地的地域文化；另一方面应当对该地区的自然地理环境、社会文化环境和人文环境进行综合考虑。

在低碳交通建筑的设计中彰显地区的地域文化，能够有效提高片区乃至城市的竞争力，这对建筑的发展乃至地域文化特色的传承和保护有着积极意义。

在交通建筑的建设过程中，贯彻因地制宜的原则至关重要。不同城市和地区在经济发展水平、技术条件、气候条件以及居民偏好上的差异，在交通建筑的低碳设计中需充分考虑这些因素的影响。具体来说，北方城市的交通建筑在设计时，应重点关注冬季采暖设备的节能性和建筑的保温性能，以应对严寒气候；而在南方城市，由于夏季炎热，节能减排的重点则应放在制冷设备的优化上。因此推广交通建筑的低碳设计理念时，必须结合当地实际的环境因素，通过实际情况来确定方案，不可一概而论。

3）数字化

数字经济正推动生活方式、生产方式和治理模式发生深刻变革，成为提升全球要素资源吸引力、重塑全球经济结构、改变国际竞争格局的关键力量。新时代低碳交通建筑要坚持以数字化发展为导向，力求将数字技术的应用落实到低碳交通建筑方案构思、设计，以及优化迭代中，要推进互联网、大数据、人工智能等技术在低碳交通建筑设计中的深度融合，加快建筑业转型，以新理念、新业态、新模式全面融入建筑与交通领域的建设全过程，推动交通建筑领域的高质量发展。

1.4.1 知识框架

低碳交通建筑涉及从城乡建设领域到交通运输领域诸多方面的知识要点，本教材重点关注交通和建筑领域的节能减排两大核心，重点聚焦新时代交通建筑的低碳化发展。通过对《低碳交通建筑设计》一书的学习，我们需要完成以下任务：

1）了解低碳交通的相关概念与基本原则、掌握典型交通建筑能耗与碳排放特征；

2）了解和掌握低碳 TOD 街区的设计、低碳的被动式建筑设计以及主动式低碳技术与建筑设计的协同手法；

3）了解数字技术在低碳交通建筑设计中的应用方法与技术。

“低碳交通建筑设计”的课程内容主要由交通建筑能耗与碳排放特征、低碳 TOD 街区的城市设计方法、低碳交通建筑设计方法、低碳技术与交通建筑设计的协同研究、数字技术在低碳交通建筑设计中的应用等五个主要部分组成。

针对第一个任务，首先了解在“双碳”的发展背景下交通建筑低碳化的发展趋势，了解交通建筑同其他公共建筑在能耗与碳排放特征上的不同，掌握航站楼、高铁站房及地铁车站三类交通建筑的能耗与碳排放特征。

针对第二个任务，需要对低碳交通建筑的设计范畴有所了解，掌握低碳 TOD 城市设计总体思路和布局原则，了解低碳 TOD 街区的城市形态与交通建筑在减碳方面的协同作用；掌握低碳交通建筑设计方法、了解主动式低碳技术与交通建筑设计的协同。这一部分与设计课紧密衔接，利于选课的同学展开系统的学习并能在设计课程中进行知识应用。

针对第三个任务，需要了解和掌握数字化技术在低碳交通建筑设计中的应用方法，了解场地现状数据的收集方法与可视化分析，了解参数化形态设计在方案构思中的应用，并进一步了解低碳建筑碳排放优化计算方法及相关软件的应用范畴。

综上所述，希望同学们通过学习《低碳交通建筑设计》一书能够对低碳交通建筑的发展情况有全面的认识，能够掌握低碳 TOD 街区与建筑设计同低碳技术协同应用的基本方法，补足设计课程上对交通建筑低碳发展领域知识的缺失，并与实践课进行结合，加深同学们对低碳交通建筑的认知，通过对该领域相关知识的学习为更好地顺应行业发展做好知识储备。

1.4.2 低碳交通建筑设计概论与交通建筑设计课程的关系

《低碳交通建筑设计》作为交通建筑设计课程的配套教材，针对“双碳”背景下建筑学学科如何积极开展相关知识领域的教学，以应对城市气候变化、环境恶化的现象，实现低碳交通领域节能减排的根本目的。本教材的主要特色是将低碳交通建筑的相关原理和设计方法进行分类讲解，并可以带入交通建筑设计的实践教学过程中，体现本学科建筑设计与建筑理论的双向属性，为建筑设计教学补充必要的理论知识，是建筑设计理论认知课程体系中的基础部分。

本教材课程体系着重讲授交通建筑设计的基本原理与方法，通过本课程的学习，学生可以加深了解低碳交通建筑节能减排的理念，掌握低碳交通建筑的基本设计方法，理解建筑学科的低碳发展方向，进而培养学生注重可持续发展的建筑观，为学生进行相关领域的设计提供所需的知识理论和技能，为培养新时代低碳建筑设计领域的知识人才打下坚实的学科基础。

参考文献

[1] 交通运输部.《加快建设交通强国五年行动计划（2023—2027年）》印发实施[EB/OL]//中华人民共和国中央人民政府网.（2023-03-31）[2024-04-01]. https://www.gov.cn/lianbo/2023-03/31/content_5749421.htm.

[2] 毛骏亚，周思月，季群峰，等.城市铁路交通枢纽地区整体碳排放量化研究——以武昌火车站交通枢纽区为例[J]. 华中建筑，2022，40（5）：63-68.

[3] 夏海山，张灿，金路.绿色交通建筑设计创新与BIM技术应用[J]. 华中建筑，2016，34（3）：128-131.

[4] 陈征，刘乐.新时代交通建筑中绿色建筑设计理念及应用[J]. 中国高新科技，2023（1）：57-59+62.

第2章 交通建筑的碳排放及其特征

2.1 概述

交通建筑的全生命周期碳排放主要包含四个阶段：建材生产阶段、施工阶段、使用阶段及拆除和处理阶段。在这四个阶段中，交通建筑因其建筑功能、结构等不同，具有与其他建筑不同的碳排放特性。本章主要介绍了交通建筑全生命周期碳排放的基本概念、碳排放构成与交通建筑碳排放特点。为更加具体地阐述交通建筑碳排放特点，本节以航站楼、高铁站房与地铁车站三种常见的交通建筑类型为例列举了一些已建成的交通建筑和其具体能耗数据，分析了对该种建筑类型能耗产生重要影响的因素及能耗分项情况。

2.2 交通建筑全生命周期碳排放

建筑的一个完整生命周期是从“生产到废弃”的过程，包括四个阶段（图 2-1）。其中建材生产阶段作为建筑施工前置阶段，不受建筑设计方案影响，此处不做详解。

使用前					使用							使用后			
建筑全生命周期阶段															
建材生产阶段			施工阶段		使用阶段							拆除和处理阶段			
A1	A2	A3	A4	A5	B1	B2	B3	B4	B5	B6	B7	C1	C2	C3	C4
原生材料提取	运输	制造	运输到现场	建筑施工与安装	使用	维护（包括运输）	维修（包括运输）	替换（包括运输）	整修（包括运输）	运行能源使用	运行水耗	拆除	运输	废物加工	废物处理
隐含碳排放（材料相关）										运行碳排放（运行相关）		隐含碳排放			

图 2-1　建筑全生命周期四个阶段

2.2.1　施工阶段碳排放特征

建筑施工过程的碳排放主要由材料设备运输碳排放、施工现场碳排放、施工现场配套设施碳排放以及施工废弃物碳排放等四部分构成。该阶段特征如下：

1）材料运输量大

材料设备运输阶段碳排放的来源主要是交通运输工具的能耗，该阶段的能耗主要与运输材料设备的重量、运输方式的选择（公路、铁路、海洋、内河运输等）、运输距离的长短、运输工具的燃料动力源（汽油、柴油等）以及运输工具的能耗强度（单位运输量单位距离的能耗）等方面有关。除此之外，该阶段的能耗与碳排放还需要考虑运输工具的返程空载率、材料的废弃系数等。[1] 交通建筑属大型公共建筑，相较于一般民用建筑来说交通建筑在此阶段用材量大、运输量大，碳排放量相对来说更多。

2）施工现场设备需求量大

施工现场碳排放包括施工阶段机械设备碳排放、施工中周转材料碳排放以及施工照明用电碳排放三个部分。交通建筑包括地上的大跨建筑（机场、车站等）与地下的地铁车站。地上建筑的建造范围大、结构复杂、构造难度大，大部分采用大跨结构和玻璃幕墙等特殊构造。地下地铁车站需要开挖土方、工程量大、施工难度大。因此这些建筑均需要大量的机械设备、施工周转材料及照明设备辅助施工。

3）施工配套设施多

施工现场配套设施分为办公区和生活区两部分。办公区的能耗主要为电能，其来源主要包括办公必需的电脑、打印机、空调、照明等耗电设备。生活区的能耗主要包括电能和燃气两方面，其来源包括照明、空调、电视等耗电设备能耗，以及职工食堂、开水房等燃气能耗。[1] 交通建筑的施工量大、施工周期长，因此配套设施的碳排放量也相对较多。

4）施工废弃物

施工过程的废弃物包括固体废弃物及废水等，其中废水可以直接排出，但是固体废弃物需要通过交通工具运输到相应的填埋场并进行进一步处置，这一过程需要消耗能量以及产生碳排放。[2] 如果直接填埋废弃物，就不需要消耗额外的碳排放，如果对固体废弃物进行回收再利用，则需要增加额外碳排放。为简化起见，一般默认施工产生的固体废弃物直接运输到填埋场进行填埋。因此，该阶段只考虑固体废弃物运输的碳排放。

2.2.2 使用阶段碳排放特征

交通建筑的使用阶段是其生命周期中持续时间最长的阶段，该阶段的碳排放量在全生命周期的碳排放中占比最大。[3] 该阶段碳排放主要包括暖通空调、生活热水、照明、电梯、可再生能源、建筑碳汇系统等在建筑物使用期间产生的碳排放。交通建筑使用阶段碳排放主要由以下几部分组成：使用阶段隐含碳排放、运行期间能源使用、整修碳排放、运行水耗。

交通建筑使用阶段碳排放受以下因素影响：特殊的高大空间、连续透明围护结构、特殊的运行模式、能耗与碳排放评价标准差异及碳排放边界等。空间、围护结构及运行模式的能耗特征将在下节按照交通建筑典型类型详细叙述。

1）使用阶段隐含碳排放

使用阶段的隐含碳排放包括使用、维护、维修、替换及整修等五个子阶段。一般来自于多个方面，主要包含建筑维修与维护材料碳排放、运输材料碳排放、人员碳排放、机械设备碳排放等。

2）运行期间能源使用

运行期间能源使用类型主要为电能与化石燃料。化石燃料是我国电能的主要来源，主要使用的化石燃料为煤炭、燃油、天然气三大类，其中煤炭主要是烟煤，燃油包括汽油和柴油，天然气包括气田天然气与液化石油气。

3）运行水耗

在水耗方面，交通建筑用水量处于较高水平。目前依据参考文献可知，铁路全站段的用水 95% 以上都是新鲜水，水资源回用比率低，工业回用比例不足工业整体用水的 30%，生活用水回用量更是不足生活总用水量的 5%。[4]

4）能源消耗类型

交通建筑能耗包含电能消耗和化石能源消耗两部分。交通建筑主体的电能消耗主要来自于：空调系统末端设备（空调箱、风机盘管、辐射末端、送排风机等）、空调冷热源设备（冷机、冷冻泵、冷却泵、冷却塔、热水泵等）、照明系统（室内照明、室外照明、广告牌等）、电梯系统（扶梯、升降梯等）、行李传送系统、楼内商铺、办公设备、廊桥设备、数据机房等。大型交通建筑可设置独立的能源站，由能源站为交通建筑供应冷、热量用于夏季、冬季的室内热环境调节，交通建筑配套能源站的能源消耗也应当计入总能耗中。交通建筑化石能源消耗主要包括夏季制冷和冬季供暖用的矿物燃料消耗，如煤、油和天然气等。

5）能耗与碳排放评价

交通建筑日运营时间久，且通常全年无休，累计全年运行时间远高于一般公共建筑。因此，交通建筑运行期间所产生的能耗与碳排放在其全生命周期能耗与碳排放中占比更高。

考虑到交通建筑具有独特的建筑设计与运行特性，交通建筑的能耗与碳排放评价也通常与一般公共建筑有所区分。这一差别既体现在评价指标的数值差异上，也表现为评价指标的类型差异。一般公共建筑的能耗与碳排放评价指标通常采用单位建筑面积年能耗、单位建筑面积年碳排放，而交通建筑除了单位建筑面积指标外，还常采用单位旅客指标，以评估旅客输送量对能耗水平及碳排放的影响。

6）交通建筑运行碳排放边界

建筑业与交通业是社会总碳排放中占比较高的两个行业。交通建筑作为建筑业与交通业之间的衔接，对其碳排放进行核算时也应当格外注意边界的划分。对于一般类型公共建筑，其运行碳排放主要包括电能消耗产生的间接碳排放与化石燃料燃烧产生的直接碳排放。电能消耗主要来自于建筑设备系统运行，例如空调、照明、电梯、插座设备等；化石燃料部分主要来自于供暖、炊事、热水等所产生的燃料消耗。对于北方地区建筑，还存在集中供暖所产生的碳排放。而对于交通建筑，其运行能耗中除了包含上述常规类型外，还时常混入与交通设施运行相关的能耗。[5]例如，对于航站楼建筑，飞行区地面引导车辆、摆渡车等通常经由充电桩从建筑供配电系统取电，这部分电能消耗通常也被航站楼用能系统所计量。但在碳排放核算边界层面，与交通设施运行相关的能源消耗不应被计入建筑运行能耗。同理，在交通建筑场地内由交通设施产生的直接碳排放，例如飞机在飞行区地面滑行、起飞过程中燃料燃烧产生的直接碳排放，也不应被计入建筑直接碳排放中。总而言之，交通建筑的运行碳排放核算应当在建筑用能与交通设施用能之间进行清晰的界定与划分。

2.2.3 拆除阶段碳排放特征

建筑拆除阶段的碳排放应考虑四个阶段：建筑拆除阶段、现场管理阶段、运输阶段、处置与回收阶段。

1）建筑拆除阶段

建筑拆除是将建筑物进行切割和破碎，并对废弃物进行清理的过程。建筑拆除方式有人工拆除、机械拆除、混合拆除以及爆破拆除四种。[2]

一般而言，拆除时按照从顶层自上而下的顺序，逐层分段对建筑物进行拆除。对于不同类型的建筑物，其拆除方法略有不同。选用不同的拆除方式所涉及的碳排放来源和影响因素也各有不同。交通建筑多为大跨度建筑或者特殊的地下建筑，其拆除难度要远远大于普通的框架结构建筑，多采用爆破的方式进行拆除，因此一般需考虑人工消耗、机械消耗、炸药消耗等三部分碳排放。

2）现场管理阶段

现场管理是指建筑废弃物产生后在施工现场的收集、分拣、分类、预处理等作业活动和管理措施。拆除阶段交通建筑废弃物主要包括混凝土、砖、砌块、金属、砂浆、木材、玻璃和塑料等。由于交通建筑的建筑面积大、装饰多、外饰面材料种类和成分复杂，项目管理者都会按照废弃物材料的类型对其进行分类和分拣，便于直接回收的则回收出售处理，而对于无法直接出售但具有再利用和回收利用价值的废弃物材料如混凝土和砖块等，为便于运输或者现场回填，往往需要在拆除现场对其进行适当的预处理措施，如碎石等。[2]

3）运输阶段

运输是指将建筑废弃物从施工现场运至填埋场、循环利用厂或其他运输点的过程。该阶段碳排放主要来自于运输工具在运输过程中消耗能源所产生的碳排放。一般而言，废弃物的运输多为公路运输，运输过程中碳排放量的多少取决于运输距离、消耗的能源类型和运输工具在单位距离内的能源消耗量。

4）处置与回收阶段

处置与回收阶段是指废弃物被运输至回收厂、循环利用厂和填埋场或其他运输终点后被最终处理的过程。建筑废弃物的主要处置方法是填埋、再利用和回收。这几种途径均会消耗人工与机械资源，因此会产生人工与机械的碳排放。

交通建筑是公交车站、轨道交通站、公路客站、港口客站、铁路客站、民用机场及停车场库等供人们出行使用的公共建筑统称。本节以航站楼、高铁站房及地铁车站三个典型交通建筑类型为例，探究交通建筑的能耗与碳排放特征。

2.3.1 航站楼能耗与碳排放特征

1）航站楼建筑特征

（1）航站楼空间及围护结构特征：大型机场航站楼的围护结构设计与其全生命周期碳排放密切相关。一方面，围护结构设计方案决定了航站楼建筑材料的使用类型与使用数量，进而影响建筑隐含碳排放量。另一方面，围护结构的保温性、气密性、透光性等性能直接影响航站楼的空调系统、照明系统等设备系统的运行能耗。采用不同围护结构设计方案可能导致各航站楼全生命周期碳排放量产生巨大差异，因此在相关绿色、节能设计标准中对航站楼的围护结构性能均有相关规定。

航站楼在功能、流程、实用性、舒适性、美观性与人性化服务方面存在显著的行业特点，同时其也通常被作为城市或地区的标志性建筑。为满足功能需求，航站楼的围护结构特征通常表现为大跨度结构与高透明围护结构使用率。

①高大空间与大跨度结构：为了减少旅客在流线上、视觉上的阻碍和交叉，确保旅客快速通过和疏散，国内外现有航站楼的建筑设计多采用大跨度钢结构形式，如图 2-2 所示。大型航站楼的建筑主体部分楼层数较少，地上

图 2-2　大跨度钢结构屋顶（成都天府国际机场航站楼）
（资料来源：中铁二院工程集团有限责任公司提供）

层数一般不超过 4 层。乘客值机、候机等区域层高大，普遍超过 10m，甚至于超过 20m，达到普通民用建筑层高的 3~5 倍。航站楼内功能分区的建筑面积较大，主要功能区域例如值机大厅、候机厅的面积大多超过 $10000m^2$。

②高透明围护结构使用率：如图 2-3 所示，航站楼中大量采用高透明围护结构材料，例如玻璃幕墙、透光薄膜等，以提高室内自然采光效果，同时为旅客提供舒适的视野与室外景观。然而，大面积的透明围护结构也大幅增加了进入航站楼室内的太阳辐射量，增加了空调系统冷负荷，这是导致航站楼运行能耗远高于一般大型公共建筑的主要原因之一。

图 2-3 航站楼高透明围护结构

航站楼围护结构的低碳设计需要从隐含碳排放和运行碳排放两方面统筹考虑。在隐含碳排放方面，应尽量做到造型要素简约，降低装饰性构件的使用量，限制室内空间高度，提高建材构建的标准化和模数化，并尽量采用可再利用、可再循环的建筑材料。在运行碳排放方面，应优化高透明围护结构的热工性能指标，降低全年空调冷热调节需求；增加可开启外窗面积，从而允许在过渡季节通过自然通风方式降低空调能耗。此外，由于航站楼开口多（进出口、登机口等）、空间高，在热压力作用下，可能造成大量的冬季冷风渗透，在寒冷与严寒地区尤为明显，对航站楼运行能耗和室内环境质量都造成了显著负面影响。因此，需要注意增加围护结构气密性，减少冬夏两季的无组织渗透风。

（2）航站楼人流特征：航站楼的人流特征对其运行碳排放存在显著的影响，是航站楼低碳设计中所必须考虑的影响因素。大型航站楼的平均日客流量在 5 万 ~10 万人次，在节假日期间客流量可激增至 20 万人次以上，远高于一般公共建筑。航站楼运行期间，大量旅客在航站楼内进行值机、安检、候机、到达等活动，主要功能区域的人员密度远高于一般公共建筑。

根据全年旅客吞吐量，机场可划分为不同规模类别。表 2-1 与表 2-2 分别给出了我国《运输机场总体规划规范》MH/T 5002—2020 与《民用机场航站楼能效评价指南》MH/T 5112—2016 两项标准中的机场按年旅客吞吐量规模分类方法。

《运输机场总体规划规范》MH/T 5002—2020 中
机场按年旅客吞吐量规模分类[6] 表 2-1

机场规模类别	年旅客吞吐量（万人次）
超大型机场	≥ 8000
大型机场	2000~<8000
中型机场	200~<2000
小型机场	<200

《民用机场航站楼能效评价指南》MH/T 5112—2016 中
机场按年旅客吞吐量规模分类[7] 表 2-2

机场规模类别	年旅客吞吐量（万人次）
甲类机场	＞ 1000
乙类机场	50~1000

考虑到人流特征的影响，对于不同年旅客吞吐量规模的机场航站楼，其能耗指标在相关标准规定中亦有差异。在相同气候条件下，旅客吞吐量大的机场航站楼，其单位建筑面积能耗一般高于低旅客吞吐量的机场航站楼。表 2-3 给出了《民用机场航站楼能效评价指南》MH/T 5112—2016 中对于不同旅客吞吐量规模的机场航站楼的单位建筑面积能耗指标规定。对于甲类机场航站楼，其单位建筑面积能耗指标可高于乙类机场航站楼 2~5kgce/m^2。

不同旅客吞吐量规模机场航站楼单位建筑面积能耗指标[7] 表 2-3

按照旅客吞吐量划分	按照地理位置划分			
	I 类地区		II 类地区	
	约束值	引导值	约束值	引导值
甲类机场航站楼	40	30	30	20
乙类机场航站楼	35	25	25	18

注：单位为千克标准煤每平方米（kgce/m^2）。

以年为时间尺度，受航空客运的淡旺季影响，旅客量变化可能引起航站楼运行碳排放呈现出波动性。一般来说，每年的 2 月、7 月、8 月、10 月是航空客运的高峰月份，尤其在节假日期间，时常呈现爆发式的旅客量增长，进而造成航站楼能耗水平在短期内出现上升。需要注意的是，与航站楼所在地区经济发展情况、旅游产业情况、气候条件等因素相关，不同地区航站楼的全年旅客量变化特征存在一定差异。

以日为时间尺度，航站楼室内的逐时旅客数量通常由航班飞行计划决定，并受到值机、安检、登机等服务流程的影响。现有研究中，通常采用现场实测、模拟仿真、问卷调研等方式获取旅客在航站楼中的流动特征与分布特性。图 2-4 给出了某机场航站楼旅客量的日变化曲线，可见旅客量在一日内通常呈现出多个高峰与低谷，具有较明显的变化规律。掌握航站楼不同区域的人员分布、了解旅客在航站楼内的停留特性与流动特征，对实现航站楼低碳运维具有重要意义。

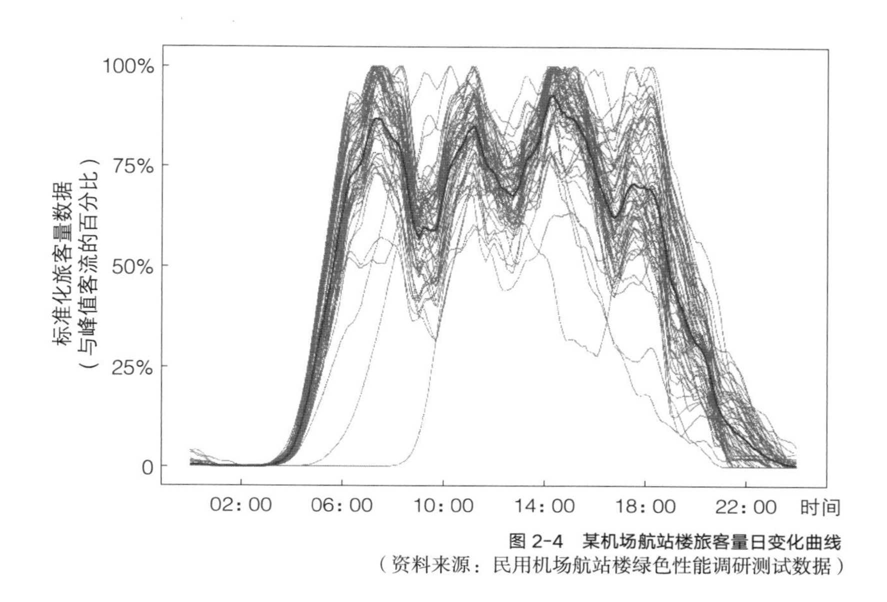

图 2-4　某机场航站楼旅客量日变化曲线

（资料来源：民用机场航站楼绿色性能调研测试数据）

2）航站楼能耗特征

（1）航站楼能源消耗水平：图 2-5 给出了我国 22 个机场的航站楼单位建筑面积年能耗分布情况。不同机场的航站楼之间的能耗水平差异显著，这与航站楼所处气候区和能源类型存在紧密关联。

从气候分区角度来看，严寒地区因供暖能耗大，航站楼能耗明显高于其他地区，单位建筑面积年能耗达 161~235kgce/（m^2·a），单位旅客年能耗达

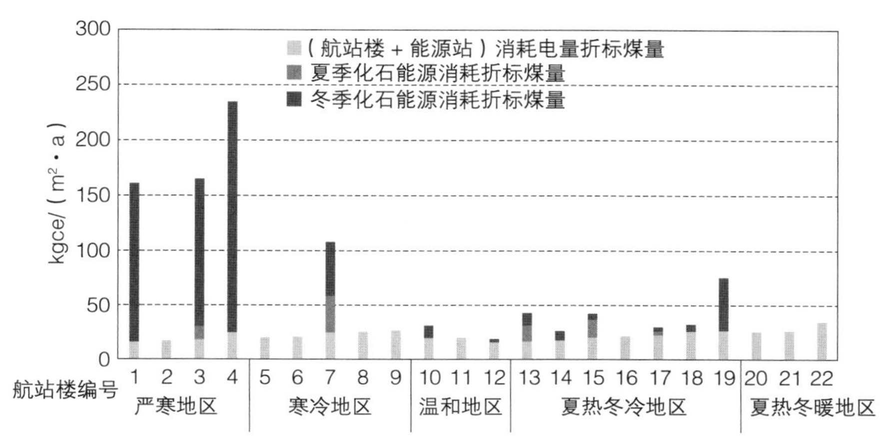

图 2-5　航站楼单位建筑面积年能耗分布 [8]

1.0~2.1kgce/（人次·a）。温和地区、夏热冬冷地区和夏热冬暖地区机场航站楼能源消耗类型以电能为主，除了编号为 19 的航站楼外，其他航站楼能源消耗量基本在 20~40kgce/（m^2·a）和 0.1~0.3kgce/（人次·a）之间。各气候区航站楼单位建筑面积年能耗从高到低依次排序为：严寒地区、寒冷地区、夏热冬冷地区、夏热冬暖地区、温和地区。各气候区航站楼单位旅客能耗从高到低依次排序为：严寒地区、寒冷地区、夏热冬冷地区、温和地区、夏热冬暖地区。

从能源消耗类型来看，严寒地区机场的航站楼存在大量的化石能源消耗，主要用于冬季航站楼集中供热，其他气候区航站楼则以电力能源消耗为主。由于化石能源的标煤折算系数较高，造成计算结果中使用化石能源的航站楼的能源消耗水平远高于仅使用电力能源的航站楼。另一方面，采用化石能源也会导致航站楼运行中产生较高的直接碳排放量，不利于航站楼低碳运行。

图 2-6 给出了航站楼单位建筑面积年总耗电量的分布情况。其中，航站楼内耗电量所占比例约为 72%，能源站耗电量所占比例约为 28%。航站楼总耗电量分布区间较广，为 129~281kWh/（m^2·a）之间，平均值为 180kWh/（m^2·a）。各气候区之间耗电量强度差异较大，其中夏热冬暖地区因受气候影响，空调供冷期长、供冷期室外温度高，耗电量显著高于其他气候区，平均单位建筑面积年总耗电量达到 236kWh/（m^2·a）。其他气候区的单位建筑面积年总耗电量指标均值分别为夏热冬冷地区 175kWh/（m^2·a）、温和地区 148kWh/（m^2·a）、寒冷地区 192kWh/（m^2·a）以及严寒地区 152kWh/（m^2·a）。可见，大型机场航站楼的用能强度远高于一般大型公共建筑，后者的单位建筑面积年耗电量通常在 50~100kWh/（m^2·a）之间。

按照单位客流量年耗电量计算，我国航站楼单位旅客年总耗电量在 0.79~3.15kWh/（人次·a）之间，平均值约为 1.90kWh/（人次·a）。除严寒

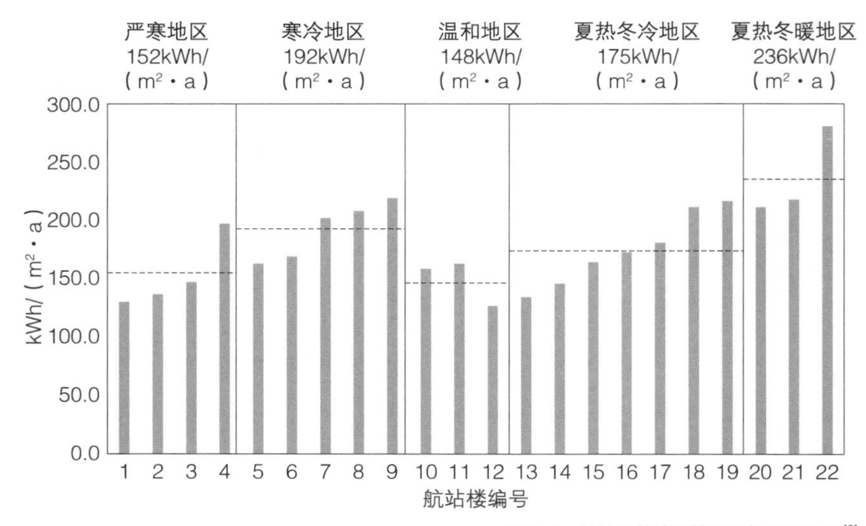

图 2-6 航站楼单位建筑面积年总耗电量 [8]

地区明显较低外，各气候区之间差异不大。对于年旅客量达到 1000 万人次以上的航站楼，单位建筑面积年耗电量指标与旅客量呈现出一定的正相关性。

（2）航站楼能耗分项：图 2–7 给出了我国航站楼的单位建筑面积年分项耗电量情况统计，可反映出航站楼的能耗分项情况。空调箱、冷机、照明和商铺耗电量是航站楼分项耗电量占比最高的四类用电。其中，空调箱最高，单位建筑面积年耗电量在 34.9~58.4kWh/（m^2·a）之间，占比为 17.8%~33.7%，其中包括了空调回风机组与新风机组。冷机（不考虑吸收式制冷机组）位居第二，单位建筑面积年耗电量在 20.8~49.6kWh/（m^2·a）之间，占比为 14.5%~24.6%。照明位居第三，单位建筑面积年耗电量在 23.4~30.7kWh/（m^2·a）之间，占比为 12.9%~19.5%。商铺耗电量位居第四，单位建筑面积年耗电量在 11.3~25.2kWh/（m^2·a）之间，占比为 8.0%~12.8%。航站楼空调系统的总耗电量为 73.4~121.7kWh/（m^2·a），占航站楼总耗电量比例约为 41.2%~62.9%，是航站楼电力消耗的最主要部分。需要注意，航站楼的能耗分项情况与其用能系统设计紧密相关，该统计数据仅作为一般航站楼能耗分项的参考。

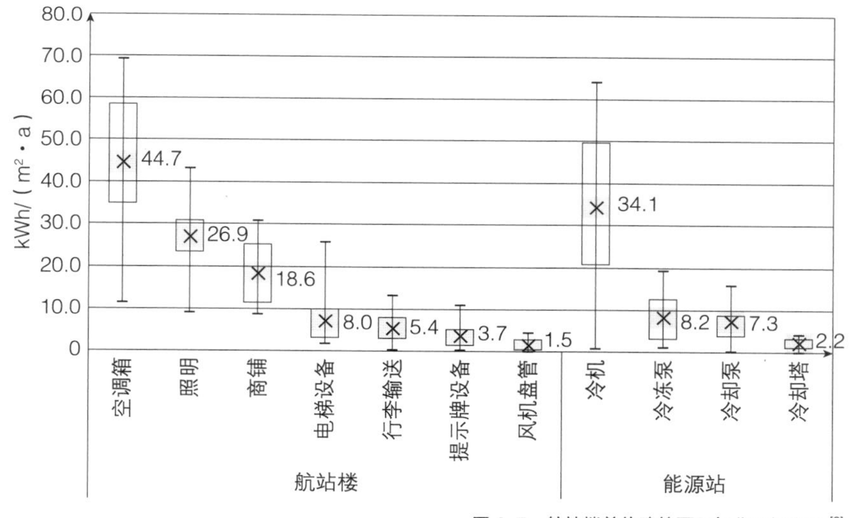

图 2–7 航站楼单位建筑面积年分项耗电量 [8]

2.3.2 高铁站房能耗与碳排放特征

1）高铁站房建筑特征

高铁客站包含站台与站房两个部分。站台与室外环境相通，对温度等参数不进行控制，因此高铁客站能耗一般指站房能耗。站房能耗高低受多因素影响，从用能分项来看，客站规模、运行规律、气候条件与围护结构特点等因素对能耗影响较大。

（1）高铁站房建筑空间及围护结构特征：高铁站房建筑的空间和围护结构特征与航站楼类似，但由于其运行模式及功能与航站楼建筑略有不同，因此其空间形式与布局也略有差异。一般高铁站房有线侧式、线下式、线端式和混合式多种基本组合形式，但组合形式对能耗影响并不大。[9] 相对来说，高大空间与大面积的高透明围护结构对能耗影响更为显著。

①高铁站房高大空间能耗特征：大空间建筑的总耗电量远远高于普通建筑。除了能耗高以外，高铁站房由于设置了多种不同的功能空间，大空间、小空间的能耗特点显著不同，空间类型的多样性及其耗能差异会导致高铁站房建筑复杂的能耗状况。因此高铁站房具有能耗高、用能复杂、节能潜力大的能耗特征。[10]

②大面积的高透明围护结构：交通建筑的外围护结构分为外墙界面与屋顶界面两部分，外墙界面特点有对称、进出口多且常年开敞。

高铁站房屋顶形式一般有平屋顶、坡屋顶、拱形屋顶以及大跨结构屋顶等。屋顶界面跨度大，材料多使用混凝土、金属和玻璃。屋顶作为外围护结构，除了满足结构以及美观要求之外，还要具备良好的热工性能。在高铁站房中常在屋顶设计玻璃天窗增加采光，便于站房通风换气，但也会增加进入建筑的太阳辐射强度，进而升高室内温度，增加建筑冷负荷。

高铁站房外墙界面由两部分组成：透明围护结构与非透明围护结构。如图 2-8 所示，透明围护结构部分的能耗特点与玻璃天窗类似。

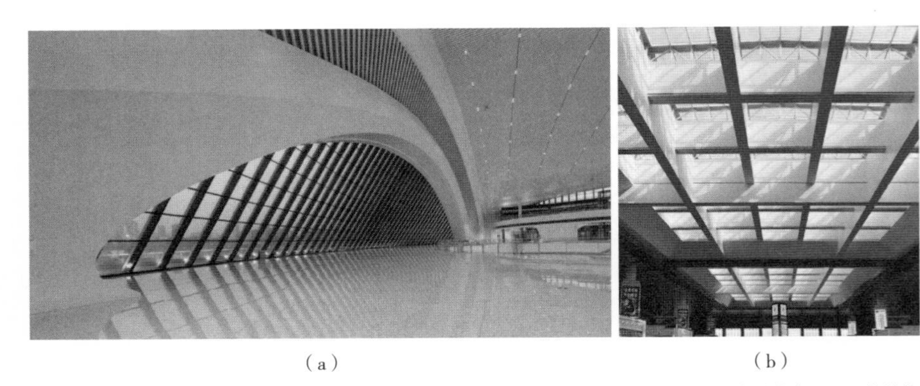

（a）　　　　　　　　　　（b）

图 2-8　高铁站房透明围护结构

（a）重庆西站站房玻璃幕墙；（b）合肥南站天窗实景图

（资料来源：中铁二院工程集团有限责任公司提供）

（2）客站人流与运行规律特征：如表 2-4 所示，按照铁路客站的建筑规模划分，我国的铁路客站可分为特大型、大型、中型、小型四种类型。“最高聚集人数”或“高峰小时发送量”是站房两个重要的规模基础参数。

铁路客站建筑规模[11] 表 2-4

车站规模	最高聚集人数 H / 人（客货共线铁路客站）	高峰小时发送量 PH/ 人（高速铁路与城际铁路客站）
特大型	H ≥ 10000	PH ≥ 10000
大型	3000 ≤ H < 10000	5000 ≤ PH < 10000
中型	600 < H < 3000	1000 ≤ PH < 5000
小型	H ≤ 600	PH < 1000

客站规模不同能耗强度也略有差异。一般大型客站客流密度大、车次多、运行时间长，基本要求全天 24 小时运营。与中型客站相比，大型客站客流密度大、设备使用率高、空调能耗、照明能耗相对也较高，全年单位建筑面积耗电量指标处于较高水平。因此，中小型客站除受气候因素影响的供暖制冷能耗外，全年单位建筑面积能耗指标处于较低水平。

客站运行频率影响建筑能耗。由于铁路交通行业的特殊性，高铁站全年不间断运行，但使用频率具有显著差异。伴随着客流量和客流构成的变化，在平日与节假日高峰等不同时期、昼与夜等不同时段室内实际客流密度相差较大，站房运行表现出间歇性、周期性的时态特征：

①在平日与节假日高峰等不同时期，客流量呈现不均衡性。年变化中，高铁站房在节假日出现客运高峰，大部分站房客流密度高、连续性强，用电量达到一年中的高峰。

②在昼与夜等不同时段，高铁列车的运行频率不同。日变化中，高铁站房运营时间在 06：00-24：00 时段，00：00-06：00 时段内一般暂停运营，能耗高峰发生在白天运营时段。

2）高铁站房能耗特征

（1）高铁站房能源消耗水平：我国新建的大型高铁站房多属于单体面积超过 20 万 m^2 且采用中央空调的大型公共建筑，其主要能耗类型为电能，单位建筑面积年耗电量约为 90~200kWh/（m^2·a），一些高铁站房甚至超过 250kWh/（m^2·a），高于主要类型公共建筑能耗强度。因此，特大型、大型高铁站房能耗密度普遍偏高。与之相比，中小型高铁站房的空间体量虽有所减小但仍具有大空间特性，且数量和使用频率较多，在能耗方面产生的规模效应也十分显著。

图 2-9 和图 2-10 给出了大型客站单位客运建筑面积年能耗量和新鲜水消耗量的分布情况。从中可以看出无论是在南方还是北方，传统客站的平均能耗均远远高于新型客站的平均能耗。新型客站单位客运建筑面积年能耗达 15.392kgce/m^2，传统客站单位客运建筑面积年能耗达 37.850kgce/m^2，传统客站

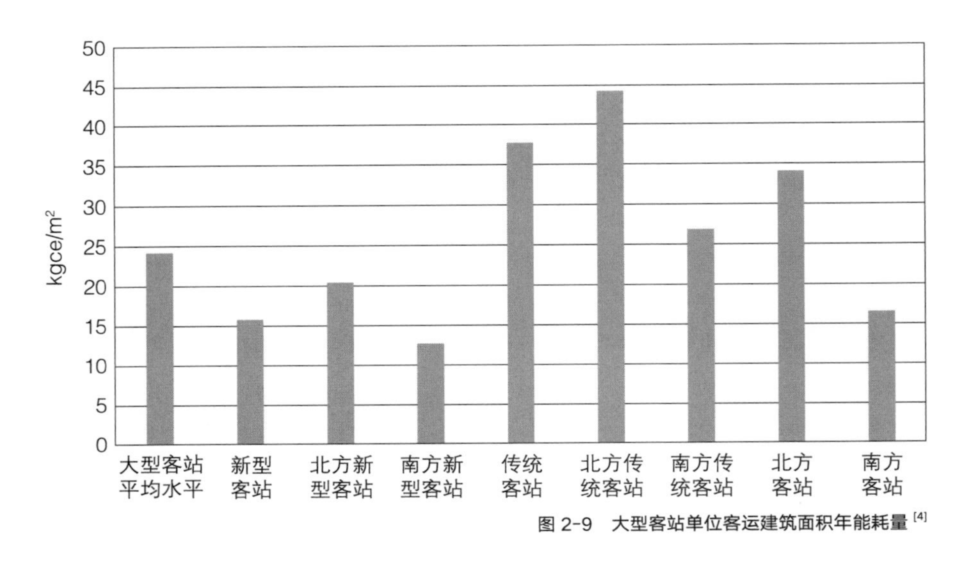

图 2-9 大型客站单位客运建筑面积年能耗量 [4]

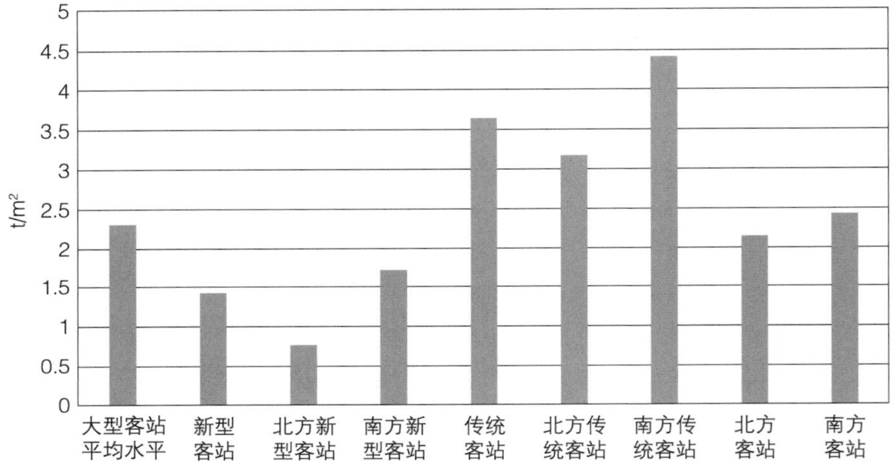

图 2-10 大型客站单位客运建筑面积新鲜水消耗量 [4]

是新型客站的两倍以上。在单位客运建筑面积新鲜水的消耗量指标上，传统客站也远高于新型客站。

从气候角度来看，北方地区因供暖能耗大，客站能耗明显高于其他地区，单位客运建筑面积年能耗达 34.333kgce/m^2，南方地区单位客运建筑面积年能耗达 16.817kgce/m^2。北方客站单位客运建筑面积新鲜水消耗量为 2.158t/m^2，南方客站单位客运建筑面积新鲜水消耗量为 2.492t/m^2，南方的新鲜水消耗量要高于北方。[4]

（2）高铁站房能耗分项：高铁站房能耗组成按供暖、制冷、照明、电梯和其他项分类。暖通空调系统和照明系统构成了高铁站房的主要能耗来源。暖通空调系统能耗在高铁站房全年建筑总能耗中的占比最大，为 60%~80%；照明能耗占比为 10%~20%。电力、外购热力（市政热水）和煤炭是主要消耗能源。[4] 表 2-5 表明了热工气候分区影响下除供暖热源外空调系统占总耗电量百分比。

热工气候分区影响下除供暖热源外空调系统占总耗电量百分比 [4]　　表 2-5

热工气候分区	气候因素的影响	空调系统耗电量占总耗电量比例 / %
严寒	冬季供暖，供暖负荷最大；夏季空调冷负荷较小	12
寒冷	冬季供暖，供暖负荷较大；夏季空调冷负荷较大，空调开启时间较短	15
夏热冬冷	冬季一般供暖，供暖负荷较小；夏季空调冷负荷较大，空调开启时间较长	45
夏热冬暖	冬季不供暖；夏季空调冷负荷最大，空调开启时间最长	58
温和	冬季一般不供暖；夏季空调冷负荷较小，空调开启时间较短	29

注：除供暖热源外空调系统耗电量占总耗电量比例为各客站调研结果的平均值。

图 2-11 给出了我国大型客站站房的单位建筑面积分项能耗情况统计（A1、B2、B3、C1、C2、C3、C4、D1、E1、E2 分别代表国内不同地区的高铁站房）。A1 站房单位建筑面积年制冷能耗为 17.3kWh/m^2，年供暖能耗为 132.7kWh/m^2，年照明系统能耗为 26.1kWh/m^2，年电梯系统能耗为 13.7kWh/m^2，年其他能耗为 84.3kWh/m^2。B2 站房单位建筑面积年制冷能耗为 10.9kWh/m^2，年供暖能耗为 48.9kWh/m^2，年照明系统能耗为 16.7kWh/m^2，年电梯系统能耗为 10.5kWh/m^2，年其他能耗为 185.9kWh/m^2。B3 站房单位建筑面积年制冷能耗为 45.2kWh/m^2，年供暖能耗为 178.5kWh/m^2，年照明系统能耗为 65.9kWh/m^2，年电梯系统能耗为 26.4kWh/m^2，年其他能耗为 136.4kWh/m^2。分析图中数据可知，不同地区的站房能耗数据有较大差异，其中其他能耗、供暖能耗与制冷能耗占比较大，电梯系统能耗与照明系统能耗占比较少。

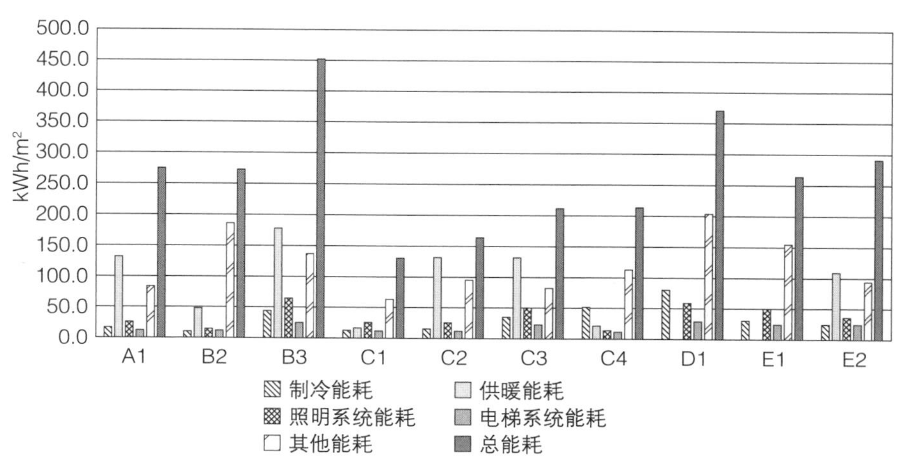

图 2-11　大型客站站房的单位建筑面积分项能耗情况统计 [4]

2.3.3 地铁车站能耗与碳排放特征

地铁车站按敷设方式可分为地下站、地面站及高架站，本节主要关注地下站，本节后文所提及的地铁车站均指地下地铁车站。

对于典型的地铁车站，其能耗的主要影响因素有气候条件、环控系统制式、列车编组数、关键子系统设备的运行模式等。在同一地区、同一类型的车站中，车站面积、运行时长、建筑埋深等对能耗影响相对较大，客流量对能耗影响较小。

1）地铁车站建筑特征

（1）地下建筑特点：地下建筑有完全不同于地上建筑的室外环境，因此所涉及的能耗系统与地上建筑略有不同，但主要能耗类型同样是电能。地下建筑所涉及的能耗系统主要有环控系统（包含空调系统）及照明系统。

地下建筑所处的外部环境与地上建筑不同，具有冬暖夏凉等特点。对地上建筑和地下建筑的各项能耗进行对比可知，地下建筑的制冷能耗、供暖能耗、水泵能耗、风机能耗均低于地上建筑，而在照明能耗方面高于地上建筑。

①照明要求：地铁车站难以进行自然采光，无论室外光环境条件如何，室内均需进行人工照明，这就要求地下建筑的照明密度与照明时间高于地面建筑，因此地下车站的照明能耗也相应地高于地上建筑。

②通风系统：地铁车站一般处于地下，相对封闭，与室外隔绝。地铁车站内存在特殊的通风系统对车站内及隧道的温湿度、风速进行调节，满足列车正常运行要求及室内舒适度要求。同时，在发生事故时能够及时排烟通风，保障车站内人员安全。因此相较于地上建筑，地铁车站的通风空调能耗较高。

③制冷、供暖能耗：地下建筑处在一个较为封闭的环境中。夏季，建筑处在土壤岩石的包围中，不受太阳辐射的直接影响，建筑周围的岩石土壤具有一定的隔热性，建筑在夏季所处地温要低于同期室外空气温度。同理，冬季，建筑周围的岩石土壤具有较强的保温蓄热特性，建筑在冬季所处地温要高于同期室外空气温度。地下建筑具有冬暖夏凉的特点，因此其制冷能耗、供暖能耗以及与相应系统配套的水泵能耗和风机能耗均低于地上建筑。

④屏蔽门系统对能耗的影响：众多研究表明，屏蔽门能够阻挡列车发热对车站的影响，进而有效减小供冷季的空调能耗；但另一方面，因其对活塞风的阻碍，导致所需的机械通风能耗高于非屏蔽门系统。综合来看，屏蔽门应用于我国南方地区比应用于北方地区更具有节能、经济效益。[12]

（2）地铁车站人流特征与运行规律：地铁车站的人流特征与运行规律与航站楼和高铁站房略有不同，地铁车站非24小时全天营业，一般营业时间为06：00-23：00时段，其余时间段为休息状态。地铁人流量变化分为三个周期：年周期、周周期及日周期。

针对年周期来说，地铁人流在年范围内呈周期性变化，波动曲线类似航站楼及高铁站房，在每年的节假日时期会达到人流量峰值，尤其以“五一”假期与“十一”假期为最，在特定时间段的人流密度往往超过地铁的设计极限。

针对周周期来说，结合工作日的客流规律，工作日与非工作日的总体客流情况差异较大。与工作日相比，非工作日的客流量较少，客流比较平稳，且没有明显的早晚高峰。

针对日周期来说，在工作日会出现波峰，人流会出现早晚高峰。根据早晚客流峰值的大小，可发现早高峰的拥挤程度要明显高于晚高峰。在周末及节假日人流量会相对平稳，不太会出现较大波动。

2）地铁车站能耗特征

能耗分项：地下建筑所涉及的能耗系统与其他建筑略有不同，但主要能耗类型同样是电能。在地铁用能体系中，列车牵引、车站动力照明是最主要的两个用能分项。图2-12表明了地铁车站能耗层级，其中通风空调（环控）系统所占比例最大。多数地下车站的全年能耗区间约为100万~300万kWh，多数高架车站的全年能耗处于100万kWh以内；环控系统用能占车站总能耗的比例最大（接近一半），其次是照明能耗，再次为电梯能耗，其他设备能耗较小。

图2-13给出了我国某城市16个地铁车站分项耗电量统计结果，图2-14为该16个地铁车站总耗电量情况统计。该16个车站的基本情况如表2-6所示，该地区车站均无供暖系统，且16个车站均有屏蔽门。16个车站的年总照明耗电量在6万~96万kWh之间，最低值为60346kWh，最高值为951337kWh，平均耗电量为384657kWh，其中位数为362084kWh。16个车站的年总环控耗电量在24万~134万kWh之间，最低值为242754kWh，最高值为1339504kWh，平均耗电量为647248kWh，其中位数为603715kWh。16个车站的年总冷源耗电量在10万~60万kWh之间（其中有两个车站未得到数值），最低值为109884kWh，最高值为593852kWh，平均耗电量为275658kWh，其中位数为220248kWh。从分析图中数据可知，不同面积的车站耗电量数据有较大差异，但（除车站1外）占比最大的均为环控系统耗电量。

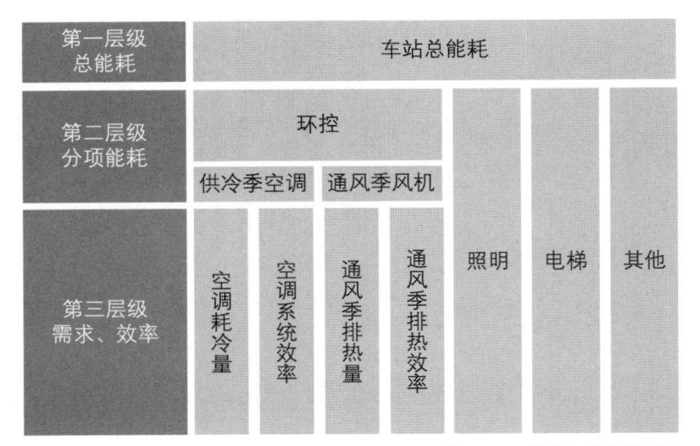

图 2-12　地铁车站能耗层级

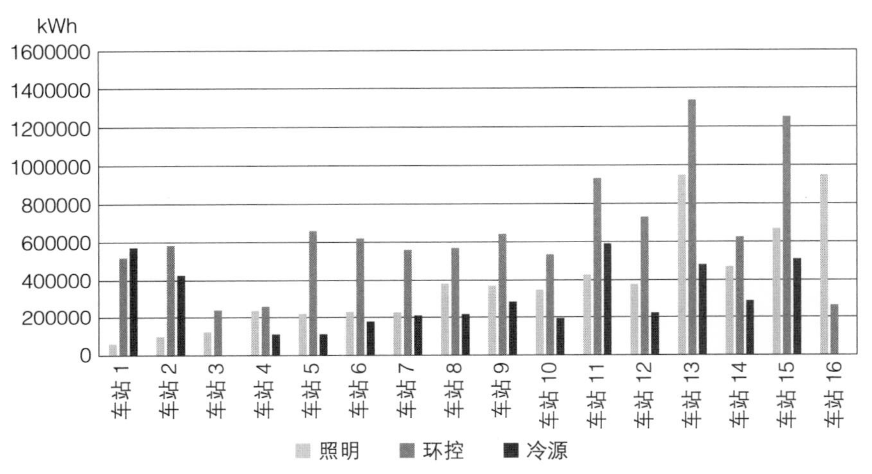

图 2-13　某城市 16 个地铁车站分项耗电量统计结果

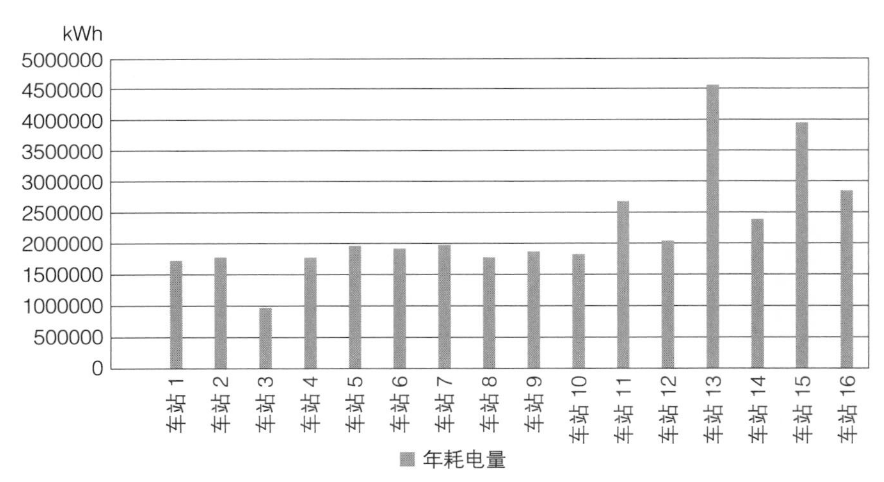

图 2-14　某城市 16 个地铁车站总耗电量情况统计

某城市地铁车站基本情况 表 2-6

车站编号	建筑面积（m^2）	层数	是否有屏蔽门	冷热源形式
车站 1	4298.00	二层	是	冷源制冷
车站 2	4225.60	二层	是	冷源制冷
车站 3	5756.01	二层	是	无冷源
车站 4	10039.98	一层	是	冷源制冷
车站 5	9539.98	二层	是	冷源制冷
车站 6	9760.64	二层	是	冷源制冷
车站 7	18443.81	二层	是	冷源制冷
车站 8	9169.00	三层（含夹层）	是	冷源制冷
车站 9	10440.82	三层（含夹层）	是	冷源制冷
车站 10	12595.37	二层	是	冷源制冷
车站 11	9685.33	二层	是	冷源制冷
车站 12	13625.85	二层	是	冷源制冷
车站 13	20762.25	二层	是	冷源制冷
车站 14	13363.39	二层	是	冷源制冷
车站 15	25486.55	二层	是	冷源制冷
车站 16	24678.58	三层	是	冷源制冷

参考文献

[1] 叶少帅．建筑施工过程碳排计算模型研究 [J]. 建筑经济，2012（4）：4.

[2] 欧阳磊．基于碳排放视角的拆除建筑废弃物管理过程研究 [D]. 深圳：深圳大学，2024.

[3] 冯旭杰．基于生命周期的高速铁路能源消耗和碳排放建模方法 [D]. 北京：北京交通大学，2014.

[4] 许志成．高铁运营期站段碳排放分布特征及减排路径研究 [D]. 北京：北京交通大学，2014.

[5] Qian B，Yu T，Bi H，et al. Measurements of energy consumption and environment quality of high-speed railway stations in China[J]. Energies，2019，13（1）：168.

[6] 中国民用航空局．运输机场总体规划规范：MH/T 5002-2020[S].（2020-11-10）[2024-08-06]. http：//www.caac.gov.cn/XXGK/XXGK/BZGF/HYBZ/202101/P020210113694657333105.pdf

[7] 中国民用航空局．民用机场航站楼能效评价指南：MH/T 5112—2016 [S].（2016-01-27）[2024-08-06]. https：//www.caac.gov.cn/XXGK/XXGK/BZGF/HYBZ/201708/P020170804340590761759.pdf

[8] 中国民用航空局．民用机场航站楼绿色性能调研测试报告 [R].（2017-11-03）[2024-08-06].

[9] 张瑞霞．基于被动式通风理念的湿热地区高铁站节能设计 [D]. 天津：天津大学，2020.

[10] 王楠．高铁站房绿色设计策略与模拟验证研究 [D]. 天津：天津大学，2021.

[11] 国家铁路局．铁路旅客车站设计规范：TB 10100-2018 [S]. 北京：中国铁道出版社，2018.

[12] 杨乐．地铁站用能特征与节能策略研究 [D]. 北京：清华大学，2017.

第3章

低碳 TOD 街区的城市设计方法

3.1 概述

改革开放以来，我国经历了快速的城镇化与机动化，城市人口规模持续增长，城市空间迅速向外扩张。2023 年，全国常住人口城镇化率达到 66.16%[1]，机动车保有量达 4.35 亿辆，90 个城市的保有量超过百万辆。[2] 同时，我国城市长期以来以功能分区为主导的土地利用管控方式使得居住、办公、商业、文化等日常生活所需的功能被区分开，土地利用向单一化发展。在城市扩张与功能分区的共同作用下，居民日常出行距离不断增加，对机动车的依赖日益增强，加剧了城市交通拥堵，使得土地资源浪费、环境恶化等问题日益严重。“双碳”目标的提出明确了我国城乡建设与交通领域绿色低碳发展转型的战略方向。

在“双碳”目标背景下，TOD 作为一种有效协调公共交通与土地利用良性互动的城市开发模式 [3]，为实现城乡建设与交通领域的低碳转型提供了有效途径。同时，TOD 也是交通强国战略的重要组成部分。近年来国家层面多次出台政策，推动 TOD 发展。2021 年国务院印发的《国家综合交通网规划纲要》与 2022 年国家发展和改革委员会印发的《“十四五”新型城镇化实施方案》中均提出了推进以公共交通为导向的城市土地开发模式（TOD）的要求，明确了 TOD 是实现城市高效便捷、绿色发展的关键，是形成合理的城市结构与土地利用形态的重要途径。

交通建筑是交通系统的重要组成部分，除自身的碳排放以外，交通建筑还影响着周边区域的生产生活方式、居民出行方式与交通结构，进而影响交通领域的碳排放。因此，区别于其他类型的公共建筑，交通建筑与城市的协同发展对于促进城乡建设与交通领域的协同减碳具有重要意义。

从交通建筑的减碳策略考虑，低碳交通建筑的被动式节能策略需要与周边城市空间形态相协同，通过优化建筑布局与街区形态，改善城市微气候，形成舒适的建筑运行环境，从而降低建筑运行能耗。同时，交通建筑可再生能源的利用需要一定的城市空间条件，应当从街区层面的空间布局中为减碳技术的应用预留充分的空间。[4]

因此，本章将详细探讨街区层面城市设计如何与交通建筑的低碳设计相协同，进而促进 TOD 街区交通与建筑的协同减碳。

3.2.1 低碳 TOD 街区的相关概念

1）公共交通导向发展（TOD）

（1）TOD 的概念：公共交通导向发展（TOD）是由美国新城市主义运动的重要人物彼得·卡尔索普（Peter Calthorpe）于 1993 年提出的将公共交通建设与土地利用相结合的城市发展概念，其基本理念是在大城市的郊区围绕新建公共交通站点半径为 2000 英尺（约 610m）的半圆内进行住区开发，在中心区域配套商业设施与公共空间，形成步行友好的功能混合型社区。[5]（图 3-1）

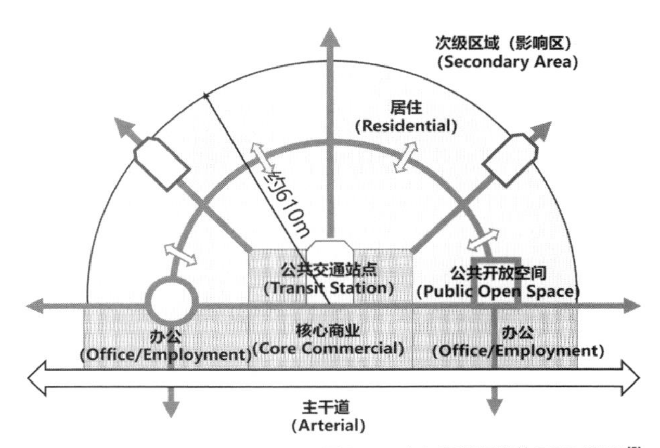

图 3-1 卡尔索普提出的 TOD 模型[5]

TOD 理念的雏形可以追溯到 20 世纪 70 年代至 80 年代初期，二战后汽车工业的快速发展，私人汽车的普及使得城市向郊区扩张，伴随郊区化和机动化引发了城市蔓延现象，交通拥堵、环境恶化、城市中心区衰落、社会隔离等城市问题日益突出。在这一背景下，“新城市主义”（New Urbanism）和“精明增长”（Smart Growth）等理论被提出，倡导以紧凑、具有活力的邻里社区营造方式替代原郊区无序蔓延的发展模式，由“以汽车为中心”向“以人为中心”的城市发展模式转型。TOD 理念和新城市主义密切相关，它们共同关注减少汽车依赖、改善城市环境、增加步行和骑行等可持续出行方式。

自 20 世纪 90 年代以来，TOD 理念在世界各地得到了广泛的实践，从最初围绕郊区新建公共交通站点的土地开发模式推广到了既有站点周边地区的城市更新中，并且 TOD 的理论内涵也在不同国家与地区的实践中不断地发展与演变。

（2）TOD 的特征与标准：在我国，TOD 被认为是实现紧凑型城市建设的重要途径和实现交通与土地利用一体化发展、促进居民绿色出行的城市土地开发模式。值得注意的是，TOD 一般指由公共交通站点、周边土地利用及其相互作用形成的城市区域，然而并非围绕公共交通站点进行的高密度城市开发都能称为 TOD 模式。在大量 TOD 实践中，公共交通站点周边的土地利用功能组成、场所设计等方面与交通之间并未形成良好的互动，与公共交通站点的邻近性并未起到促进公共交通出行的作用，形成的是一种空间表现形式与 TOD 类似，本质却截然不同的公交毗邻模式（Transit Adjacent Development，TAD）[6]。与 TOD 相比，TAD 的主要特点是其发展重点更多地集中在公共交通站点附近的建筑和用地开发上，而并未强调整合交通、住宅、商业和公共空间等多个方面的协同发展。目前，我国也仍有不少轨道站点周边地区的 TOD 实践本质上更趋向 TAD 模式[7]。

为实现 TOD 模式缓解城市无序扩张、减少对私人汽车的依赖、提升社区活力的核心目标，学者们通过对不同类型 TOD 街区建成环境的特征进行研究归纳，提出 TOD 街区应当具备以下 7 项特征[8-10]：

- 集约紧凑、高密度的开发（Compact，higher density development）
- 混合用途（Mixed uses）
- 良好的步行环境（Good pedestrian environment）
- 有吸引力的公共设施（Public amenities）
- 合理的停车管理（Parking management）
- 良好的公共交通服务（Good transit service）
- 公共交通与城市开发的紧密联系（Strong connectivity between transit and development）

荷兰学者贝托里尼（Bertolini）基于交通与土地利用之间的反馈循环交互作用提出了"节点—场所"理论模型（Node-Place）（图 3-2），为 TOD 模式特征的研究与评价提供了经典的理论框架。"节点—场所"理论模型强调了 TOD 模式下交通（节点属性）应当与周边土地利用（场所属性）相协调与平衡。其中，节点属性指公共交通服务水平，场所属性指公共交通站点周

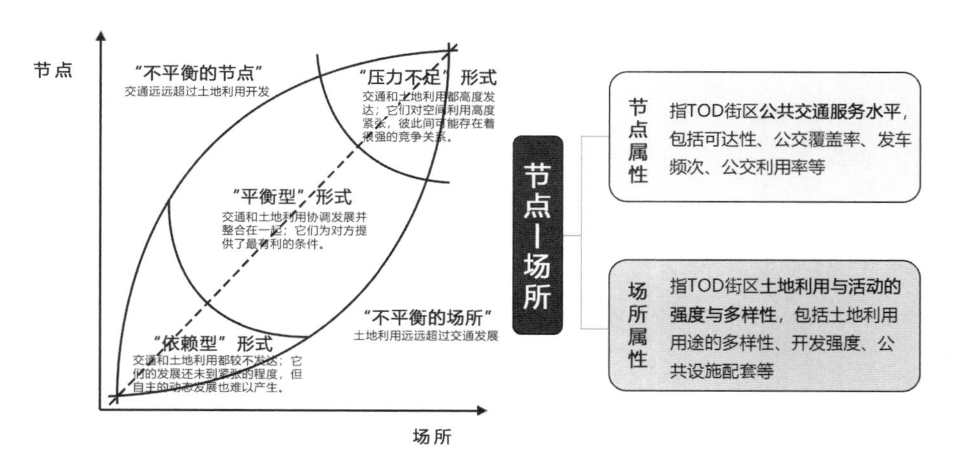

图 3-2 "节点—场所"理论模型

边地区城市功能与活动的强度与多样性。“节点—场所”理论模型被广泛地应用于公共交通站点周边地区的 TOD 属性（TODness）评价，并且在发展过程中学者们从城市形态[11]、联系[12, 13]、设计[14]等维度对模型进行了补充与完善，帮助我们更全面地理解 TOD 的理论内涵及发展现状。

2017 年，交通与发展政策研究所（ITDP）在土地利用与交通的基础上，将人、活动、建筑和公共空间整合进 TOD 的评价指标，发布了 TOD 标准（TOD Standard version.3.0）（图 3-3）。TOD 标准由步行（Walk）、自行车（Cycle）、连接（Connect）、公共交通（Transit）、混合（Mix）、密集（Densify）、紧凑（Compact）、转变（Shift）等八大原则下的 14 项具体目标、25 项指标构成，各项指标对 TOD 的影响权重由国际上对 TOD 理论有重要贡献的学者组成的《TOD 标准》技术委员会制定，这个标准为 TOD 实践提供

图 3-3　交通与发展政策研究所（ITDP）发布的 TOD 标准[15]

了具有参考价值的原则性设计指引与评价标准。[15]

TOD 的理论内涵虽然随着城市以及我们对城市认知的发展而不断变化，但我们可以认为传统的 TOD 讨论的核心是围绕着公共交通与土地利用的协同作用，以促进公共交通的利用、降低对私人汽车的依赖、缓解城市无序扩张、提升社区活力为主要目标。虽然 TOD 模式通过减少汽车出行能够自然而然地对改善城市环境、减少碳排放起到促进作用，但是在早期关于 TOD 模式的建成环境特征及效应评价的相关研究中，环境效应与减碳效应并未得到充分的关注。

2）绿色 TOD（Green TOD）

随着全球可持续发展问题愈发得到关注，低碳城市、绿色城市主义、可持续生态社区等概念兴起，时代的需求使得 TOD 理论的内涵被进一步完善，罗伯特·塞维罗（Robert Cervero）融合传统 TOD 理论与绿色城市主义（Green Urbanism）理论提出了“绿色 TOD”（Green TOD）[16]，从环境效应与可持续发展角度对 TOD 内涵进行了补充。

绿色城市主义是一种强调可持续发展和环境保护的城市发展理念，与 TOD 理念的提出相似，都是源自城市学家对快速发展的城市化与工业化的反思[17]，它们都关注城市环境质量、社区互动和可持续发展，因此绿色城市主义与 TOD 有很多共同的目标与原则。它们的区别在于，TOD 致力于减少对私人汽车的依赖，创造多功能的、步行友好的城市社区；而绿色城市主义更关注城市的生态环境、资源利用和社区健康，强调从整体上促进城市的可持续发展。（图 3-4）

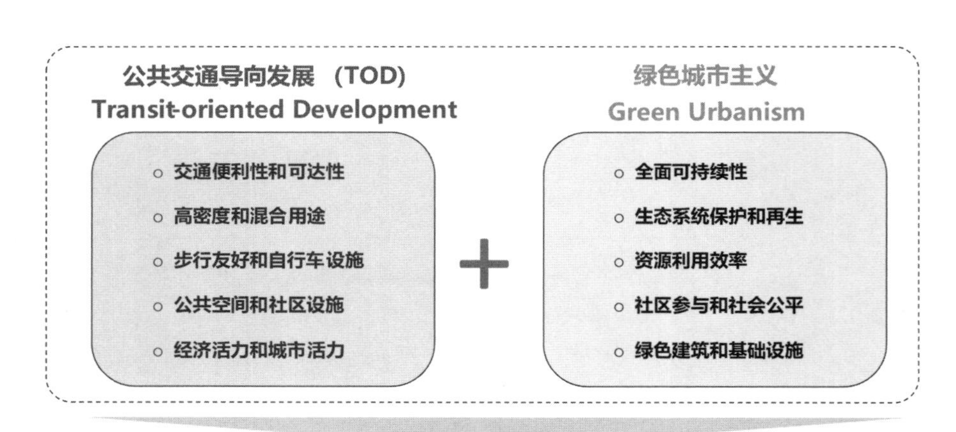

图 3-4　绿色 TOD 的理论内涵

绿色 TOD 将传统的 TOD 与绿色城市主义相结合，倡导通过可持续的方式对公共交通站点周边地区进行高密紧凑的开发，减少环境影响，提高生态环境质量，构建环境友好、资源节约、与自然融合共生的宜居环境，实现居民生活品质及社区活力的提升。

罗伯特·塞维罗认为 TOD 与绿色城市主义的融合可以创造出超越传统 TOD 或绿色城市主义的协同作用。[16] TOD 模式在降低城市交通产生的碳排放方面有显著作用。TOD 能有效促进居民出行方式由汽车向公共交通的转换。紧凑混合的土地利用模式将原本需要使用汽车到达的外部目的地，聚集在可通过步行或骑行到达的站点周边区域，减少居民使用汽车的出行距离，进而降低能源消耗与尾气排放。而绿色城市主义通过绿色建筑与可持续社区的形式，减少能源使用、排放、水污染及废弃物。并且在绿色城市主义倡导的设计原则下，地面停车场将被社区公园替代，传统能源将被太阳能、风能等可再生能源替代，有机废弃物及废水污泥将被制成生物燃料。保温隔热措施、生物沟渠、材料的回收和再利用、低影响建筑材料等进一步减少了绿色 TOD 社区的碳排放。结合起来——TOD 和绿色城市主义的共同效益将促进实现能源自给自足、零废弃物生活和可持续出行。表 3-1 是罗伯特提出的绿色 TOD 的城市设计要素。

绿色 TOD 的城市设计要素 [16]　　表 3-1

TOD	绿色城市主义
减少交通污染源	减少固体污染源
○公共交通设计：	○能源自给自足：
• 高水平公共交通服务 • 以车站为枢纽 • 公共交通为骨架	• 可再生能源（太阳能、风能） • 能源利用效率 • 区域供暖制冷
○非机动车可达性：	○零废弃物：
• 自行车道　• 共享单车 • 步行道　• 共享汽车	• 回收与再利用　• 沼气池 • 雨水收集　• 生态沼泽 • 灰水再利用
○停车管理：	○社区公园与开放空间：
• 减少停车占地	• 堆肥　• 地下水补给 • 树冠
○紧凑型发展：	○绿色建筑：
• 混合土地用途	• 绿色屋顶　• 玻璃 • 朝向优化　• 密闭施工 • 保温隔热　• 绿色材料

绿色 TOD 是传统 TOD 融入绿色城市主义思想后的一个变体，由罗伯特·塞维罗在 2011 年提出，但是目前还没有较为公认的定义，其理论体系也在不

断发展完善中。从相关的研究文献中可以看出，相较于传统 TOD，绿色 TOD 更多地强调在生态、社会与经济层面全面可持续发展的重要性，体现了人与自然和谐发展的思想，更多地关注 TOD 模式下城市发展与自然生态环境保护的协调、环境品质与居住条件的改善。因此，绿色 TOD 关注的是宽泛的环境问题，包括 TOD 模式在热岛效应[18]、噪声[19]、空气污染[20]、交通拥堵[21]等方面的影响，虽然与低碳有一定的关系，但并没有聚焦 TOD 模式的减碳效应。

3）低碳 TOD（Low carbon TOD）

与绿色 TOD 类似，低碳 TOD 是传统 TOD 融合低碳城市理念后派生的概念。绿色与低碳都是和可持续发展密切关联的概念，它们非常相似，在实际应用中常常被混用，但其实二者的内涵是不同的。

低碳城市概念源于 20 世纪末以来全球对气候变化和环境问题的日益关注。1997 年京都议定书签署，使得减少温室气体排放成为全球共识。为应对气候变化与能源危机，各国政府开始制定并实施相关的低碳政策和行动计划。2003 年，英国在《我们能源的未来：创建低碳经济》（Our Energy Future Creating A Low Carbon Economy）中首次提出了“低碳城市”的概念，其核心在于通过降低碳排放、提高能源利用效率和保护环境等方式，实现城市的可持续发展。与绿色城市思想相比，低碳城市更聚焦于人类活动导致的能源消耗与碳排放对自然产生的影响，强调通过低碳技术与低碳产品共同实现“减碳”目标。

值得注意的是目前低碳 TOD 这一概念并未被明确提出过，本教材为了与绿色 TOD 概念区别，聚焦 TOD 模式下的城市能耗与碳排放问题，凸显“双碳”目标要求，采用“低碳 TOD”的说法，强调通过土地利用与公共交通的协同、能源利用效率的提升、绿色建筑与绿色基础设施的建设等途径，实现城市的减碳增汇与可持续发展。

4）低碳 TOD 街区

TOD 概念早期指微观层面围绕公共交通站点周边的开发，后来逐渐演变为宏观层面公共交通与城市土地利用的协同开发。住房和城乡建设部于 2015 年发布的《城市轨道沿线地区规划设计导则》(《导则》) 是我国第一部 TOD 规划设计导则,《导则》将 TOD 规划分为城市、线路与站点三个层面（图 3-5），不同空间尺度层面的 TOD 规划设计的侧重点不同。城市层面，强调对轨道交通系统的廊道和换乘枢纽地区的引导，协调轨道交通廊道与城市结构、道路结构和主要枢纽的关系；线路层面关注轨道沿线片区与站点周边地区的功能定位、建设规模、交通设施及其他公共设施的设置要求、公共空间系统的引导要求；站点层面关注交通换乘空间以及车站周边城市空间的立

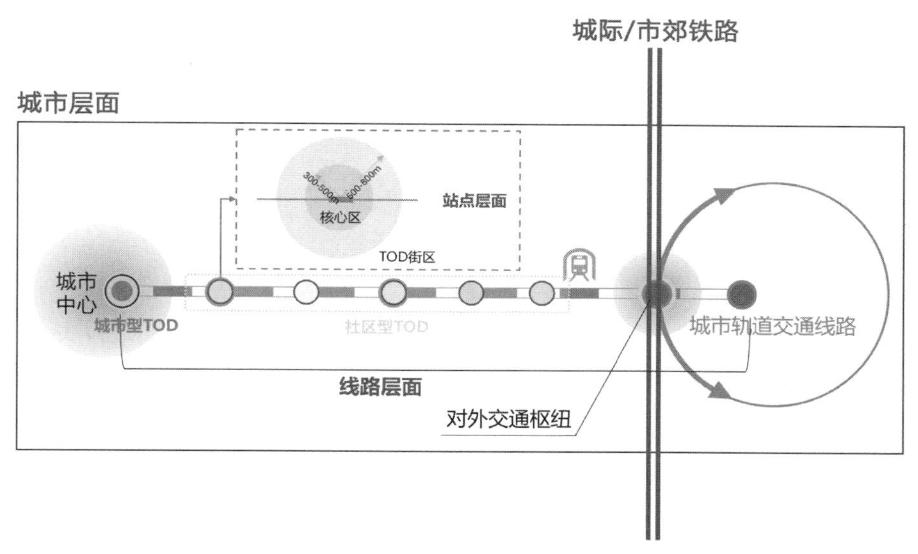

图 3-5　TOD 的层级与类型

体对接关系。[22]

本教材的重点是低碳交通建筑设计，因此本章节仅关注对交通建筑的能耗产生直接影响的街区层面的 TOD 城市设计。街区是城市肌理的最小组成单元，也是基本的人居单元与能源供应单元。街区尺度与我国提倡的 15 分钟社区生活圈尺度相当，是居民日常生活碳排放的主要空间单元，也是分布式能源系统能够发挥最高能源利用效率和实现最佳经济效益的空间尺度。[4]

本教材参照《城市轨道沿线地区规划设计导则》，将 TOD 街区定义为以公共交通站点为中心 500~800m，步行约 15 分钟可以到达站点入口，与公共交通建筑功能紧密关联的地区。其中，距离站点约300~500m，与交通建筑和公共空间直接相连接的区域为 TOD 核心区。

3.2.2　TOD 街区的类型与特征

原 TOD 概念中的公共交通站点主要指城市内部的公共交通站点，以轨道交通站点为主。卡尔索普依据主要交通线路等级将 TOD 划分成城市型 TOD 与社区型 TOD。城市型 TOD 指在公共交通网络的主干线上的站点区域，功能定位通常为规模较大的交通枢纽以及商业办公中心；而社区型 TOD 指位于地区性辅助公共交通线路上的站点区域，侧重满足居民日常生活需求[23]。随着 TOD 的实践，学者们从站点的地理位置、与城市中心的关系、交通模式、开发密度和土地利用功能等多角度对 TOD 类型或等级进行了划分，明确了不同类型站点区域的特征[3，23，24]（表 3-2），但是，目前关于 TOD 的分类并没有一个统一公认的标准与方式。

TOD 类型的划分[3, 23, 24] 表 3-2

	站点类型划分依据	案例来源	具体分级或分类
类型	区位、交通特点、步行环境、土地开发强度	美国旧金山 BART	城市中心车站、城镇附近车站、远离城镇中心车站
	区位、土地利用功能、开发密度	美国得克萨斯州奥斯汀市	邻里中心型、城镇中心型、区域中心型、城市中心型
	密度、土地利用多样性、商业地积比率	澳大利亚昆士兰	城市中心型、活动中心型、专业活动中心型、城市型、郊区型和社区型
	区位、交通特点、步行环境、土地开发强度	美国科罗拉多州丹佛市	商业区、主要城市中心、城市中心、城市社区、城市通勤中心、主要街道和特殊站点
	土地利用功能、城市定位	沈阳	居住中心型、商贸中心型、交通枢纽型、公共中心型和产业中心型
	土地利用功能、交通特点	西安	居住型、公共型、商服型、交通型、产业型和混合型
等级	城市中心体系、产业布局、站点能级	成都	城市级、片区级、组团级、一般站点
	区位条件、线网等级	深圳	城市型、社区型、特殊型
	区位条件、站点能级	杭州	枢纽级、城市级、星城级、片区级、社区级
综合分类	区位条件、土地利用功能、交通特征	《站区规划：如何做 TOD 社区》(Station Area Planning: How to Make Great Transited Places)	中心型（区域中心、城市中心、郊区中心、镇中转中心）、区域型（城市邻里、郊区中转邻里、特殊用途或就业区）和走廊型
		《珠三角 TOD 纲要》	区域级（区域级 / 次区域级综合中心、专一功能中心、区域级交通枢纽）、城市级（城市级 / 次城市级中心）、片区级（社区型、产业型、旅游型）
		东莞	枢纽型、城市型（市域级、片区级、镇区级）、社区型、特殊型
		武汉	住区型（城市住区型、郊区住区型）、中心型（城市中心型、片区中心型、新城中心型）、特殊型（大型公建型、特质园区型）和交通枢纽型

住房和城乡建设部发布的《城市轨道沿线地区规划设计导则》(以下简称《导则》)依据轨道交通站点的线网级别、交通服务范围与服务水平将轨道站点分为 I 级与 II 级的枢纽站、中心站、组团站、特殊控制站、端头站、一般站共 12 种类型（表 3-3），并针对不同类型站点提出了用地功能、建设强度、交通系统及公共设施的规划设计指南。

《导则》对 TOD 的分类主要基于城市轨道交通站点，并未涵盖所有公共交通站点类型。然而，在现代化高质量综合立体交通网络建设中，城市轨道交通站点不仅是城市交通网络的核心节点，更是实现与高铁站等对外交通系统、长途汽车客运以及城市公交系统之间高效接驳换乘的关键节点。并且，

《城市轨道沿线地区规划设计导则》中的站点地区类型与特征[22] 表 3-3

站点类型	A 类	B 类	C 类	D 类	E 类	F 类	线网分级标准
线网级别 I 级	IA 枢纽站	IB 中心站	IC 组团站	ID 特殊控制站	IE 端头站	IF 一般站	规划中心城区城市人口超过 500 万人的城市轨道线网
线网级别 II 级	IIA 枢纽站	IIB 中心站	IIC 组团站	IID 特殊控制站	IIE 端头站	IIF 一般站	规划中心城区城市人口 150 万 ~500 万人的城市轨道线网
站点类型特征	依托高铁站等大型对外交通设施设置的轨道交通站点，是城市内外交通转换的重要节点	承担城市级中心或副中心功能的轨道站点，原则上为多条轨道交通线路的交汇点	承担组团级公共服务中心功能的轨道站点，为多条轨道交通线路交汇站或轨道交通与城市公交枢纽的重要换乘节点	位于历史街区、风景名胜区、生态敏感区等特色区域，应采取特殊控制要求的站点	轨道交通线路的起终点，应根据实际需要结合车辆段、公交枢纽等功能设置，并可作为城市郊区型社区的公共服务中心和公共交通换乘中心	上述站点以外的站点	—

TOD 理念并非适用于所有交通建筑周边地区。例如，《导则》中并未涵盖的高速公路服务站，这类设施通常远离城市中心，孤立于高速公路旁，与城市居民的日常生活并无直接联系，因此，它们并不属于 TOD 街区的研究范畴，故而在本章中不做深入探讨。

此外，从街区的低碳城市设计角度出发，城际铁路客站、高铁站等大型对外交通枢纽在建筑规模、形态、空间需求及功能定位等方面与其他城市公共交通枢纽呈现出显著差异。这种差异性将直接影响街区低碳城市设计策略的制定。因此，本章节将 TOD 街区划分为对外交通枢纽站域与城市公共交通枢纽站域两大类别（表 3-4），以便更为精准地制定和实施低碳设计策略。

（1）对外交通枢纽站域：指以大型交通枢纽（如机场、高铁站）为核心的区域，这些站点大多位于城市远郊或中心区边缘，占地面积广，易造成城市空间割裂。这类站点区域的设计注重宏观交通线网的连接，车站建筑与周边街区的直接联系相对较弱，因此，实践中多通过站点本身的综合体化开发促进区域的紧凑发展。

（2）城市公共交通枢纽站域：以城市内的公共交通枢纽（主要为轨道交通站点）为中心的站点区域。这类车站主体通常位于地下或沿道路设置，车站形态对周边街区的影响较小，且与周边联系紧密。因此，在设计上，这些站点区域更注重车站与周边地区的一体化发展。

TOD 街区类型与形态特征　　表 3-4

分类	对外交通枢纽站域	城市公共交通枢纽站域
街区形态特征	• 以城际铁路客站、高铁站等大型对外交通枢纽为中心的站点区域 • 大体量独立站房 • 大面积站前广场 • 站场本身形态突出，具有标志性建筑功能 • 地上线路对城市造成割裂	• 以城市公共交通站点（地铁站、轻轨站等）为中心的站点区域 • 车站主体位于地下或与其他功能建筑相结合 • 出入口位于路边或与周边建筑直接相连 • 线路多为地下或沿城市道路 • 车站建筑形态在城市空间中并不突出
案例	成都天府站	行政学院站（地铁 2 号线）

资料来源：中国建筑西南设计研究院有限公司

3.2.3 低碳 TOD 街区的减碳机理及与交通建筑减碳的协同

1）TOD 街区碳排放的构成

对街区层面城市碳排放进行科学的核算是理解街区碳排放影响要素、评估城市设计方案的减碳效应及实现城市减碳目标的前提。TOD 街区的碳排放主要由建筑、交通、资源与绿色碳汇等四个关键维度构成[4]，如图 3-6 所示。

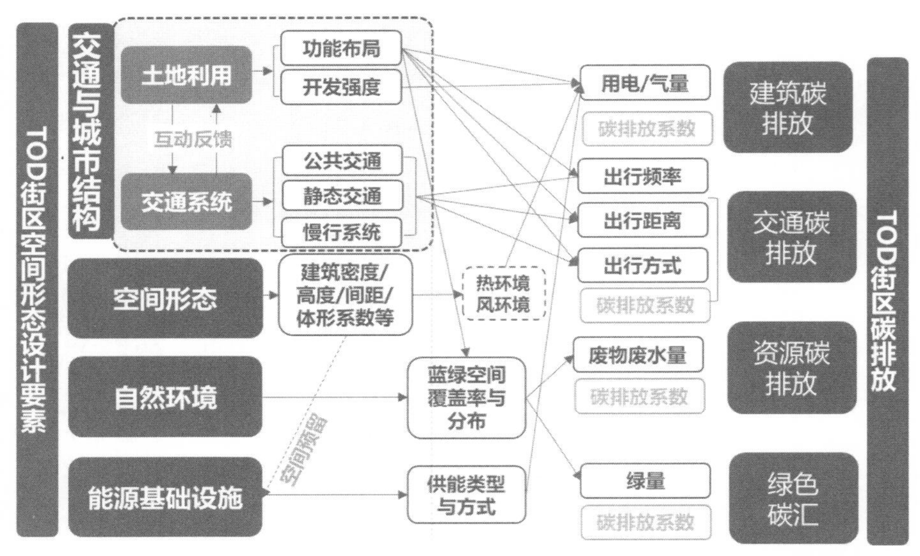

图 3-6　TOD 街区减碳机制[4]

（1）建筑维度：对应 TOD 街区内建筑运行能源使用所产生的碳排放，主要由建筑消耗的电能、燃气与供暖能耗的碳排放构成，主要受建筑面积、单位建筑面积能源消耗量及能源的碳排放系数影响。

（2）交通维度：对应 TOD 街区内居民出行消耗的能源所产生的碳排放，主要受到居民出行频率、出行距离、出行交通方式的影响。

（3）资源维度：对应 TOD 街区中的固体废弃物及废水处理中产生的碳排放，主要受街区内居民生活产生的固体废弃物与废水总量的影响。

（4）绿色碳汇：对应 TOD 街区内的植被、土壤吸收与储存的 CO_2 量与其消耗能源对应的碳排放的差值，主要受绿地面积与植被类型影响。

2）低碳 TOD 的减碳机理

低碳 TOD 理念旨在通过合理配置城市的空间形态、用地功能、交通系统、能源基础设施及自然环境，促进城市结构向集约化与低碳化发展，同时结合建筑运行、交通出行、资源循环与绿色碳汇等四个关键维度的减碳技术，最终实现街区的低碳可持续发展。

（1）交通与城市结构层面：低碳 TOD 通过协同土地利用与公共交通，推动街区结构集约化，通过混合紧凑的土地利用模式将居民大部分日常生活所需的城市功能集中于站点周边步行可达的范围内，减少居民使用汽车长距离出行的需求，缩短移动距离，减轻交通压力。同时通过提供高水平的公共交通服务与优质的慢行环境，促进居民使用步行或自行车出行，提升公共交通的利用率，减少交通碳排放。此外，高密度复合式的土地利用模式将有利于能源需求密度的提高和能源需求的平均化，导入更高效的能源系统，实现建筑碳排放的降低。

（2）空间形态层面：低碳 TOD 强调通过合理的城市形态设计改善微气候。通过优化建筑朝向、调整开敞空间位置等措施，创造舒适的建筑运行环境，为建筑的自然采光、自然通风提供良好的场地条件，促进建筑节能。同时，从街区可再生能源利用与资源循环角度，在街区城市设计层面为新能源、雨水循环等相关技术预留充分的空间。

（3）自然环境层面：低碳 TOD 强调减少城市发展对自然与生态环境的负面影响，通过高品质的蓝绿空间规划提升 TOD 街区吸收 CO_2 的能力，并且利用海绵技术等水资源管理系统及科学的废弃物再利用系统，减少街区的废物废水总量，减少资源碳排放。

（4）能源基础设施层面：为推进街区能源系统向高效低碳方式转变，低碳 TOD 街区应完善能源基础设施的建设，优化街区的能源结构及使用效率，例如为建筑光伏、光热、热泵等技术提供有利的场地条件，为高效的分布式供能方式建设相关的基础设施，为新能源汽车的推广建设相应的充电设施。

3）低碳 TOD 街区城市设计与交通建筑减碳的协同

为促进 TOD 街区内建筑与交通的协同减碳，应当合理布局交通建筑并完善街区内的公共交通系统，以促进公共交通的使用，实现交通领域的减碳目标。从交通建筑自身的节能减排角度，站点周边城市空间形态对交通建筑运行环境具有显著影响。自然风、热环境、采光条件等场地特性，将直接影响交通建筑的节能设计策略制定。从促进公共交通利用，减少交通碳排放的角度，TOD 街区的紧凑布局、功能混合的土地利用、优质的公共交通服务以及宜人的步行环境，是影响居民出行需求与出行方式选择的关键因素。

需要注意的是，低碳 TOD 的减碳效应是多维度的，涵盖了建筑运行、交通系统、资源循环利用及绿色碳汇等多个层面。为实现这一目标，需综合考虑土地利用、交通组织、能源利用、生态环境保护、建筑设计、城市运行监测管理、公众参与及政策支持等多个方面。本教材以低碳交通建筑设计为教学重点，因此本章将重点探讨在低碳 TOD 街区设计中，能有效降低交通建筑运行碳排放及居民出行碳排放的城市设计方法。

3.3 低碳 TOD 街区城市设计总体思路

低碳 TOD 街区城市设计的总体思路是创建以公共交通为核心，集约紧凑的城市结构。优化土地利用，促进多样化的城市功能混合，提升公共交通的便利性和吸引力，减少对私家车的依赖，降低交通碳排放。同时，采取绿色建筑设计策略，提升能源利用效率，增强城市绿化，改善建筑运行环境，实现建筑节能减排。这种设计不仅注重减少城市的能源消耗和碳排放，也考虑到提升居民的生活质量、城市的可持续发展以及与自然环境的和谐共生。

3.3.1 低碳 TOD 街区城市设计原则与方针

低碳 TOD 街区城市设计原则是引导 TOD 街区城市低碳化发展的基本理念与指导思想，方针是低碳 TOD 设计原则指导下的具体行动指南和策略。

1）低碳 TOD 街区城市设计的原则

（1）公共交通与步行优先原则：优化公共交通网络，改善步行环境，减少对私家车的依赖，以降低交通碳排放，构建便捷、绿色的出行体系。

（2）集约紧凑化原则：推动城市空间紧凑化发展，通过高密度、多功能的土地利用，缩短居民日常出行距离，减少城市扩张带来的能源消耗和碳排放。

（3）生态与环境可持续原则：采用生态优化的绿色材料与建造技术，减少城市建设对生态环境的负面影响，创造宜居环境，促进城市的长期可持续发展。

（4）节能与高效用能原则：在建筑设计和城市运营中，采用节能技术和高效能源管理系统，降低能源消耗，提高能源利用效率，减少能源相关的碳排放。

（5）碳汇增强原则：通过增加城市绿地和推广碳汇型建筑，提升城市的碳吸收能力，通过自然和人工方式增强城市的碳汇功能，助力实现碳中和目标。

2）低碳 TOD 街区城市设计的方针

要实现 TOD 街区低碳化发展首先应当促进城市结构集约化、实现不过分依赖私人汽车的交通体系。城市结构的集约化转换是节能增效和碳汇建设的重要条件和契机。基于低碳 TOD 城市设计的基本理念与设计原则，可以确定以下促进 TOD 街区低碳化发展的城市设计方针（图 3-7）。

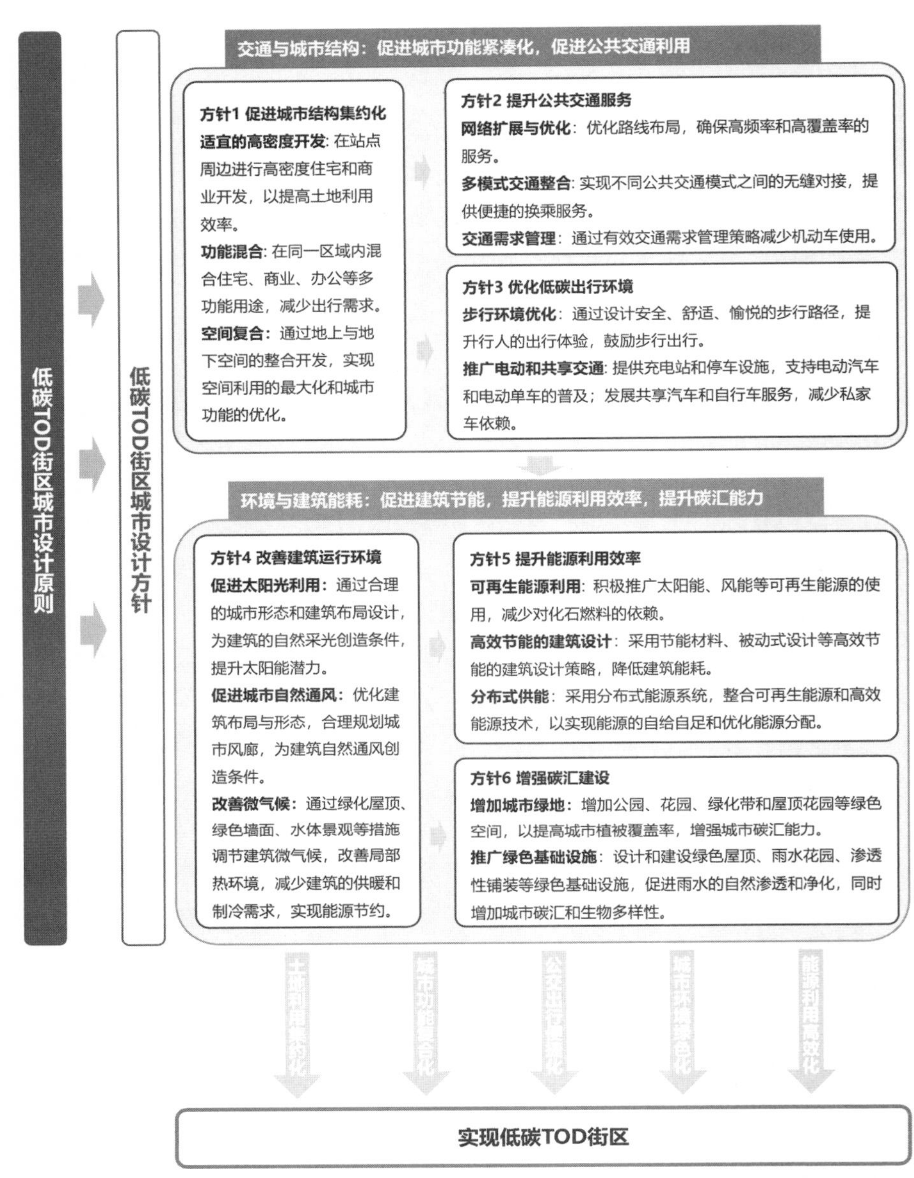

图 3-7　低碳 TOD 街区城市设计方针

3.3.2　低碳 TOD 街区城市设计总体目标

低碳 TOD 的核心目标是实现能源消耗与碳排放的减少。与传统 TOD 街区城市设计相比，低碳 TOD 街区的城市设计除了实现城市空间结构、土地利用形态及交通结构优化的空间设计成果目标外，还应设定明确的减碳量目标。因此，低碳 TOD 街区城市设计的总体目标应该由空间成果目标与减碳量目标两部分构成。

1）空间成果目标

（1）集约化的城市布局：建设形成以公共交通站点为核心的高密度开发区域，确保居住、工作和娱乐设施在步行或自行车距离内可达，减少对私家车的依赖。

（2）绿色的交通网络：建立以步行和自行车为主的交通系统，包括安全的人行道、自行车道和绿化街道，鼓励低碳出行方式。

（3）多功能的空间利用：在 TOD 街区内实现高密度多功能混合用途开发，如住宅、商业、办公和公共设施的垂直或水平混合，提高空间使用效率。

（4）高质量的公共空间：设计高质量的公共空间，如公园、广场和步行街，提供休闲、社交和举办社区活动的场所，同时增强社区凝聚力。

（5）生态与节能建筑设计：采用绿色建筑设计标准，通过自然通风、采光和高效的隔热材料，减少能源消耗和碳排放。实施屋顶绿化、雨水收集和太阳能利用等生态设计策略。

2）减碳量目标

依据国家低碳城乡建设相关政策和上位规划，分别制定建筑、交通、资源及碳汇等方面的合理减碳量目标。建成城市区域应当依据街区碳排放核算清单和能耗模拟，对城市更新策略的减碳效应进行评估。新建城市地区应通过能耗模拟，对不同城市设计方案进行减碳效应评估，并明确新建地区对宏观城市地区减碳量目标的影响。

低碳 TOD 街区的总体布局应遵循促进城市结构集约紧凑化发展，促进公共交通利用的原则。集约紧凑的城市结构是指在城市的规划与设计中，通过优化土地利用、提高建筑密度、合理布局设施和交通等措施，实现城市空间的紧凑、高效和集约利用。主要的策略包括紧凑混合的土地利用模式、立体复合的空间结构以及步行友好的道路交通系统。

3.4.1 紧凑混合的土地利用模式

1）确保土地利用与公共交通发展协调

确保轨道交通站点周围的土地利用能够有效地促进公共交通的利用，并为站点周边地区和整个城市交通网络提供混合用途的活动空间，为居民提供多样的生活服务、就业和住房选择。

（1）支持公共交通的土地利用（Transit-supportive land uses）：低碳公共交通导向的土地利用应当促进公共交通的使用率并提高交通网络的效率，因此，低碳 TOD 街区的土地利用模式应该具有以下特点：

- 提供大量的工作机会或者住房选择
- 促进在早晚高峰时间段之外的出行
- 吸引通勤反方向的公共交通客流
- 鼓励全天候和全周（平日与周末）不同时段的活动
- 吸引居民步行出行，产生更多的步行流量

因此，街区内的土地利用应该包括基本的办公、居住与生活公共服务等基本用途，使得居民的日常出行目的地集中在以公共交通站点为中心的步行可达范围内，减少居民使用汽车远距离的出行需求：

- 居住用途：规划多样化的居住区，包括高层公寓、中高层住宅等不同类型的住房，以满足不同收入、不同类型居民群体的需求。
- 办公用途：规划商务办公楼、科技园区等办公用地，吸引企业入驻，促进就业和经济发展。
- 基本生活服务用途：建设学校、医院、社区服务中心等公共设施，满足居民基本的教育、医疗、生活服务需求。

同时，还应在公共交通站点周边提供基本生活需求以外丰富的商业、文化、娱乐生活服务等支持性用途，增加通勤高峰时段以外居民的出行需求、增加公共交通的利用率。具体的土地利用功能应当包括但不限于：

- 商业用途：规划步行优先的商业街、商业综合体、购物中心、零售商店等商业设施，为居民提供日常生活所需的商品和服务。
- 文化娱乐用途：规划图书馆、文化中心、影剧院、体育中心等文化娱乐服务设施，满足居民丰富的生活需求。

（2）混合的土地利用（Mix land uses）：街区内应当混合布局居住、办公以及支持性的商业、文娱等多样性的功能，提升街区空间的利用效率。土地利用的混合在空间上包括平面与垂直方向的混合（图 3-8）。

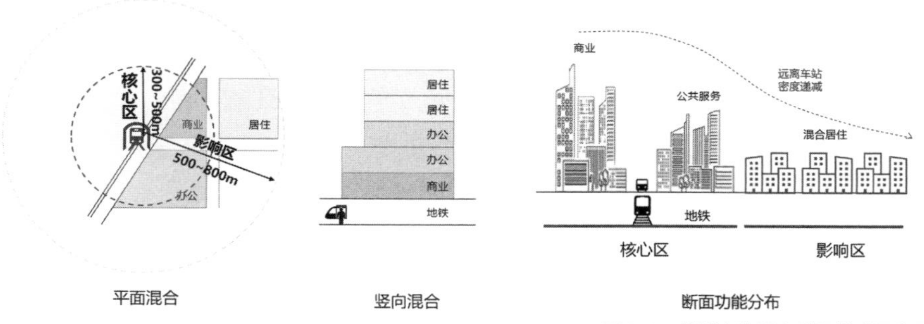

图 3-8　站域土地混合利用模式示意图

平面上，站点影响区范围内应当混合布局满足不同阶层居民需求的居住与就业功能，优先满足保障性住房的需求，避免由于站点开发造成的“绅士化现象”；在距离车站 300~500m 以内的核心区应当优先布局支持居民日常生活的社区级公共服务设施及提升街区活力与吸引力的商业服务设施，使得居民在站点通勤换乘的途中，可以方便地完成购物、娱乐、接送小孩、用餐等日常活动。

垂直方向上，不同功能的设施在建筑内进行混合布局与组合。这种功能混合的布局模式可以将不同类型的用地和建筑结合在一起，促进城市空间的立体化和多样化发展，提升城市的空间利用效率，减少土地浪费，同时也提高城市的可达性和便捷性。例如，在 TOD 综合体内，将地面层规划为商业和公共设施，中间层为办公和服务设施，顶层为住宅，实现功能的垂直叠加和整合。

（3）限制非公共交通支持类的土地利用发展：为促进公共交通与步行出行，低碳 TOD 街区内应当限制方便汽车出行的土地利用的发展。汽车出行导向的土地利用具有以下特征：

- 增加汽车出行需求
- 方便的汽车出行环境，例如宽阔、便捷的车行道
- 低密度的土地利用
- 大面积的停车区域
- 恶劣的步行环境

低碳 TOD 街区内应当避免将与公共交通发展不相协调的土地利用布局在行人活动频繁、公共交通流量大的站点区域。这些类型的土地利用可以考虑布局在低碳 TOD 街区的边缘，不适合进行高强度高密度开发的区域，或者从宏观城市层面 TOD 进行考虑。

2）增加密度

高频、高效的公共交通服务的运营需要一定数量的使用者作为保障，增加公共交通站点周围的土地开发强度，为各种住房、就业机会、生活服务和基础设施的运营提供人口基础，为低碳 TOD 街区的活力提供支持。

（1）适宜的高密度：土地开发强度与建筑密度应该在公共交通站点周围增加，但是应当与街区发展条件相协调。在最靠近公共交通站点中心的区域，即 TOD 核心区域，开发强度最高，通常是商业、办公、住宅等多功能混合的区域，建筑高度较高，密度较大。紧邻 TOD 核心区域的过渡区域，开发强度与建筑高度逐渐减小，这些区域可能包含一些住宅、小型商业设施以及公共设施，如学校、医院。远离 TOD 核心区域的辐射区域，开发强度相对较低，这些区域可以建设一些配套设施，如停车场和公园，提高周边居民生活的便利性和舒适性（图 3–9）。

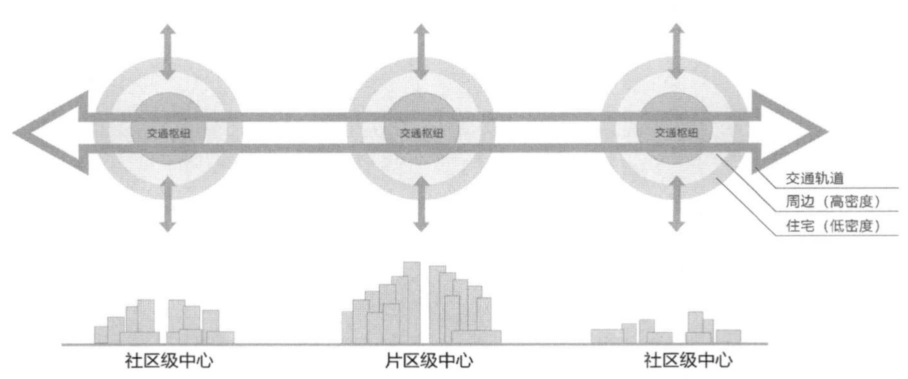

图 3–9　低碳 TOD 街区土地开发强度与建筑密度分布特征

（2）减少高密度的负面影响：低碳 TOD 街区内的高密度建设往往出现在紧邻公共交通站点的地块上，高密度区域的建筑高度、阴影以及体量会降低居民的空间体验，并且会产生一系列不利的环境影响，因此，应从以下方面考虑减少高密度带来的不利影响：

- 以公共交通站点为中心，逐步降低建筑高度和密度，实现高强度开发与低强度开发之间的过渡。
- 确保建筑的体量和阴影的不利影响最小化。新建项目应该进行阴影研究，避免对现有居住区造成严重的阴影覆盖。
- 利用公共交通设施、公共空间和道路作为组织要素，合理规划密度、高度和阴影的位置。
- 在新建项目与建成项目之间进行适当的边缘处理，例如通过适宜的建筑规模、停车位置和景观设计，尽量减少建设项目之间采光、通风的相互影响。

3）不同类型的低碳 TOD 街区土地利用模式

不同类型的站点在城市及交通系统中有不同的特点与发展条件，因此，应当依据不同的站点周边用地在城市规划、交通规划中的定位及未来房地产发展趋势等条件，对不同类型 TOD 街区的功能组成、建设强度进行引导，形成服务等级与功能定位差异化的站点区域，强调因地制宜的特色发展，避免均质化布局、盲目追求高密度高容积率、脱离街区发展条件的不合理的土地利用模式（图 3-10）。

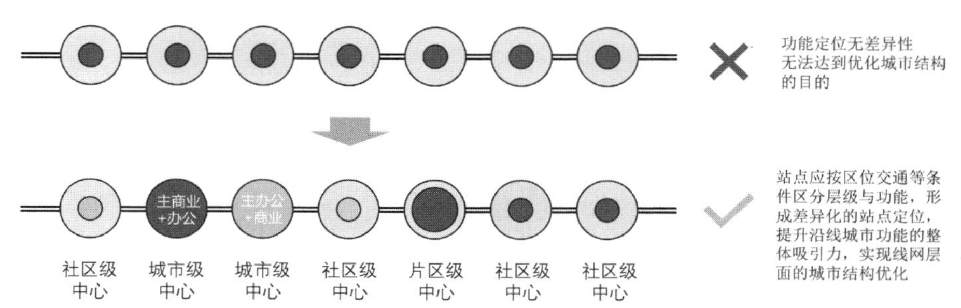

图 3-10　不同类型站点区域功能与建设强度的引导策略[22]

住房和城乡建设部于 2015 年发布的《城市轨道沿线地区规划设计导则》针对不同类型站点周边地区的功能定位、建设强度及配套设施给出了引导要求（表 3-5），提出了不同类型站点周边街区土地利用的功能组成与容积率控制指标，为促进不同类型站点地区土地的紧凑化发展和城市空间的高效利用提供技术参考。

《城市轨道沿线地区规划设计导则》对不同类型站点区域功能定位、建设强度及配套设施的引导[22]

表 3-5

站点类型	定位	功能	建设强度	其他要素	业态匹配度
枢纽站（A 类）	城市综合交通枢纽和城市门户，以保障城市内外交通安全高效换乘为基本要求，并充分发挥其城市综合服务功能	在满足综合交通功能的基础上，鼓励进行综合开发，包括商业、办公、会议、酒店、娱乐等功能	应遵循集约用地和便捷换乘的原则、协调不同开发和建设主体，合理确定枢纽站周边地区的建设强度，并应根据轨道及周边交通设施的承载力进行校核	建筑密度、绿地率等规划控制指标，应主要根据枢纽所处区位及该区域城市发展的实际需求确定，并应通过概念性城市设计方案进行调整；山地城市应充分结合地形特征灵活确定各功能单元的关系，灵活掌握建筑密度、容积率和绿地率的测算方式	交通 办公 商业 酒店 居住 文教 旅游 会展 市政 6 4 2 0

续表

站点类型	定位	功能	建设强度	其他要素	业态匹配度
中心站（B类）	区域级公共服务中心，轨道站点核心区范围内鼓励进行城市综合体开发建设。鼓励通过多个中心站组合构成城市中心地区	以商业服务业、商务办公、公共管理与公共服务等功能为主，可兼容公寓等集约型建设的居住功能，居住开发不超过总建设量的30%，鼓励以多种形式提供公共开放空间；鼓励在综合体内设置公益性的科教、文化娱乐、体育活动等设施及政府办事机构	IB站点：核心区的净容积率>6，影响区净容积率>4 IIB站点：核心区的净容积率>5，影响区净容积率>3.5 居住功能区容积率控制上限，以保障居住环境质量 既有建成区的城市更新项目的容积率，应综合考虑交通与环境承载力 山地城市可因地制宜，在保障环境品质的基础上确定实际建设强度	建筑密度：站点核心区地块的建筑密度应该在60%~85%之间； 绿地率：鼓励设置立体绿化，可按一定比例将立体绿化折算为绿地面积； 地下空间：鼓励对地下空间进行综合开发，设置商业、娱乐等经营性功能	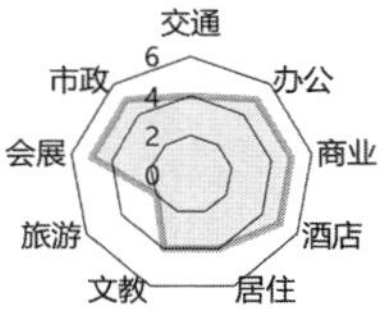 交通、办公、商业、酒店、居住、文教、旅游、会展、市政（0、2、4、6）
组团站（C类）	组团级公共服务中心，是周边居住区的生活中心和公交换乘中心。站点核心区内鼓励进行综合体开发建设	以商业服务业、公共管理与公共服务、居住等功能为主，在轨道站点核心区范围内，鼓励以多种形式灵活利用立体空间，提供为周边社区直接服务的中小学、幼儿园、公共医疗设施、文化设施、养老设施、体育设施等公共服务功能，鼓励以多种形式灵活利用立体空间，提供公共绿地和广场	IC站点：核心区净容积率>5，影响区净容积率>3.5； IIC站点：核心区净容积率>3，影响区净容积率>2.5； 居住功能区容积率控制上限，以保障居住环境质量 结合组团站布置体育场馆、大学等，容积率可根据实际情况定； 既有建成区的城市更新项目的容积率，应综合考虑交通与环境承载力； 山地城市可因地制宜，在保障环境品质的基础上确定实际建设强度	绿地率：鼓励设置立体绿化，可按一定比例将立体绿化折算为绿地面积； 地下空间：鼓励对地下空间进行综合开发，设置商业、娱乐等经营性功能	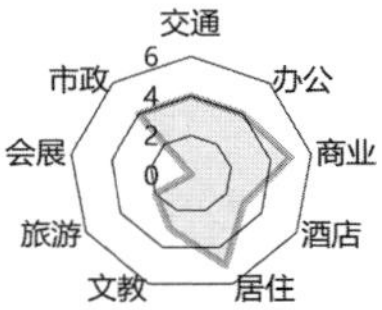 交通、办公、商业、酒店、居住、文教、旅游、会展、市政（0、2、4、6）
特殊控制站（D类）	建设强度、建筑密度、建筑高度、绿地率等按照城市相关规定控制				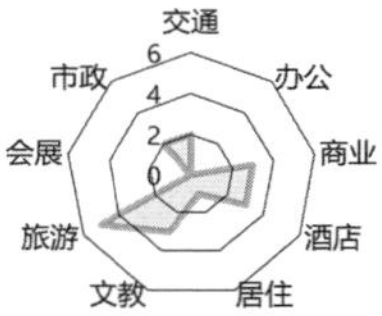 交通、办公、商业、酒店、居住、文教、旅游、会展、市政（0、2、4、6）
端头站（E类）	城市郊区型社区的公共服务中心和交通换乘中心	鼓励结合车辆段进行用地功能混合开发。周边用地应尽量避免单一用途的居住用地	I级线网站点：核心区净容积率2.5，影响区净容积率>2； II级线网站点：核心区净容积率>2，影响区净容积率>1.5； 居住功能区容积率控制上限，以保障居住环境质量 既有建成区的城市更新项目的容积率，应综合考虑交通与环境承载力； 山地城市可因地制宜，在保障环境品质的基础上确定实际建设强度	绿地率：鼓励设置立体绿化，可按一定比例将立体绿化折算为绿地面积； 地下空间：鼓励利用地下空间设置商业、停车等功能	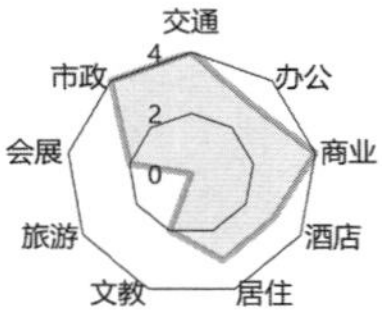 交通、办公、商业、酒店、居住、文教、旅游、会展、市政（0、2、4）
一般站（F类）	城市居住社区或就业密度高、通勤需求较强的产业区	根据城市规划确定，鼓励混合开发		建筑密度、绿地率、公共配套等控制要求按照各城市相关标准与规范执行	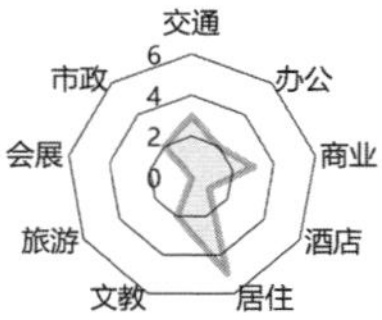 交通、办公、商业、酒店、居住、文教、旅游、会展、市政（0、2、4、6）

值得注意的是，《城市轨道沿线地区规划设计导则》中给出的建设指引只是依据一般规律的参考指标，实际中需要针对各站点及其周边地区的实际开发条件进行分析与论证再确定具体的功能配比与建筑强度指标，通过科学规划和灵活引导，实现站点地区的多样化和综合发展，更好地适应居民的生活需求和城市的发展需求。

此外，对于新建地区和建成地区的站点，TOD 街区城市设计的侧重点也存在差异。在未开发区域，新建 TOD 街区主要面临的是空白土地的利用和规划设计，应当优先对街区内的空间结构进行梳理，确保新建区域的土地利用符合紧凑混合的原则，并且与区域内的公共交通规划相协同。在已建成城市区域的更新型低碳 TOD 街区城市设计，主要任务为提升城市现有区域的可持续性和低碳性，重点会放在现有基础设施的改造升级以及局部城市空间的优化。

城市的发展和建设是一个持续演进的历程，它既非一夕之功，也是无止境的。对于低碳 TOD 街区的城市设计也是如此，处于不同发展阶段的车站，其周边地区规划的侧重点不同，并且街区的发展可能无法完全按照某一蓝图按部就班，而是需要不断调整。但普遍来说，这种调整的方向应当是基于自身的发展条件，制定适宜的发展策略。这些策略不仅仅是在空间层面，更需要政府、企业、居民等所有城市使用者的参与，需要从物质空间环境到社会经济环境各个层面着手，需要不断努力去消除车站自身与城市空间的断裂感，使车站的“存在感”消融于都市中，使车站周边城市空间构成完整有机的整体。

日本新横滨站周边地区的发展很好地体现了 TOD 街区发展动态调整的重要性。图 3-11 是日本新横滨站周边地区城市更新的主要策略及实施框架。新横滨站位于日本神奈川县横滨市港北区，车站开设于 1964 年，是日本东海道新干线的一般站点。由于站点远离横滨市中心区，并且在站点开设的初期与中心城区缺乏便捷的交通联系，在车站开通的 1964 至 1984 年间，车站周边虽然进行了土地的整理，道路网络基本形成，但人口与城市功能的增长缓慢，基本处于发展停滞状态。1984 年，随着连接市中心的地铁开通、新干线停车班次增加，站点交通服务水平的提升，为车站周边多功能集客设施的发展提供了人流基础。以此为契机，政府通过企业奖励政策推动了站域商务企业的聚集，住房限制政策的放松也促进了人口的增长，使得站点区域高速发展。1999 年，依据横滨市的“梦横滨 2010”中提出的“新横滨副都心”建设计划，新横滨站所在的港北区制定了一系列站点区域的更新优化策略，包括对交通、功能与活力引导等三个方面的策略。

从新横滨站周边地区的发展历程可以看出，站点周边地区的交通服务水平是站点周边地区综合发展的基础。无论是交通服务的运营还是各种功能的服务设施的维持都需要一定的人流量作为保障。对于站点的功能定位，一方面，应当与城市总体发展规划一致；另一方面，也不能脱离站点所在区域本

1999年 新横滨都心计划主要策略

- 车站优化升级

  新横滨站及周边地区的改造

- 交通

  通过干线道路的改造以及步行网络的构建，强化对外交通的联系，优化内部交通组织。

- 功能混合

  依托区位优势引导外国企业、IT企业及投资企业等企业入驻，同时合理控制分区，诱导形成商业、商务、居住共存的混合开发地区。

- 活力营造

  通过引导文化设施、公共空间的建设，激发地区活力，创造地区个性。

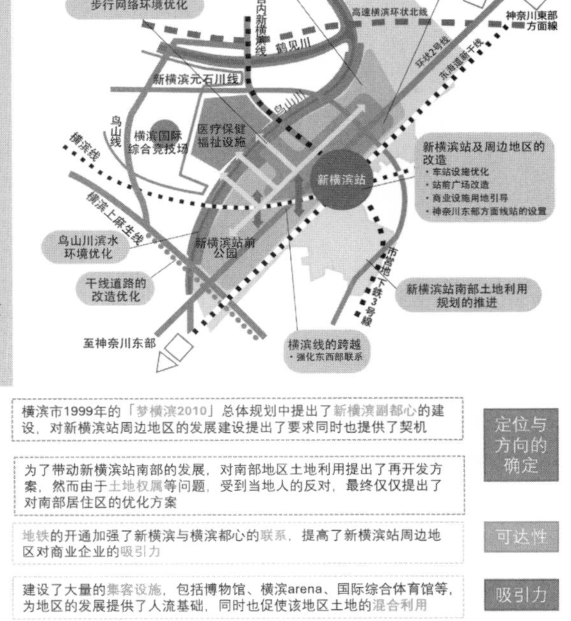

新横滨站周边地区的综合开发

类别	策略	内容	作用
战略	新横滨都心计划	横滨市1999年的「梦横滨2010」总体规划中提出了新横滨副都心的建设，对新横滨站周边地区的发展建设提出了要求同时也提供了契机	定位与方向的确定
	新横滨站南部地区改造	为了带动新横滨站南部的发展，对南部地区土地利用提出了再开发方案，然而由于土地权属等问题，受到当地人的反对，最终仅仅提出了对南部居住区的优化方案	
硬件	地铁	地铁的开通加强了新横滨与横滨都心的联系，提高了新横滨站周边地区对商业企业的吸引力	可达性
	集客设施建设	建设了大量的集客设施，包括博物馆、横滨arena、国际综合体育馆等，为地区的发展提供了人流基础，同时也促使该地区土地的混合利用	吸引力
	车站的改造	为整合车站周边的交通并提升车站周边地区土地的利用效率，对车站进行了立体综合改造	紧凑型开发
	增加新干线停车班次	新干线（hikari）每天的停车班次由6班增加到51班，为该地带来大量的客流，同时也增加了该地区对企业的吸引力	可达性吸引力
软件	企业奖励政策	为促进IT、生物等企业的进驻，对满足要求的企业提供600万日元以下的助成金	
	推进产学联动	促进产业与研究的合作，推动学校与企业合作的项目	自上而下
	举办国际活动	通过举办世界杯、博览会等活动，促进地区发展，并提升地区的知名度，进一步促进企业入驻	

图 3-11　日本新横滨站周边地区城市更新的主要策略及实施框架

身的发展条件。如果站点区域本身发展条件无法支撑大规模综合性的商业开发，例如新横滨站初期的情况，应当建立分阶段发展计划，初期先完善交通服务等基础设施，为企业与人口的引入创造条件，然后再结合激励政策引导投资、通过多方合作的方式实现站域的综合开发。

3.4.2　立体复合的空间结构

立体复合的空间结构是指在街区内，不同功能和用途的建筑和设施在水平和垂直方向上进行组合和整合，形成立体化的空间布局。这种空间结构主要包括交通系统的立体化组织及地上地下一体化的功能空间整合，使得城市空间更加立体化和多样化。

在 TOD 街区立体复合的空间结构中，地面层多布局商业、公共设施和开放空间，中层为办公、服务设施或住宅，而顶层则可能是住宅或公共绿化空间，地下空间则多用于交通换乘、停车及储存等（图 3-12）。这种立体复合的空间结构可以提高城市空间的利用效率，促进不同功能之间的互动和交流。通过合理设计 TOD 街区的立体复合空间结构，可以创造高效集约紧凑的城市空间，促进居民低碳出行，减少城市交通压力，降低碳排放，实现城市可持续发展的目标。

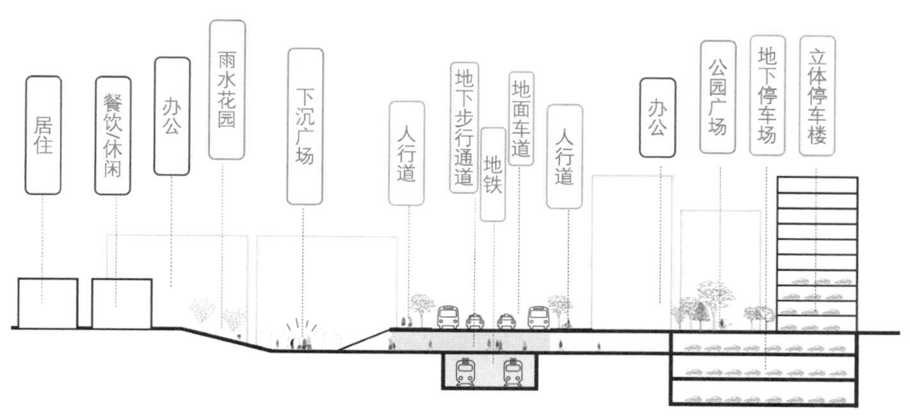

图 3-12　立体复合的空间结构

1）高效立体的交通组织

高效立体的交通组织指将公共交通站点与周边的土地利用、交通网络和城市设施紧密整合，形成一个立体、高度可达、多模式、人性化的交通系统。通过建立多层次的交通网络，包括地面层的人行道、自行车道，地下轨道交通，以及空中的步行桥梁和机动车立交桥，有效地将不同类型的交通流分开，减少交叉和冲突，实现交通流在垂直方向上的分离，帮助居民便捷地到达目的地并减少对私人汽车的依赖，有效地减少城市交通拥堵问题，提高道路利用率，从而减少城市的交通碳排放。

例如，日本福冈市博多站是位于福冈市中心区的铁路客运枢纽站，地面的轨道站场导致周边城市区域被物理分隔开，使得行人难以穿越铁路，道路交通受阻，加剧了站点区域的交通拥堵问题。为加强站点与周边地区的连通性，博多站地区构建了立体的交通组织体系（图 3-13）。在博多站内，乘客可以通过竖向交通实现新干线、普通铁路线与地铁线的高效换乘，通过地下街与二层廊道可以实现与车站西北角的城市公共交通及长途汽车客运综合交通枢纽的高效换乘。站前广场用于组织行人、公交与出租车的交通流线。为解决站点对城市造成的割裂，博多站通过车行的下穿隧道与人行的地下通道加强站点地区的连通性。地下街还直接连接了站点周边主要的商业与办公

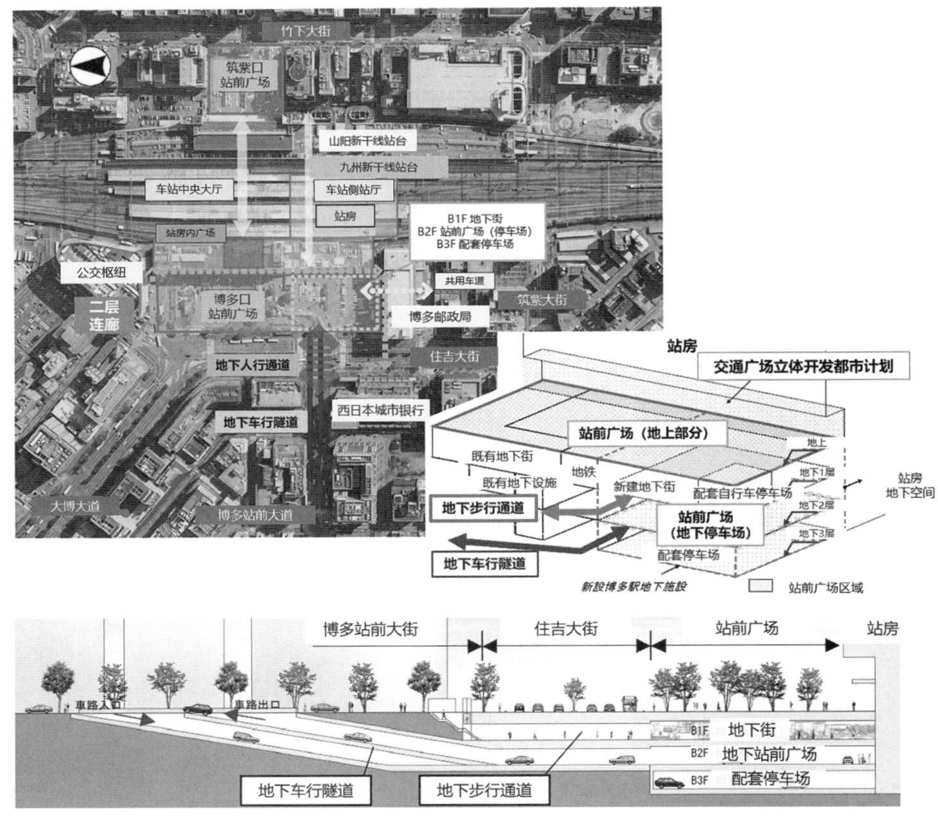

图 3-13　博多站地区的立体交通组织体系

建筑，避免行人与站点周边城市主干道车行交通的相互干扰，在提升行人便捷度的同时，也促进了站点区域车行交通的顺畅。

此外，在高密度城市中，立体廊道不仅可以为行人跨越道路或连接不同区域提供便捷的通道，还能够扩展步行空间，通过景观设计丰富城市的空间形式，为行人提供安全、舒适、丰富的步行体验，吸引人们在城市中漫步，增强街区的洄游性。例如，图 3-14 是东京天王洲岛站周边地区的立体步行系统。东京天王洲岛站虽然是临海线与东京单轨电车的换乘站，但两条线路的站厅距离较远，采用的是站外换乘方式。立体步行廊道不仅为两条线路的换乘提供了便捷的通道，还串联起了车站周边重要的商业、办公等复合功能设施。立体廊道与地面步行系统及公共空间相结合，为地区提供了舒适的步行环境与丰富的步行体验。

2）地上地下空间的整合

地上地下空间的整合是实现 TOD 街区城市结构紧凑化发展的重要措施。地下空间的利用能使有限的土地资源得到高效整合，特别是在地面空

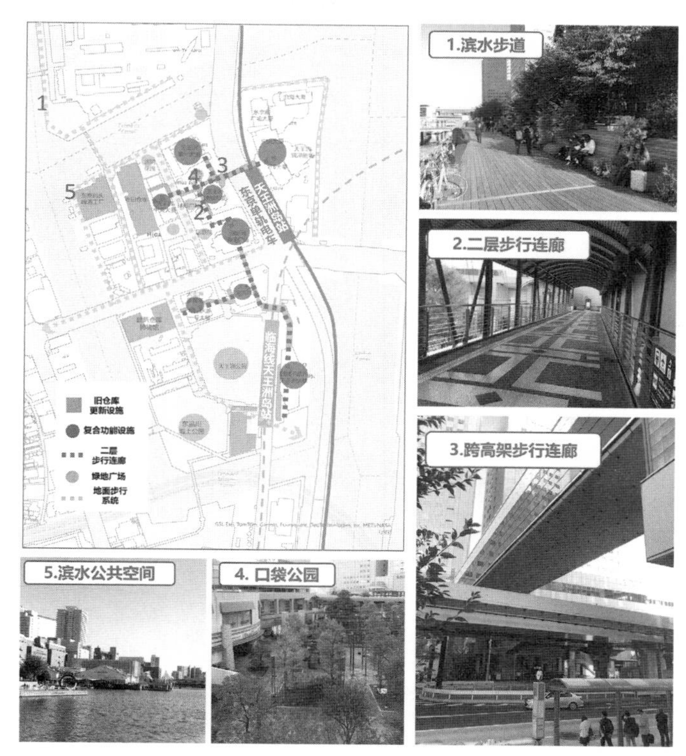

图 3-14　东京天王洲岛站周边地区立体步行系统

间有限的城市中心区，地下空间的利用为城市提供了更多发展空间。同时，通过将交通、停车、基础设施等功能转移到地下，可以释放地面空间。将这些空间用于公园、绿地、步行街等公共空间，从而优化城市环境，改善城市热岛效应，增加城市的碳汇能力。值得注意的是，由于工程难度与造价等问题，地下空间的开发更适合地面空间紧张且有经济能力的高强度开发地区。由于通风、采光等问题，地下空间容易使人感到压抑。但地下空间冬暖夏凉，可以减少供暖需求，有利于降低建筑能耗，因此，地下空间更适合寒冷地区。在实践中，应当根据站点所在地区的具体条件与城市发展定位确定地下空间的利用策略。图 3-15 是日本东京都关于地下空间利用规划的制定流程，流程中提出了地下空间开发的前提条件，并且明确了地下商业的开发更适合中心城市或特殊气候城市的高容积率的商业商务中心地区。

（1）地下交通网络的构建：在大城市的枢纽地区、大规模的再开发地区以及寒冷地区的城市中心区，通过地下交通网络的规划，系统地连接地铁站、地下停车场等公共设施与一些主要的集客设施，能有效地优化机动车交通，实现安全而高效的城市生活。地下交通网络主要由步行交通网络与静态交通网络构成，两个网络的构成要素如图 3-16 所示。

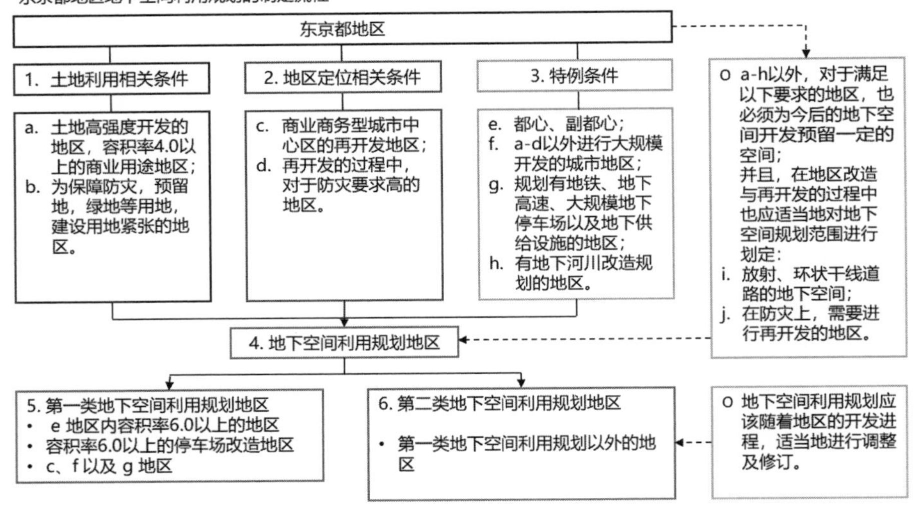

图 3-15　东京都地区地下空间利用规划的制定流程

图 3-16　地下交通网络的构成

①地下步行网络：地下步行网络的构建应当保证大街区行人通行的便利性，丰富小街区的空间形态，提高街区活力。设计要点主要包括以下内容（图 3-17）：

- 强化与地面步行空间的联系：加强地面空间的洄游性，保持城市空间的活力，防止步行流线过度向地下集中；
- 防止在地下空间的迷路现象：形式宜人的网络形态，骨架明显，交叉部与出入口进行广场化处理；
- 增加与建筑物地下层的联系：将地下步行网络与建筑物地下层直接连通，利用建筑物内的功能（商业、公共服务等）丰富步行网络，加强地下步行网络的便利性。

②地下静态交通网络：通过地下停车场网络的构建，有效地利用地区内的停车设施，形成以街区为单位的一体化地下停车空间。需要考虑的设计要点包括（图 3-17）：

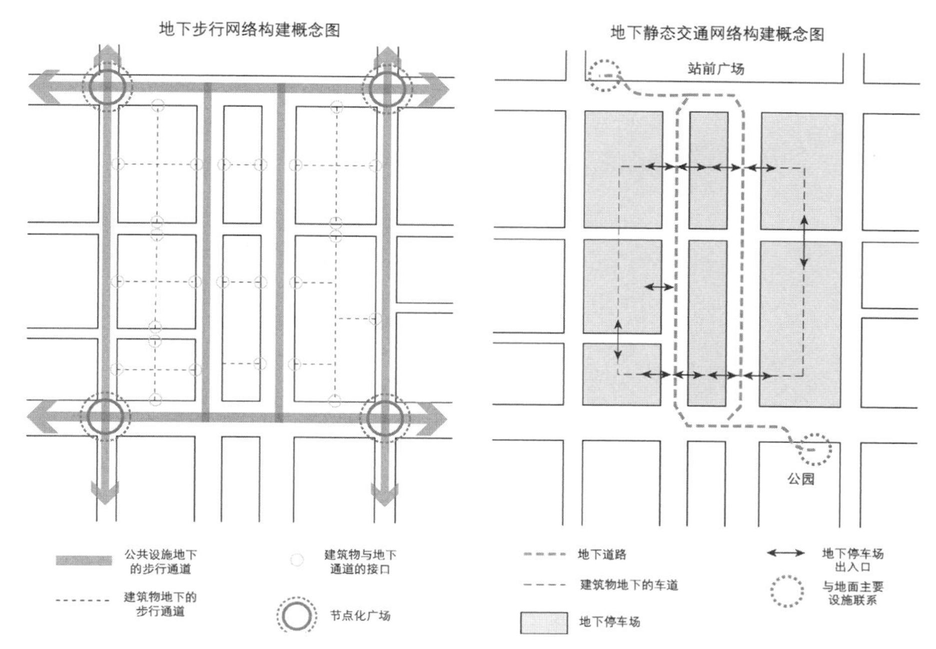

图 3-17　地下步行网络与地下静态交通网络构建概念图

• 地区内的公共停车场与专用地下停车场的连接

• 地下停车场的道路网络与城市道路的连接

• 地下停车场的出入口与地下道路出入口的结合

（2）地下商业开发：在城市中心地区，利用地下空间进行商业开发能够提升土地利用的价值，缓解城市中心区土地利用资源的紧张。并且，良好的地下商业开发可以为城市增添活力，提升交通站点周边的商业和服务设施，提供便利的购物、餐饮和娱乐场所，同时也能改善城市的交通枢纽环境。以交通站点为中心的地下商业开发主要有以下三种模式（图 3-18）：

①对车站建筑或者站前广场的地下空间进行开发，但没有与周边进行联系。这种模式往往出现在城市及车站规模都相对较小，而又想提高土地利用效率的站点区域。如日本的盛冈站。

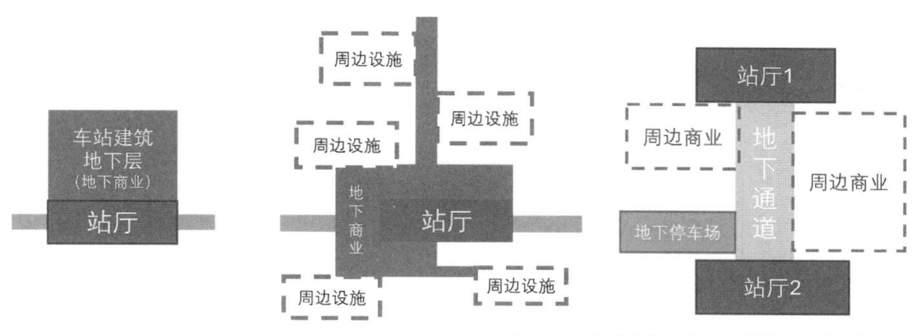

图 3-18　以交通站点为中心的地下商业开发模式

②以车站为中心，联系车站周边的主要城市设施，使得站点区域的城市功能更加紧凑一体。采用这种模式的多为一些规模较大的城市的主要车站，也是目前我国轨道站点地下空间开发最普遍的形式。如日本的东京站、中国成都的春熙路站等。

③当换乘站的站厅距离较远，可通过地下通道将站厅相连。地下通道可以与休息空间及活动广场相结合，增加市民的活动空间。并且，还可以采用地下通道串联周边城市功能，形成立体的“洄游”系统，增加站点周边地区的连通性。这种模式也多出现在城市中心区的核心站点。如日本的札幌站、神户站等。

对于低碳 TOD 街区，有效地整合地下空间与地面空间，最大化地下空间的功能和效率是实现城市结构紧凑化发展的关键。图 3-19 是成都行政学院 TOD 的地上地下一体化开发设计方案。该方案将地下空间作为 TOD 站点区域立体化交通组织的重要空间组成部分，通过楼梯、电梯、自动扶梯等竖向交通设施，确保地下空间与地面层之间有便捷的垂直连接，实现行人快速、舒适地在不同层次间移动，进而实现地上地下空间整合的目的。同时，该方案通过竖向一体化设计，鼓励功能混合使用，通过合理安排商业、娱乐、文化设施、停车设施等，增加站点区域的活力和吸引力。

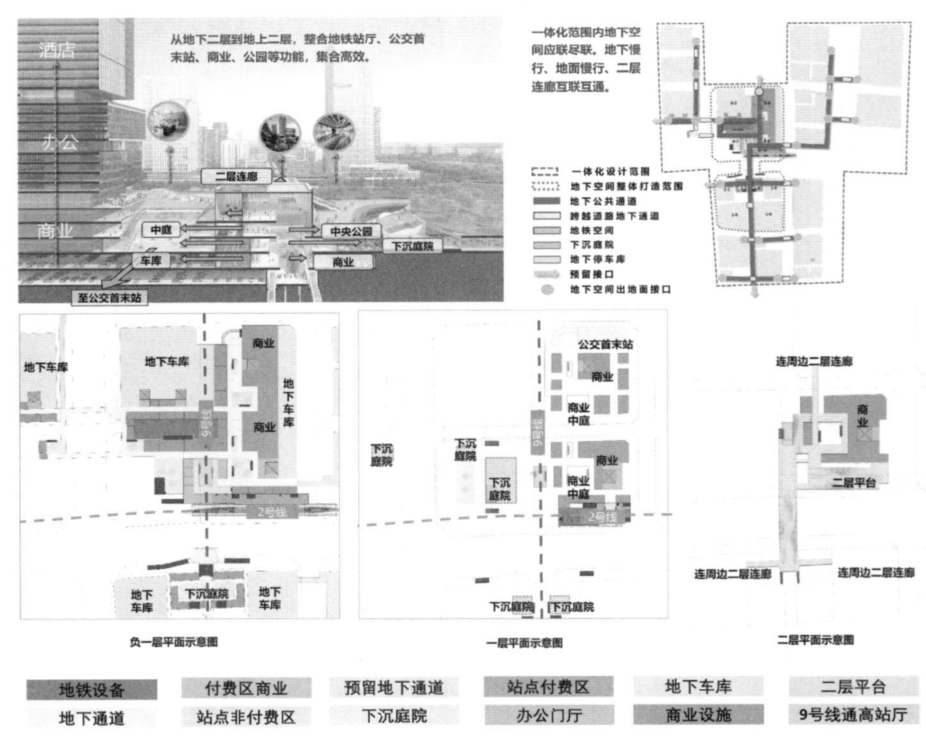

图 3-19 成都行政学院 TOD 的地上地下一体化开发设计方案

资料来源：中国建筑西南设计研究院有限公司提供

3.4.3 步行友好的道路交通系统

步行友好的道路交通系统是提升城市活力和实现可持续发展的重要策略。构建高水平的公共交通服务和高品质的步行空间是实现步行友好的道路交通系统的两个关键要素。高水平的公共交通服务通过多元交通模式的无缝对接实现换乘接驳的高效化，提高出行效率。高品质步行空间应该提供人性化的路网尺度、安全的步行环境、活力的街道空间和舒适的步行体验，全方位地提升步行出行的吸引力。

1）高水平的公共交通服务

（1）多元交通模式的组成：为提供高水平的公共交通服务，TOD 街区内应合理规划与组织多类型的交通模式，提高 TOD 街区的交通效率和便利性，同时提升居民和游客的出行舒适性和便捷性。具体而言，多元交通模式包括：

①步行：设计人行道、行人天桥等步行设施，鼓励居民和游客选择步行作为出行方式，减少对汽车的依赖。

②骑行：建设自行车道、共享单车服务等骑行设施，推动居民选择骑行作为短途出行的方式，减少碳排放并提升居民健康水平。

③公共交通：推进发展地铁、轻轨、公交车等公共交通，为居民提供便捷的城市内部和城市间出行服务。

④私人交通：控制发展汽车、摩托车等私人交通，在 TOD 街区内应当合理配套停车设施和交通管理措施，引导私人交通与公共交通相互衔接。

（2）换乘接驳高效化：高水平的公共交通服务应该实现高效便捷的接驳换乘系统。换乘接驳高效化指在公共交通系统中，通过优化不同交通模式之间的连接和转换，使乘客在短时间内、以最小步行距离以及最少的换乘次数，完成从起点到终点的行程。这种系统的设计旨在提高公共交通的整体吸引力，减少乘客的等待时间和不便，从而鼓励更多人选择公共交通作为出行方式。因此，在 TOD 街区交通规划的时候应当注意以下方面：

①换乘接驳应遵循一定的优先次序，即步行 > 自行车 > 公共交通 > 出租汽车与共享汽车 > 私人汽车，这一优先次序旨在鼓励使用更加环保、高效的出行方式。

②换乘设施的布局应以轨道站点为核心，紧凑布置，以便于乘客能够快速方便地进行换乘。通过设计合理的换乘站点布局，减少乘客的步行距离，提高换乘的便捷性。例如，地铁站与公交站的同台换乘或立体换乘设计。《城市轨道沿线地区规划设计导则》中建议各类设施与轨道站点出入口的距离符合以下要求[24]：

- 自行车停车场与站点出入口的步行距离宜控制在 50m 以内；

- 公交换乘场站与站点出入口的步行距离宜控制在 150m 以内；
- 出租汽车上下客区与站点出入口的步行距离宜控制在 150m 以内；
- 汽车停车场与轨道站点出入口的步行距离宜控制在 200m 以内。

③通过智能交通系统监控和管理换乘站点的运行状况，确保各种公共交通工具如地铁、轻轨、公交等在时间上的紧密衔接，提供实时、准确的换乘信息，包括时刻表、路线图、换乘指示等，帮助乘客规划和调整出行计划，轻松地从一个模式转换到另一个模式，优化出行体验。

（3）高水平的公共交通服务能力：高水平的公共交通服务能力通常指公交覆盖率、车次频率以及线路多样性，这些因素共同决定了公共交通的便捷性、效率和吸引力，是 TOD 街区城市设计成功的关键因素之一。

①公交覆盖率反映了公共交通网络对 TOD 街区的覆盖程度。高覆盖率意味着居民和通勤者可以方便地从家门口或工作地点快速到达公共交通站点。因此，在 TOD 街区设计中，应当通过分析居民出行模式和交通流量，合理规划公交线路，确保公共交通服务覆盖主要的出行目的地。

②车次频率关系到公共交通的实时可用性。高车次频率可以减少乘客的等待时间，提高公交系统的吸引力，尤其是在高峰时段。因此，应当基于乘客流量数据，合理灵活安排车次，以应对不同时间段的出行需求，减少乘客等待时间并提高运营效率。

③线路多样性关系到公交系统的灵活性和适应性。通过构建包括快速公交、干线公交和支线公交在内的多层次线路结构，可以满足不同出行目的和距离的需求。因此，街区城市设计中应鼓励多样化的线路规划，以提供直达、快速和便捷的服务。

2）高品质的步行空间

方便、舒适的步行环境能提升步行出行的吸引力，有效促进低碳出行。具体而言，低碳 TOD 街区的步行空间应当具有以下特征：

（1）人性化的路网尺度：指根据人的步行行为和心理感受来规划和设计街区的路网与空间尺度，以提升步行体验和公共空间的品质。在街区城市设计中可以采用以下设计策略：

①小尺度路网规划：即通过增加街区内的支路数量，形成细密的道路网络。这种小尺度的路网形式可以将交通流量分散到多条道路上，减少单一道路的交通压力，提高通行效率。同时，在小尺度的路网中，车辆通行速度通常较慢，更有利于步行和骑行出行。并且对于同样的目的地，小尺度的路网提供了更多的路径选择，行人将获得更多的转弯机会，产生更多的相遇，这将更有益于社区活力的产生。

②街坊尺度控制：过大的街坊尺度会降低街区的道路密度，不利于交通

的分流与步行环境的营造，但是过小的街坊尺度也会限制城市用地的综合开发。《城市轨道沿线地区规划设计导则》提出，位于城市中心区的 TOD 街区，街坊尺度宜控制在 120m 以内；现状复杂、难以进行更新改造的地区，应通过打通公共步行通道缩小地块尺度；位于城市郊区的 TOD 街区，街坊宽度宜控制在 200m 以内。

③适宜的街道宽度：应根据街道的功能和人流量来确定街道宽度，避免过宽的街道造成行人穿越困难。对于主要的商业街道或交通枢纽附近的街道，可能需要更宽的街道以适应较高的人流量。对于居住区或次要街道，可以设计较窄的街道，以营造更加亲切和安静的环境。

④舒适的街道高宽比：街道高宽比是影响街道空间感受的重要因素。接近于 1 的高宽比能够营造出更加舒适和人性化的空间。在设计时，应优先考虑街道两侧建筑物的高度，确保它们与街道宽度之间的比例适宜。对于高层建筑，可以通过设置退台、空中花园或垂直绿化等手法，降低视觉上的高宽比，改善行人在街道空间的步行体验。

（2）安全的步行环境：在低碳 TOD 街区中，为行人提供安全的步行环境是至关重要的。这不仅鼓励居民选择步行作为主要的出行方式，而且有助于提升社区的居住品质和安全性。交通稳静化设计是指通过实施道路分流规划、物理限速、交通导向等措施，降低机动车对居民生活质量及环境的负效应，改变机动车驾驶员的不良驾驶行为，改善行人及非机动车的出行环境，形成安全的交通环境，提升街区的宜居性和可步行性。图 3-20 与图 3-21[25] 总结了纽约街道设计手册中的交通稳静化设计策略，涵盖了实践中常用的街道稳静化设计手法。实践的时候应当依据项目实际情况合理地选择稳静化设计策略。

（3）活力的街道空间：活力的街道空间指的是能够吸引人们停留、交流和参与公共活动的街道环境，给人提供愉悦的步行体验。这要求街道不仅仅满足人们通行的交通需求，还需要为人们的购物、驻足停留、交谈、观望、休憩等社会公共活动提供相应的公共空间（图 3-22）。因此，如何在街道断面上合理地组织不同的交通模式与街道要素，是提升街道活力的关键。图 3-23 是依据扬 · 盖尔（Jan Gehl）的《人性化的城市》总结的促进街道活力的设计要点。图 3-24 是纽约市街道设计手册中针对不同类型街道的提升活力的街道断面设计 [26]。

（4）舒适的步行环境：舒适的步行环境可以提升居民和游客选择步行出行的意愿，减少对汽车的依赖，改善城市交通环境，促进城市的可持续发展。舒适的步行环境设计包括以下设计要点：

①街道家具与公共设施能够有效地提升步行环境的舒适性。街道家具不仅指摆设在街道上的椅、凳等家具，也包括街道上的自行车停车架、垃圾

车道变窄（Lane Narrowing）

通过道路变窄降低车辆通行的速度，减少交通事故的发生概率。同时，将从车道压缩的空间划分为步行空间、自行车与绿色基础设施，可以营造更好的步行环境。

交叉口收缩（Corner Radii）

通过交叉口收缩减小转弯半径，降低车辆转弯速度，同时减少行人过马路的距离。缩小转弯半径对于实现交叉口的安全与紧凑具有重要意义。

建筑与行道树（Buildings and Trees）

通过丰富的建筑立面设计与行道树的布置营造城市街道氛围，提醒车辆减速。

街道入口处理（Gateway Treatments）

在街道入口处通过标志、道路标线、景观设计、交通岛、彩色路面等一系列设计措施，引导驾驶员进入特定区域，并提醒他们注意速度限制，以帮助驾驶员缓慢减速并适应新的行驶环境。

狭窄通道（Pinchpoints）

在道路中段有意地制造瓶颈、收窄点或者狭窄通道，从而迫使驾驶员减速并更加警惕地驾驶。它们可以与减速台结合，创建高质量的行人过街处。它们也可以用于低流量的双向街道，要求面对面的驾驶员相互礼让。

弯道与车道变化（Chicanes and Lane Shifts）

通过在道路上交替放置交通岛、路缘石或者改变车道宽度等，形成S形路径，减缓车辆速度，增加驾驶员对道路环境的警觉性，并提高周围居民和行人的安全感。

隔离带与安全岛（Medians and Refuge Islands）

在道路中间设置隔离带与供行人二次过街时停留等待的安全岛设施，可以提高道路的安全性，减少事故的发生，并为行人和骑车人提供更安全的行驶环境。

小型环形交叉口（Mini Roundabouts）

在交叉口中心设置一个小型的圆形交通岛来引导车辆绕行，从而减缓车速、降低事故风险，并促进更顺畅的交通流动。

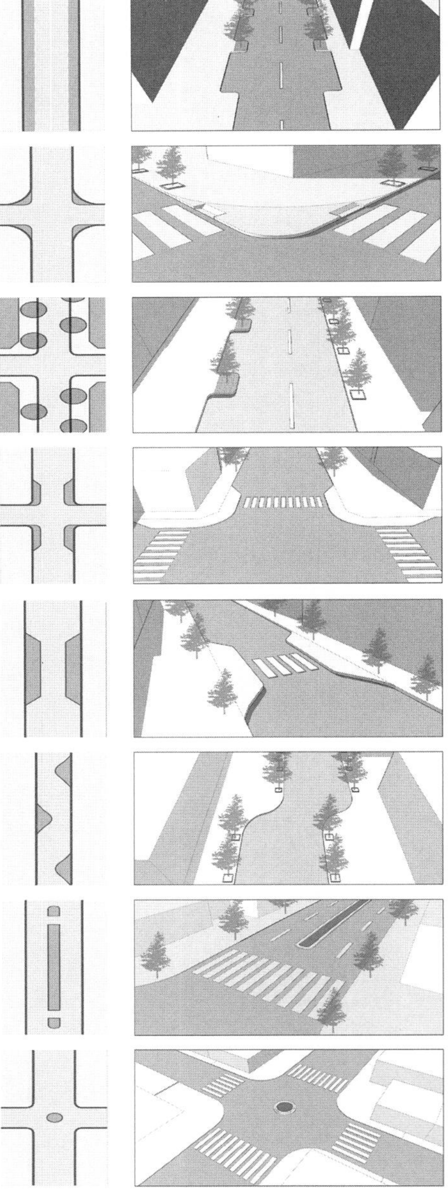

图 3-20　交通稳静化设计策略 1[25]

桶、路灯、配电箱、道路交通标识、公众艺术装置等设施，它们共同塑造了街道的功能性与景观性。合理分布的座椅和垃圾桶确保了行人的便利，而具有特色的艺术作品和照明设施则能够增添街道的视觉吸引力。

②遮蔽与微气候控制是提升步行舒适性的另一关键方面。通过在街道两旁种植行道树，不仅为行人提供了必要的遮阴，还有助于调节街道的微气候、降低温度并增加湿度。此外，设置雨棚和遮阳篷等结构，保护行人免受日晒雨淋，尤其在公交车站和步行区域，这些设施显得尤为重要。同时，通

减速带（Speed Humps）

减速带是指一种道路凸起物，通常高10~15cm，长4~6m。通常是由柔软但坚固的材料制成，用于迫使车辆减速来提高道路的安全性，减少交通事故的发生，并改善行人和骑行者的通行条件。尺寸可以根据街道的目标速度进行定制。

减速垫（Speed Cushions）

减速垫是指一种类似于减速带的交通措施，通常用于减速车辆。与减速带不同的是，减速带覆盖整个车道，而减速垫通常只覆盖车辆的一部分，允许大型车辆（如消防车和救护车）通过而不受过多影响。

减速台（Speed Tables）

减速台是类似于减速带的交通措施，但其顶部是平的，通常长度为6~9m。与减速带不同，减速台通常用于结合人行横道，可以位于道路交叉路口或街区中段。当减速台与人行横道相结合时，它们被称为凸起式人行横道。

路面材料与外观（Pavement Materials and Appearance）

通过使用彩色或有图案纹理的沥青、混凝土或混凝土地砖等，改变路面外观，增加视觉吸引力，使其对驾驶员更加显眼。人行横道和路口可以被涂成明显的颜色以突出交叉区域，提醒驾驶员谨慎驾驶。

双向街道（Two-Way Streets）

双向街道，即允许来往两个方向的车辆通行的道路。在这样的设计中，车辆可以从两个方向进入和离开街道，而不是只允许单一方向的车流，促使驾驶者更加谨慎，因为他们需要考虑对向车流，并在需要时做出相应的行驶调整。

信号灯的连续控制（Signal Progression）

信号灯的连续控制是指通过在一系列交叉口上调整信号灯的时间，使车辆在行驶过程中能够以较为连续的速度通过一连串的交叉口，从而减少车辆的停顿和等待时间，提高交通流畅度。

交通分流设施（Diverters）

交通分流设施通常是在街道上设置的物理障碍物，如交通岛、隔离带或路障，改变车辆的行驶路径，引导交通流向特定的方向或限制某些车辆进入某些区域，以减少某些道路上的交通流量，或将交通流引导到更合适的路段，从而改善交通流畅度和安全性。

共享街道（Shared Streets）

通过消除传统街道上的严格分隔，如人行道、自行车道和车道，而将其转变为一个共享空间，供行人、自行车和车辆共同使用。共享街道依靠用户之间的互动和互相尊重来维持交通秩序。

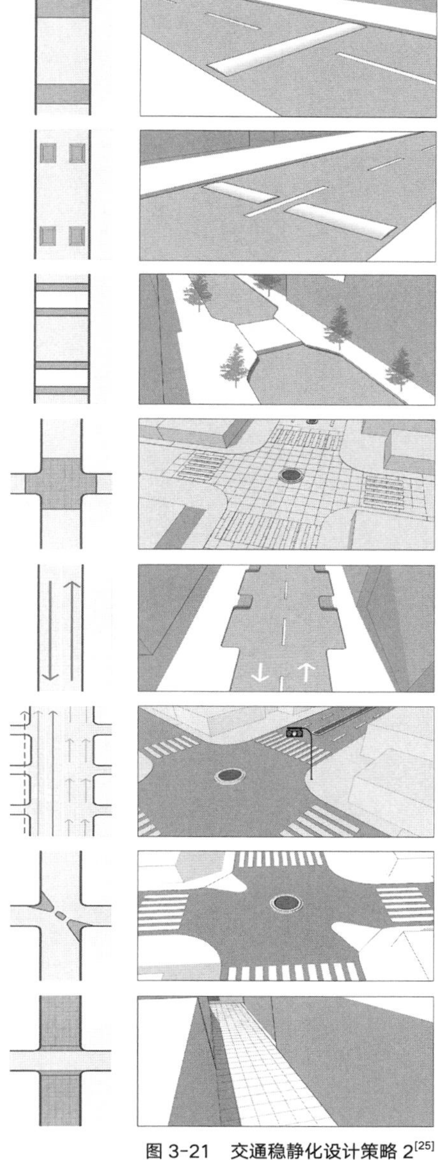

图 3-21　交通稳静化设计策略 2[25]

图 3-22　活力的街道空间功能组织

愉悦的步行体验

舒适的步行环境
- 无障碍的步行空间
- 良好的路面条件
- 较好的可达性
- 有趣的街道界面

站立和停留的空间
- 边缘效应
- 为站立和停留提供可观看的景观或活动
- 为站立提供可倚靠的界面

停坐的机会
- 停坐的空间
- 利用有利的环境条件：视野、阳光、人
- 舒适的座位
- 为休闲提供长椅

观望的机会
- 适合观看的视野与距离
- 通透的视线
- 丰富的视野
- 黑暗中的照明

交谈聆听的机会
- 低噪音
- 街道家具
- 交谈的空间

玩耍运动的机会
- 促进人们开展各种户外的活动和运动
- 白天与夜晚/夏天与冬天都可以活动

图 3-23　活力的街道空间设计要点

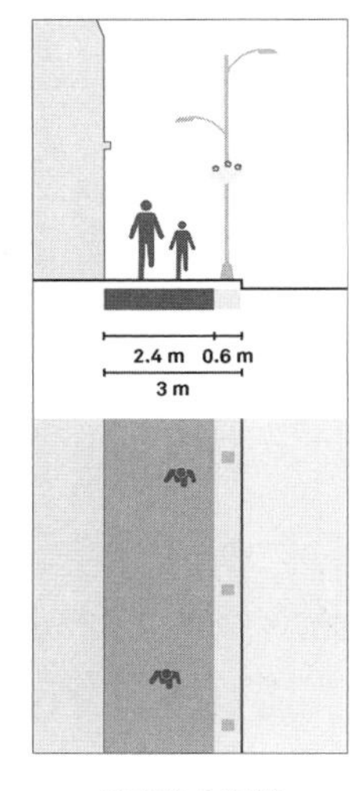

狭窄的人行道

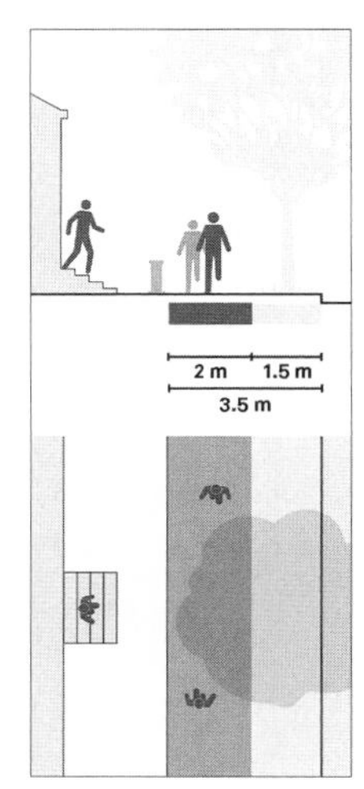

包含建筑出入口与绿植带的人行道

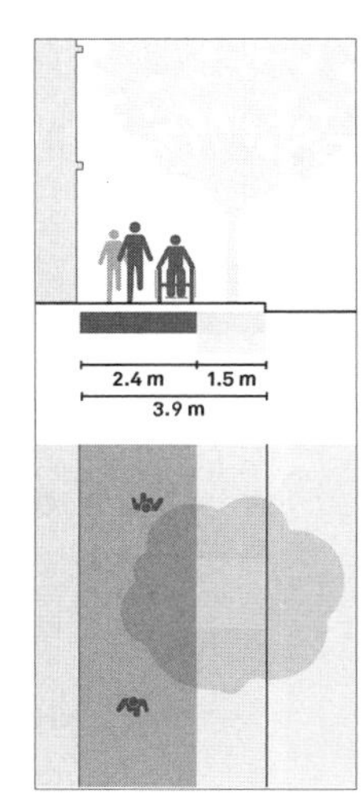

包含绿植带的人行道

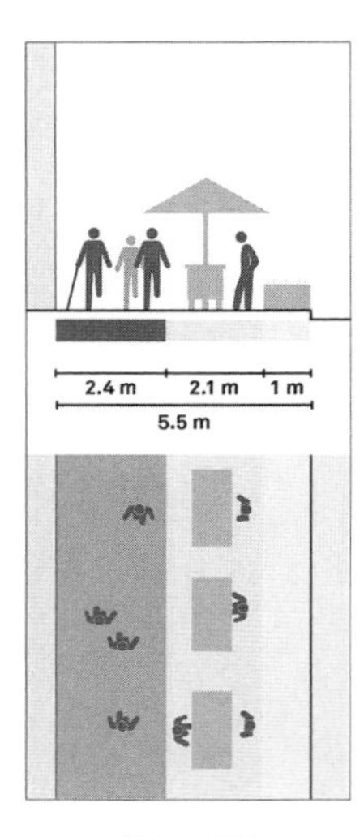

邻里主街1

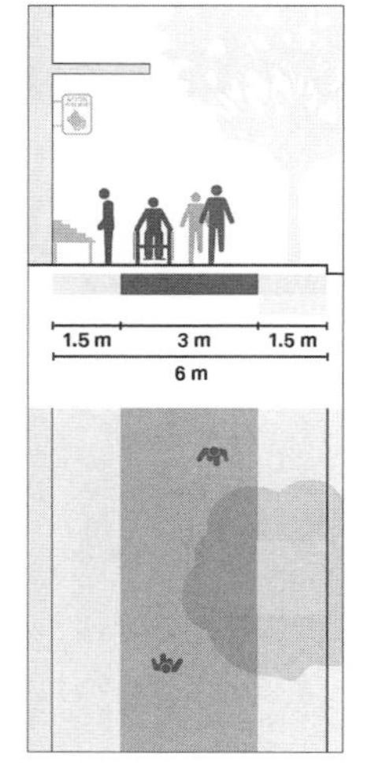

邻里主街2

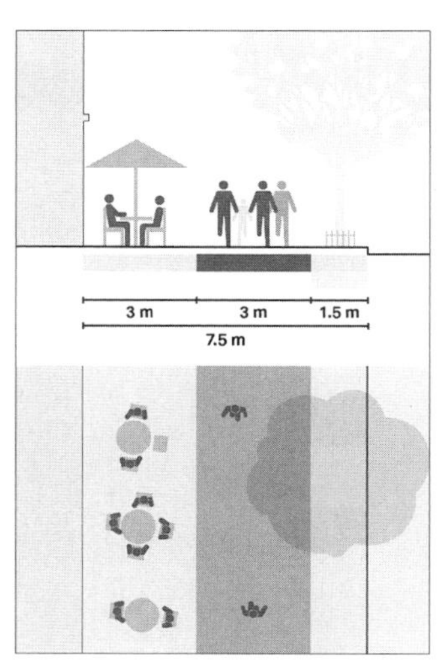

中型商业人行道

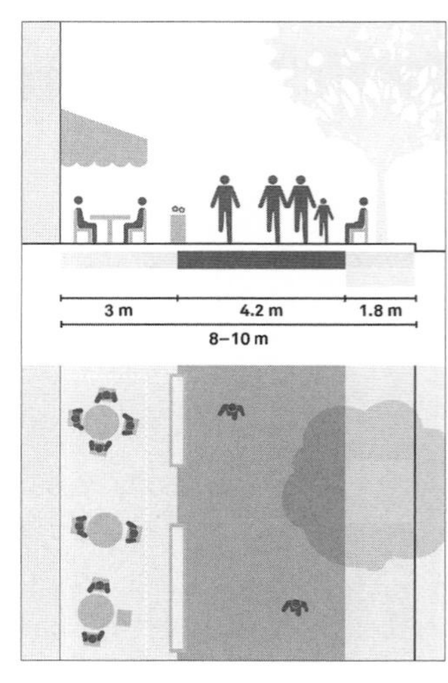

大型商业人行道

图 3-24　提升活力的街道断面设计

过考虑街道方向与当地风向，利用建筑布局和开敞空间来引导气流，创造出凉爽宜人的步行路径。

③景观设计在提升街道吸引力方面发挥着至关重要的作用。通过精心配置植物，街道可以在四季展现出不同的风貌，为行人提供视觉上的享受。公共艺术作品如壁画和雕塑可以丰富街道的文化内涵。此外，巧妙设计的水景元素，如小型喷泉，不仅能带给人愉悦的视觉体验，也有助于改善微气候。

图 3-25 展示了如何通过断面空间有序地组织多种类型的交通、公共活动、街道家具及景观等多种街道要素，形成高品质的步行环境。

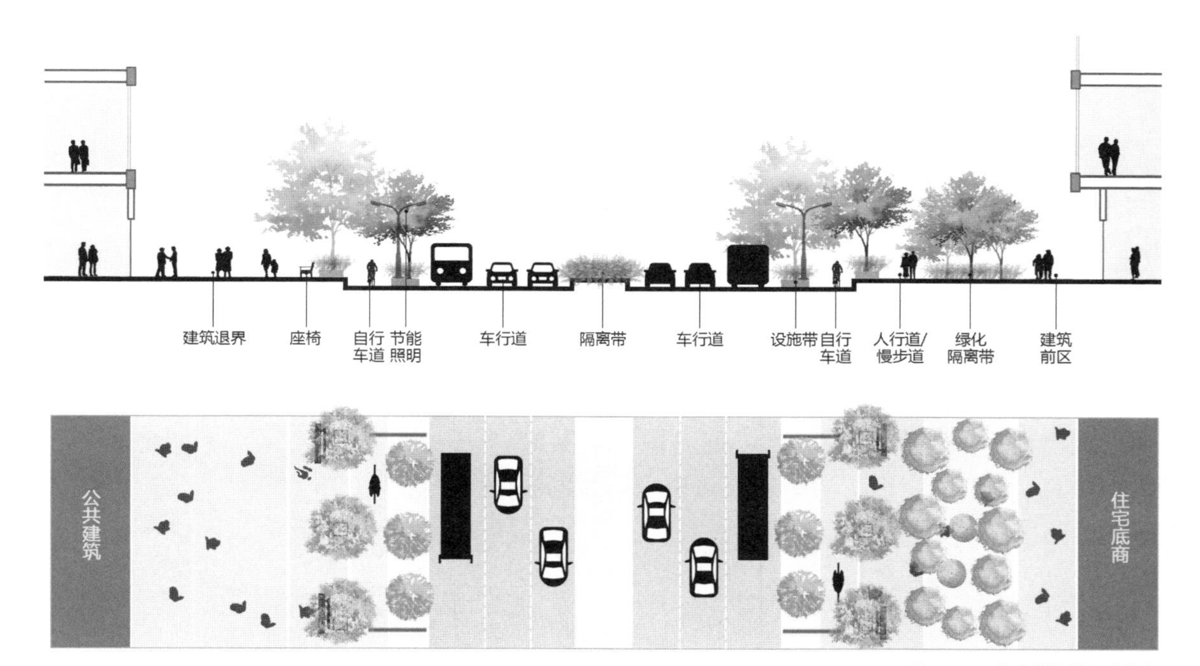

图 3-25　有序的街道要素组织

建筑的运行能耗与街区的城市形态密切相关。城市形态决定了建筑所面临的场地环境条件及可利用的资源条件，进而影响建筑的能耗水平。城市形态通过建筑间效应（Inter-building Effect）、城市微气候（Urban Microclimate）和用户用能行为（Occupant Behavior）对建筑能耗产生影响（图 3-26）[27]。例如，建筑间的遮挡与表面反射影响建筑的采光条件，进而影响照明能耗。另一方面，城市形态通过影响局部微气候，使得空气温度、湿度、风速、风向等发生改变，进而影响建筑室内的通风、供暖和制冷的能耗需求。此外，建筑间的遮挡、反射及区域内的太阳辐射还决定着太阳能的利用潜能。街区的土地利用结构与形态对居民的生活方式及用能行为产生影响，进而对交通建筑的能耗产生影响。但是，由于低碳 TOD 街区的土地利用结构与形态在上一个小节已有较为详细的介绍，本小节将从促进自然采光、促进自然通风、降低供暖和制冷需求及提升太阳能潜力等四个方面介绍如何通过城市设计促进交通建筑的节能减排。

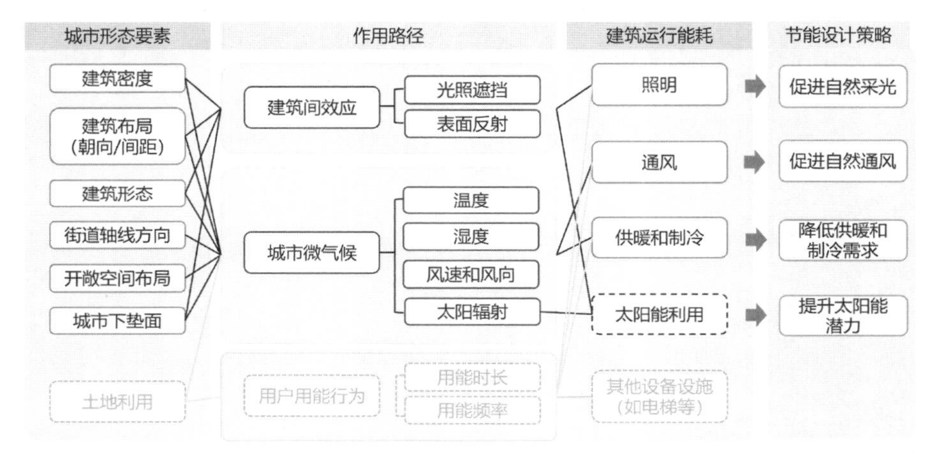

图 3-26　城市形态对建筑能耗的影响机制 [27]

3.5.1　促进交通建筑太阳光利用的街区形态设计

低碳交通建筑可以通过对太阳光的直接利用与间接利用达到节省能源的目的。直接利用主要指利用太阳光为室内提供照明，减少对人工照明的需求；间接利用则指通过光伏板、光热板等太阳能设备收集太阳辐射能量并转化为电能，为交通建筑的运行供能。无论是交通建筑的自然采光还是太阳能利用，都需要充分地获取太阳照射。因此，在街区层面，二者对交通建筑周边城市空间形态的要求是基本一致的。在街区城市设计的过程中，需要进行日照和阴影分析，以确定不同街道和建筑的朝向对太阳光的接收情况。合理的朝向设计可以最大程度地利用太阳能资源，减少阴影对周围建筑的遮挡。

1）周边建筑的密度与高度

建筑密度是指在一定土地面积上建筑物的集中程度，而建筑高度将直接影响阴影的长度和范围。在 TOD 模式下，站点周边的建筑往往具有较高的密度与高度，这有助于形成紧凑的城市结构，减少对私家车的依赖，从而降低碳排放。然而，建筑密度过高将导致建筑物之间相互遮挡，不利于交通建筑的自然采光。因此，在进行站点周边街区城市设计时，应考虑建筑高度与太阳角度的关系，以最小化阴影对交通建筑的影响。实践中城市规划者和建筑师可以采取以下策略（图 3–27）：

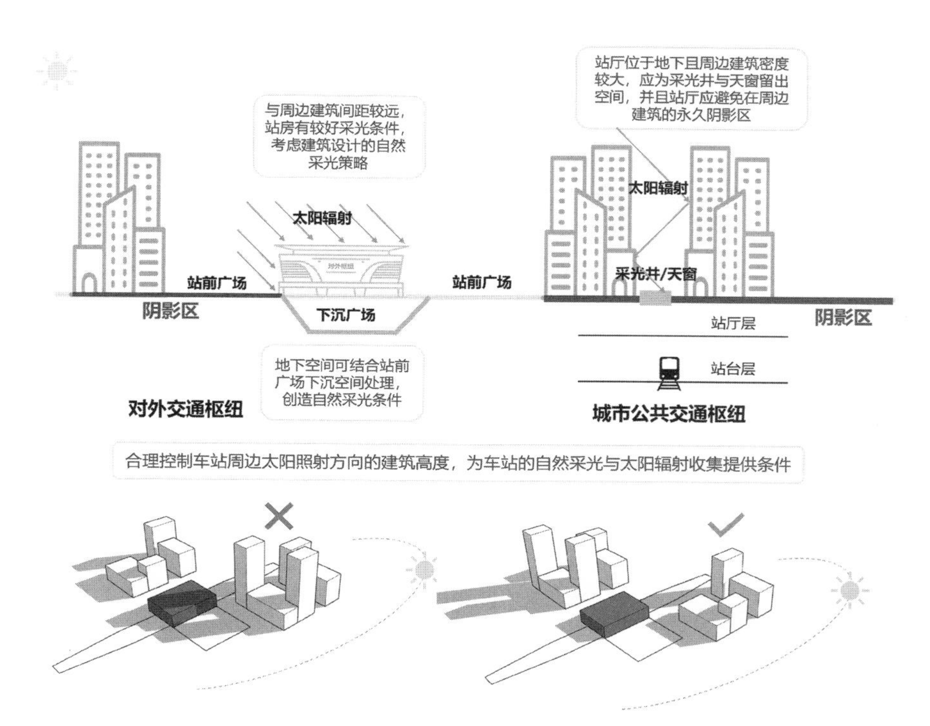

图 3-27　不同类型站点区域的采光条件与自然采光设计策略

（1）周边建筑高度控制：通过分散布局站点周边的高层建筑，避免形成连续的高楼林立，从而减少阴影区域，让更多的阳光照射到站点和公共空间，为地下空间的采光井和天窗提供更多光照机会。合理控制站点周边日照方向的建筑高度，将有助于站点获得更好的自然采光与太阳辐射收集条件。此外，应当通过分析不同季节太阳的位置，规划建筑高度和布局，以确保在冬季也能为站点提供足够的阳光。

（2）开敞空间利用：站前广场等开敞空间应与站房设计相结合，以最大化自然光的引入。对于位于高密度区域的地下城市交通站点，应通过精确的日照分析，避免将站厅布局在永久阴影区的地下，优先选择街区内的广场和绿地等开敞空间下方作为站厅空间，为采光井和天窗的设置预留空间。

（3）多层次地下空间：对于站点的地下空间部分，可通过设计多层次的地下空间结构，如半地下商业区或停车库，利用地上与地下的过渡区域增加自然采光的机会。对于日照条件不佳的高密度区域，可利用站点周边建筑形态或使用反射性材料，将阳光导入站厅内部。

例如成都博览城综合交通枢纽（图 3-28），将公路桥梁、轨道交通、城市开发与公园景观相结合，化路为桥，打通道路南北两侧天府公园的联系，将福州路桥下的首层空间作为枢纽的开敞式生态站厅层，利用南北两侧的退台式下沉花园，构建多层次地下空间，将枢纽与城市景观相融合，并在桥梁上开设通风采光孔，降低了站厅采光和通风的电力需求，也改善了环境、降低了能耗。

图 3-28 成都博览城综合交通枢纽多层次地下空间自然采光设计
资料来源：中国建筑西南设计研究院有限公司提供

2）建筑间距与朝向

建筑间距会影响太阳光的照射情况。宽阔的建筑间距有利于站点区域建筑更好地接收太阳光，因为它们提供了更多的开阔空间，减少了周围建筑物对太阳光的阻挡。相比之下，狭窄的街道可能会在一天中的某些时段受到阴影的影响，导致太阳能的接收效率降低。建筑的朝向也会影响太阳能的利用。长边沿东西向展开的建筑有利于建筑物的采光和通风，提高了太阳能的利用效率。因此在站点区域城市设计中，应该注意控制站点周边建筑的间距及朝向，为站点利用太阳光创造良好的条件。

（1）南向优势：在北半球，朝南的建筑可以接收到更多的阳光，因此在规划时应优先考虑将站房的主要朝向设为南向。针对铁路客站站房的设计，一个有效的策略是将交通广场布局在站房与南向的高层建筑之间。这样的布局可以显著降低周边建筑对站房产生的阴影遮蔽，有助于站房的自然采光。同时，广场布局在站房的南侧，能够使其获得更好的太阳照射，为广场地下空间的自然采光创造了有利条件（图 3-29）。

（2）与太阳能设备布局相协同：由于太阳能设备的安装需要依据建筑或街道朝向调整布局，以达到最佳的太阳能收集效果。对于交通建筑，太阳能光伏板或集热器往往安装在建筑屋顶或墙面，因此建筑长边沿东西向的布局将更有利于太阳能的收集，而建筑长边沿南北向布局的情况，则需要安装可调节角度的太阳能收集装备来适应不同时间段的太阳轨迹（图 3-29）。

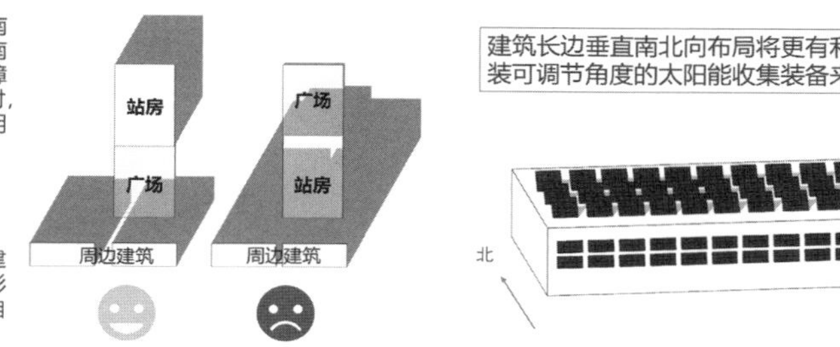

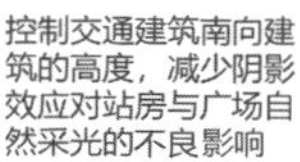

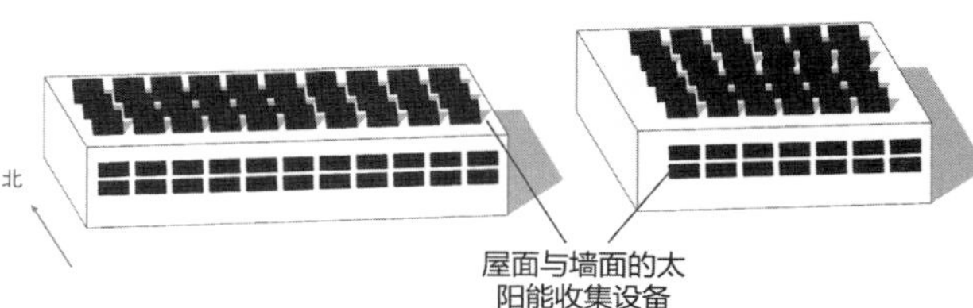

图 3-29　考虑自然采光与太阳能收集的建筑布局策略

需要注意的是，太阳光照虽然有利于交通建筑的自然采光与太阳能的收集与利用，但过多的太阳光照射也可能带来一些不利影响。例如，直射阳光造成的眩光可能对人体造成不适影响。对于炎热气候区，过多的太阳辐射会导致室内温度升高，增加空调负荷，使得建筑运行能耗增加。此外，城市中的建筑物和铺装表面吸收太阳辐射后，会向周围环境释放热量，导致城市热岛效应加剧。对于太阳能设备，光伏板可以转换太阳辐射能量为电能，但在高温下其效率会降低，且光伏板表面会吸收热量，增加表面温度。因此在利用太阳光的时候，应当根据当地气候条件，优化建筑朝向以最大化冬季日照和最小化夏季日照，并结合建筑遮阳、建筑形态优化、材料选择等设计策略，平衡自然采光和热环境管理。

3.5.2　促进交通建筑自然通风的城市通风设计

良好的场地风环境是促进交通建筑自然通风的前提。同时，城市通风有助于带走污染物和有害气体，减少空气污染，提升城市空气质量。此外，城市通风还能引入新鲜空气和增强空气流动性，调节城市温度，降低城市热岛效应，营造更舒适的气候环境，从而降低交通建筑的供暖和制冷需求，降低能源消耗。

城市形态与风环境密切相关，城市建筑的布局、高低错落、街道朝向等都会影响风的流动状况。对于城市公共交通站点区域，位于高密度建筑区域或建筑排列与主导风向接近垂直的城市区域的站点，其周边容易产生大范围的静风区，而位于新建高层住宅区的站点周边则容易出现大范围的强风区（图 3-30）。对于铁路客站周边区域，铁路沿线往往会形成强风廊道，站前广场的开敞空间也是改善车站区域风环境的有利因素。与广场不同形式相连的道路将城市通风以不同形式汇聚到广场（图 3-31），对周边密集区的通风不良状况有一定改善作用，但大尺度的站房建筑可能会阻断广场向建筑另一侧的通风[28]。

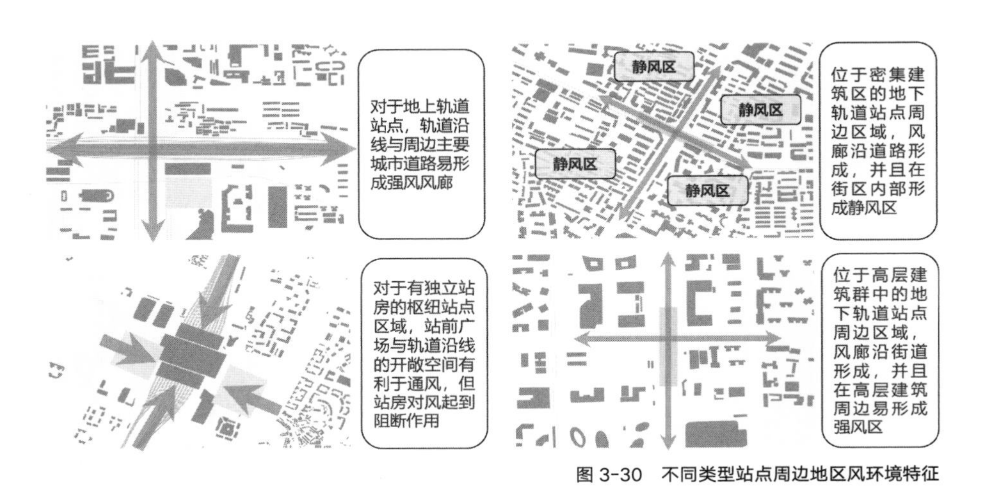

图 3-30　不同类型站点周边地区风环境特征

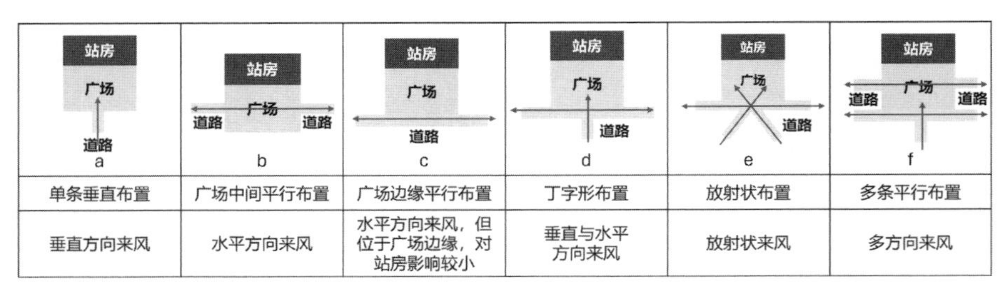

a	b	c	d	e	f
单条垂直布置	广场中间平行布置	广场边缘平行布置	丁字形布置	放射状布置	多条平行布置
垂直方向来风	水平方向来风	水平方向来风，但位于广场边缘，对站房影响较小	垂直与水平方向来风	放射状来风	多方向来风

图 3-31　站前广场与道路不同的组织形式[28]

因此，应当从街区城市形态层面出发，避免阻碍城市通风的不利因素，通过控制建筑形态、组合、街道朝向、地面覆盖物等来引导风的流动，以达到良好的通风效果。可以考虑的策略包括：

1）街区内道路布局与形态

城市街道是高密度建筑区的重要通风廊道，其朝向、密度、组合方式都对城市局部风环境有着显著的影响。

当街道轴线走向与主导风向垂直时，气流将难以渗入街区，而是越过屋顶或从建筑群的侧面流失，这种情况不利于建筑室内的通风，街道上行人高度处的风速也较小。当街道与主导风向平行时，道路上的风速最大，但气流难以进入建筑室内。当街道与主导风向夹角为 30°~ 60° 时，无论沿街建筑物的主要立面平行或垂直于主要街道，均可获得良好的穿堂风，街道风速与建筑室内穿堂风均较大。因此，对于与站前广场相连接的道路，应当与城市主导风向呈一定夹角，在保障广场、道路与交通建筑室内通风要求的同时，也避免局部风速过大。

另外，不同气候区对通风的需求各异。寒冷地区需要减小冬季风的影响，而湿热地区则需要增强夏季通风。因此，应当根据不同气候区的风向条件调整街道走向与主导风向的关系（图 3-32）。

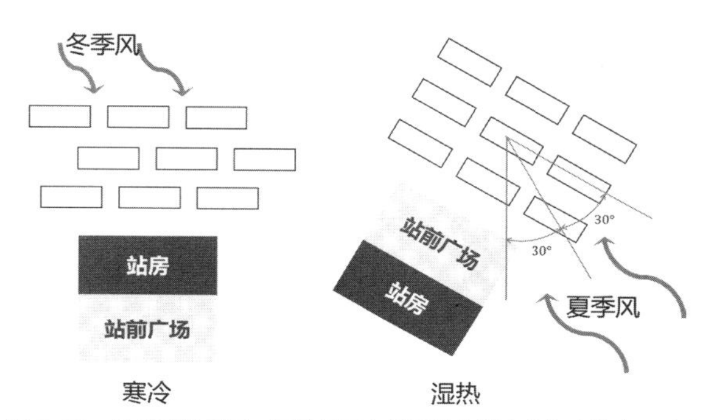

图 3-32　针对寒冷地区、湿热地区车站周边街道走向与建筑布局建议

2）站前广场形态与内部布局

铁路客站站房、周边建筑和道路的布局决定了广场的形态和开口位置，开口位置对广场内部的风环境起着关键作用。因此，广场的开口方向应考虑夏季主导风向，以确保夏季通风顺畅，同时需避开冬季主导风向，避免冬季广场风速过大（图 3-33）。对于较大的广场尤其如此，若无法在冬季有效防风，则可以考虑在冬季主导风向上设置挡风设施，例如信息指示牌和局部绿化。

从广场到站房的绿化可采用多层次的布局。在广场边缘区域设立适当宽度的林带或建造疏林广场，可以有效遏制城市交通污染，同时在一定程度上减缓广场的风速；广场中心区域多作为人员休息和行走区域，可设置集中的绿化植被和沿人行道的绿化走廊，利用风向的特性，在行人区域设置草地，周围种植高密度的树木等，形成局部环流；在靠近站房的区域，人员活动密集处应设置高低搭配的防风绿化，例如修剪成绿墙状的矮种密叶树木，以确保此区域风速较低，有效避免铁路客站站房入口处因室内外气温交换而产生的能量损失，提升人员的舒适度（图 3-33）。

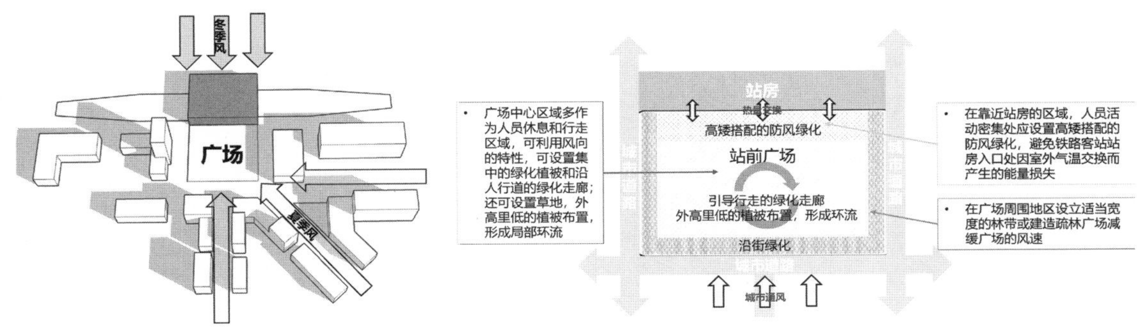

图 3-33　站前广场的风环境设计策略

3）周边建筑布局

站点周边密集的大型建筑群会影响通风情况，因此，建筑物的长边应与风向平行，并设立非建筑区域和建筑后退区，以获得最佳的通风效果。简而言之，建筑密度不宜过高，地面覆盖率应在可控范围内。

对于大型建筑群、特别是在既有的城市建成区域内，通过设置与主导风向平行的通风走廊或者建筑退台处理来提高建筑结构对风的渗透性至关重要。在适当的位置，采用阶梯状的平台设计可引导气流向下，增强在行人高度的通风效果，并分散机动车排放的污染物（图 3-34）。

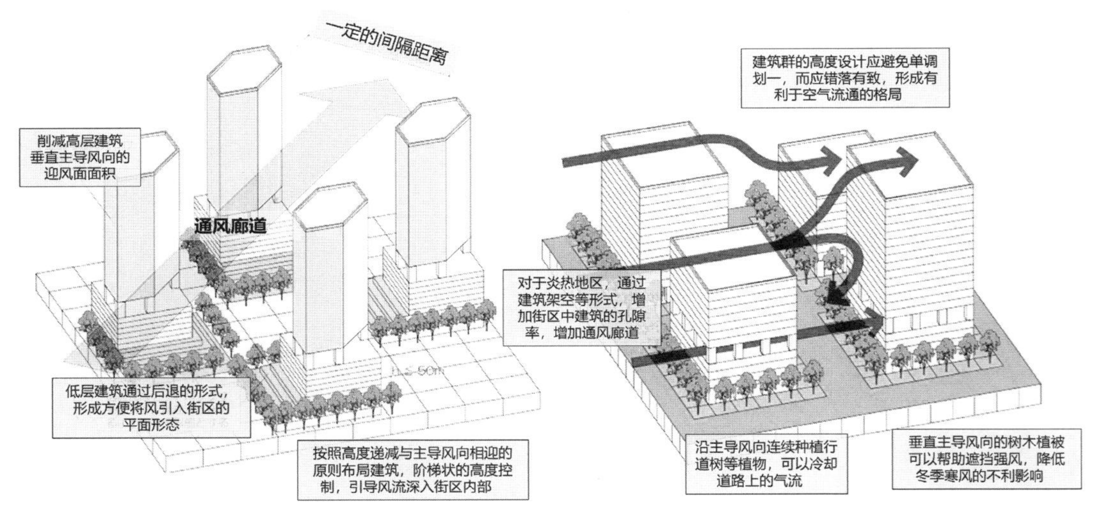

图 3-34　促进街区自然通风的站点周边建筑布局原则

此外，采用高低错落的建筑布局也有利于区域内通风。建筑群应按照高度递减且与主导风向相垂直的原则布置，阶梯状的高度控制可以改善整个站点区域的通风环境。在条件允许的情况下，建筑体块应保持适当的间隙，以最大化区域的空气渗透率，并且最好将这些间隙设置在垂直于主导风向的位置。

3.5.3 降低交通建筑供暖和制冷需求的建筑微气候设计

建筑的供暖与制冷旨在调控室内热舒适度，而建筑热量的损失很大程度上取决于室外的温度。尽管室外温度无法直接控制，但可以通过合理的城市形态设计来改善车站区域的微气候，提升场地热舒适度，为交通建筑的运行提供良好的热环境，从而降低交通建筑的供暖与制冷需求。

1）建筑的布局与形态

站点周边建筑的布局与形态通过综合影响街区的温度、通风与空气流动以及太阳辐射条件，对站点周边局部热环境产生显著影响。

（1）温度：站点周边建筑的密集布局和高层建筑容易使站点区域比周围较低密度区域更热，形成热岛效应。尤其在夏季，建筑物吸收和释放热量的能力会导致街区的温度升高。

（2）通风与空气流动：站点周边建筑的布局形态会影响城市内部的空气流动。密集的建筑布局可能会阻碍自然通风，导致空气污染物滞留和热量积聚，从而加剧街区热环境问题。相反，合理的建筑布局可以促进空气流通，减少热量积聚，改善站点周边的热环境。

（3）太阳辐射：站点周边建筑物的布局和高度会影响阳光的照射和遮挡，进而影响街区的局部热环境。应合理设置建筑的高度和朝向，利用遮阳设施和植被来减少阳光直射，降低城市的表面温度。

因此，为了降低交通建筑供暖和制冷需求，应当依据交通建筑所在地区的气候特征，对街区形态与建筑布局进行合理的设计。表 3-6 总结了寒冷气候区与炎热气候区站点周边局部热环境优化的建筑布局与形态设计策略。

不同气候区街区热环境优化的建筑布局与形态设计策略　　表 3-6

寒冷地区	炎热地区
适宜的高密度建筑布局：紧凑的建筑布局可以减少热量散失，有利于冬季提升街区的温度；但是过高的密度可能造成建筑间相互遮蔽，不利于冬季太阳辐射的获取	适宜的高密度建筑布局：紧凑的街区形态可以减少暴露在阳光下的建筑表面积，降低热吸收；但是高密度的建筑布局将不利于街区通风，容易加剧站点周边街区的热岛效应
防风设计：考虑风道和建筑的防风布局，减少冷风的侵袭	通风设计：保障街区的通风网络，促进空气流通，降低温度
向阳布局：建筑应朝向太阳，最大化冬季日照，降低供暖需求	遮阳布局：建筑应朝向最佳遮阳方向，使用遮阳板、百叶窗等减少直射阳光，降低制冷需求

在本书 3.4.1 与 3.4.2 章节已经分别介绍了在考虑太阳辐射与通风环境时，交通建筑周边建筑布局与形态的设计策略。由于站点周边的局部热环境

受到太阳辐射与通风环境的综合影响，而部分设计策略之间又存在矛盾关系（如建筑密度难以兼顾太阳辐射与通风），因此，在实际中，需要综合考虑当地的气候特征、地理条件，使用现代化的技术，如能耗模拟和气候分析，来帮助我们更准确地评估和优化街区形态与建筑布局对热环境的影响。

2）铺装材料与下垫面

铺装材料与下垫面可以影响热吸收与散热能力，进而影响街区的热环境。铺装材料的反射率、热容量、热导率、色彩及透水性等属性决定了其吸热与散热的能力。在交通建筑周边街区地面铺装材料选择时，应综合考虑材料特性及其与周边环境的交互影响作用。

（1）高反射率的铺装材料：具有高反射性能的铺装材料，如浅色或特殊涂层材料，可以减少阳光直接照射建筑物和街道，从而在一定程度上降低空气温度、减轻热岛效应。因此，站前广场上使用浅色、光亮程度较低的铺装材料，有利于降低站房周边地表温度，缓解车站区域的热岛效应。

（2）透水性铺装材料：具有良好透水性的地面铺装材料，如透水性混凝土、透水性沥青、透水砖等，可以通过蒸发冷却效应降低地表温度，缓解城市热岛效应。同时，与传统的不透水材料相比，透水性铺装材料在白天吸收的热量较少，夜晚释放的热量也较少，有助于维持街区温度的稳定性。

此外，透水性铺装材料不仅能够允许雨水通过铺装表面渗透到地下，补充地下水资源，减少地表径流与洪水的风险，还有利于自然的水循环过程，减少对传统排水系统的依赖，降低城市排水系统的压力。

（3）增加绿化与水体：绿化种植在改善街区热环境中也起到重要作用。植物的蒸腾过程有助于吸收太阳辐射和热量，从而降低地表温度，减缓热岛效应的形成。树木和绿化带提供的遮阳效果不仅能减少太阳直射，降低地面温度，还能创造舒适的遮阴区域，为居民提供凉爽的休息和活动空间。此外，植物蒸腾还有助于调节周围空气的湿度，提高人体对热环境的适应性，有效缓解室外热应力。

因此，可以在站前广场、街区中的人行道旁、公园、屋顶和建筑物立面等地方增加植被，提高城市的绿化覆盖率。并且应当对街区中的绿地进行系统性的规划，形成连续的网络，有利于促进街区的通风降温。

鼓励街区内建筑采用垂直绿化与屋顶绿化的形式，对街区内的整体绿化水平进行进一步补充。屋顶与墙面的覆土与绿化可以减少太阳光直射，减少建筑室内受到室外温度的影响，降低建筑物室内热舒适调控需求。

此外，在枢纽站点的站前广场及周边街区增加水体面积，如水池、喷泉等，水体的蒸发冷却效应能有效降低周围环境的温度。在有条件的情况下，设计不同深度和形状的水体，可以增加水体的热容量，从而提高其调节温度的能力。较深的水体能够在夜间释放更多的热量，减少日夜温差。

参考文献

[1] 国家统计局．中华人民共和国2023年国民经济和社会发展统计公报[EB/OL]//中华人民共和国中央人民政府网．(2024-02-29)[2024-04-01]. https://www.gov.cn/lianbo/bumen/202402/content_6934935.htm.

[2] 公安部．全国机动车保有量达4.35亿辆 驾驶人达5.23亿人 新能源汽车保有量超过2000万辆[EB/OL]//中华人民共和国中央人民政府网．(2024-01-11)[2024-04-01]. https://www.gov.cn/lianbo/bumen/202401/content_6925362.htm.

[3] 苏世亮，赵冲，李伯钊，等．公共交通导向发展的研究进展与展望[J]. 武汉大学学报（信息科学版），2023，48(2)：175-191.

[4] 孙娟．城市街区减碳规划方法集成体系[J]. 城市规划学刊，2022(6)：102-109.

[5] CALTHORPE P. The Next American Metropolis：Ecology，Community，and the American Dream[M]. Princeton Architectural Press，1993.

[6] CERVERO R，FERRELL C，MURPHY S. Transit-Oriented Development and joint development in the United States：A literature review[J/OL]. TCRP Research Results Digest，2002(52)[2021-09-27]. https://trid.trb.org/view.aspx?id=726711.

[7] 张峰，林立．中国TOD的再探讨：基于交通出行结果的视角[C]//转型与重构——2011中国城市规划年会论文集．南京：东南大学出版社，2011：6117-6127.

[8] CERVERO R，MURAKAMI J. Rail + Property Development：A model of sustainable transit finance and urbanism[R/OL]. UC Berkeley Center for Future Urban Transport，2008[2024-04-16]. https://escholarship.org/uc/item/6jx3k35x.

[9] EWING R，CERVERO R. Travel and the built environment[J]. Journal of the American Planning Association. 2010，76(3)：265-294.

[10] CERVERO R，KOCKELMAN K. Travel demand and the 3Ds：Density，diversity，and design[J]. Transportation Research Part D：Transport and Environment，1997，2(3)：199-219.

[11] SCHLOSSBERG M，BROWN N. Comparing Transit-Oriented Development sites by walkability indicators[J]. Transportation research record，2004，1887(1)：34-42.

[12] LI Z，HAN Z，XIN J，et al. Transit oriented development among metro station areas in Shanghai，China：Variations，typology，optimization and implications for land use planning[J]. Land use policy，2019，82：269-282.

[13] 万琛．TOD测度与优化：我国三个典型城市的比较研究[D]. 武汉：武汉大学，2019.

[14] SU S，ZHANG H，WANG M，et al. Transit-Oriented Development (TOD) typologies around metro station areas in urban China：A comparative analysis of five typical megacities for planning implications[J]. Journal of Transport Geography，2021，90：102939.

[15] INSTITUTE FOR TRANSPORTATION AND DEVELOPMENT POLICY. TOD Standard[R/OL]. Institute for Transportation and Development Policy，2017. https://itdp.org/publication/tod-standard/.

[16] CERVERO R，SULLIVAN C. Green TODs：marrying Transit-Oriented Development and green urbanism[J]. International Journal of Sustainable Development and World Ecology，2011，18(3)：210-218.

[17] 刘晓卉 . 美国“绿色城市”的思想渊源 [J]. 城市史研究，2019 (1): 304-315.
[18] KAMRUZZAMAN, DEILAMI K, YIGITCANLAR T. Investigating the urban heat island effect of transit oriented development in Brisbane[J]. Journal of Transport Geography, 2018, 66 (C): 116-124[2024-03-18].
[19] YILDIRIM Y, AREFI M. How does mixed-use urbanization affect noise? Empirical research on Transit-Oriented Developments (TODs) [J]. Habitat international, 2021, 107: 102297.
[20] GU P, HE D, CHEN Y, et al. Transit-Oriented Development and air quality in Chinese cities: A city-level examination[J]. Transportation Research Part D: Transport and Environment, 2019 (68): 10-25.
[21] ZHANG M. Can Transit-Oriented Development Reduce Peak-Hour Congestion?[J]. Transportation research record, 2010, 2174 (1): 148-155.
[22] 住房和城乡建设部 . 城市轨道沿线地区规划设计导则 [R]. 中华人民共和国住房和城乡建设部，2015.11.
[23] 胡映东，陶帅 . 美国 TOD 模式的演变、分类与启示 [J]. 城市交通，2018，16 (4): 34-42.
[24] 余辉，王莹颖，余嘉珊，等 .“建轨道就是建城市”理念下的重庆 TOD 综合开发规划实践 [J]. 规划师，2022，38 (2): 32-39.
[25] GLOBAL DESIGNING CITIES INITIATIVE, NATIONAL ASSOCIATION OF CITY TRANSPORTATION OFFICIALS. Global Street Design Guide[M]. New York: Island Press, 2016.
[26] NEW YORK CITY DEPARTMENT OF TRANSPORTATION. Street Design Manual[M]. New York: New York City Department of Transportation, 2020.
[27] 刘可，徐小东，王伟，等 . 近 30 年城市形态与建筑能耗关联性研究综述 [J]. 建筑学报，2023 (S1): 120-127.
[28] 章昭昭 . 铁路客站广场及周边密集区风环境研究 [D]. 武汉：武汉理工大学，2012.

第4章 低碳交通建筑被动式设计方法

4.1 概述

交通建筑由于其高使用频率和高能耗特性，其低碳设计尤为关键。探讨交通建筑的低碳特性需要综合考虑建筑的功能、能耗等多个方面，以确保实现可持续发展和低碳目标。交通建筑通常采用大空间设计以确保足够的灵活性和多功能性，但这也导致了较高的能源消耗和复杂的能源使用模式。然而，这种设计同时也蕴含着巨大的节能潜力。本章着重讨论交通建筑的被动式设计策略与方法，以减少交通建筑的能耗和碳排放，实现可持续发展目标。

交通建筑因其特殊性质，地上和地下空间在碳排放方面存在着不同的设计优化策略，可以从地上空间和地下空间两个角度，分别考虑建筑立体化发展，充分利用这两类空间，这样既能改善交通，又能有效降低能耗。

交通建筑以大尺度空间为特征，其透明围护结构往往较大，这不仅增加了能源消耗，还对碳排放产生了直接影响。因此，在设计地上空间时，应注重围护结构的节能特性，以减少整体碳排放，并重点关注如何通过优化透明围护结构、合理利用自然光和通风等手段来降低能耗和碳排放。

地下空间设计则面临着采光和通风的挑战。由于地下空间缺乏自然光源和通风条件，其低碳设计的关键在于通过建筑设计手段，优化采光和通风系统，减少人工照明和空调的使用，从而降低能耗。

此外，由于交通建筑的大空间特性，结构设计直接影响到建筑的隐含碳排放。因此，要实现交通建筑低碳设计，必须深入理解并应用结构设计的低碳方法与策略，本章主要从材料的选择与使用、提升结构的耐久性这两个方面展开详细讨论。

本章将详细讨论低碳交通建筑的被动式设计原则、步骤、方法，地上和地下空间的设计策略以及结构体系设计，旨在为设计师提供一个清晰的框架，帮助他们在满足功能需求的同时，实现低碳交通建筑的设计目标，促进可持续发展。通过阐述这些设计原则和策略，本章希望能够为设计师提供理论支持和实践指导，推动低碳交通建筑的发展。

在现代建筑设计领域，低碳设计原则不仅是对全球气候变化挑战的积极响应，也为减少环境影响、提升能源利用效率及增强使用舒适度提供了有效途径。具体到交通建筑设计，这些原则的应用尤为关键，因为交通建筑不仅功能要求复杂，而且在日常运行中能源消耗和碳排放量巨大。

首先，本节将深入讨论节约能源的策略，特别是通过被动式设计减少运行期间的能源需求，以实现更高效的能源利用和更低的环境影响；其次，将探讨减少材料使用的重要性，考虑到交通建筑因其大空间和大面积的围护结构常常需要使用大量材料，所以这一策略对于降低其碳排放至关重要；最后，讨论如何通过延长建筑使用寿命来减少整体资源消耗和废弃物产生（图 4-1）。

4.2.1 节约能源

交通建筑因其持续运行时间长和用能设备（如照明、空调系统和电梯等）数量多而耗能巨大。这些建筑通常需要全天候提供服务，包括维持适宜的室内温度和足够的照明，这使得能源消耗成为其运行成本和环境影响的重要组成部分。因此，节约能源不仅能减少运行成本，还有助于大幅降低碳排放，实现可持续运行。

节约能源的策略主要集中在采用被动式设计手段上，这些手段旨在通过建筑自身的设计优化，最大限度地减少外部能源输入（图 4-2）。例如，通过优化建筑的朝向和布局，可以最大化自然光的使用，减少人工照明的需求；同样，利用合理的保温与隔热技术可以降低建筑供暖和空调系统的能耗；此外，设计时考虑到自然通风的引入，可以有效地调节室内气候，减少对机械通风的依赖。这些被动式设计策略的实施，不仅能有效减少建筑运行期间的能源消耗，同时也减轻了对环境的压力。

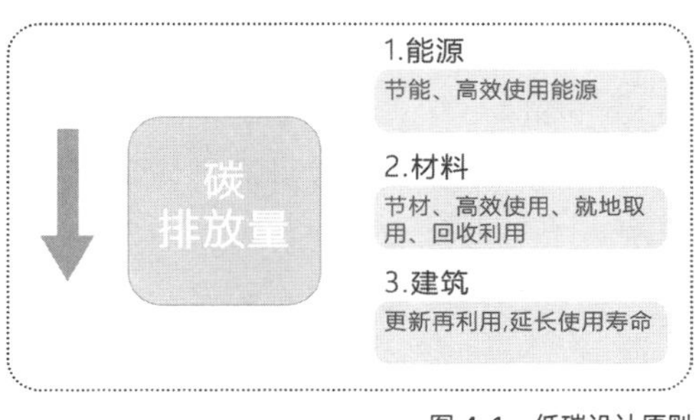

图 4-1　低碳设计原则

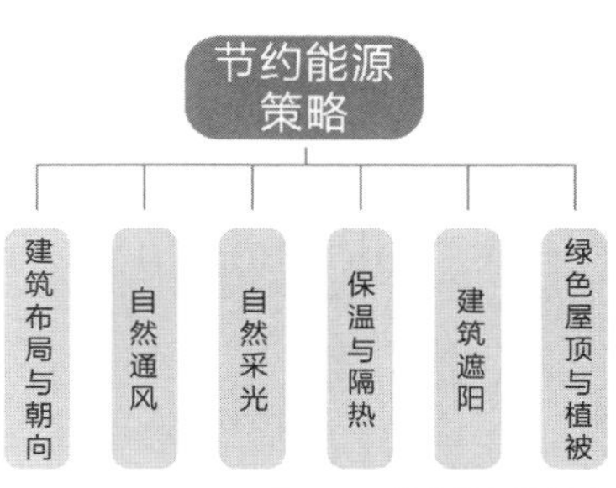

图 4-2　节约能源的策略

本章的第四节将详细探讨如何实现这些被动式设计策略，并通过实例展示它们的应用效果。

4.2.2 减少材料使用

交通建筑由于其大空间和大面积围护结构等特点，通常比其他类型的建筑使用更多的材料。同时，建筑材料的生产、运输和施工过程中的碳排放量往往十分显著，因此，减少材料的使用不仅是增强建筑设计的经济效益和环境可持续性的重要策略，更是降低交通建筑整体碳排放的关键。特别是在交通建筑这样的高能耗建筑中，有效地减少材料用量，对于达到低碳建筑的目标具有重要影响。

为了在设计初期就有效减少材料的使用，设计师可以采用高效的结构系统，比如张力结构或膜结构。这些结构不仅减少了对支撑材料的需求，同时由于其轻质的特性，还能在运输过程中降低能耗和碳排放。此外，运用先进的设计软件进行建筑设计优化，是另一个减少材料使用的有效手段。通过精确的模拟和计算，可以优化结构组件的尺寸和数量，不仅能满足安全和功能需求，同时能最大限度地减少材料浪费。

进一步地，选择可回收或可再生的建筑材料也极为关键，这不仅减少了对新原材料的需求，还降低了材料生命周期结束时的环境影响。简化建筑细节和装饰也能直接减少材料的使用，这不仅有助于缩短建造时间，还能减少施工过程中的资源浪费。

通过实施这些策略，设计师在设计和建造现代交通建筑时能够显著降低材料使用量。这种方法不仅可以在建筑初期节省资源，而且在建筑的整个生命周期中都能减少能耗和碳排放，实现真正意义上的低碳建筑目标。

4.2.3 延长建筑使用寿命

低碳建筑设计的一个基本原则是延长建筑的使用寿命。交通建筑通常因其服务的性质，是城市和区域内人流的汇聚点，这种高使用频率的特点要求建筑必须具备高度的耐用性。建筑的设计和材料的选择需要确保建筑能在长时间的使用中保持结构和功能的完整性。这个原则不仅随着时间的推移减少了新原材料的需求，从而节约资源，而且减少与拆除和重建相关的废物和环境影响。延长使用寿命的策略各不相同，通常涉及选择耐久性材料、采用可适应变化需求的灵活设计以及确保建筑易于维护。

延长建筑使用寿命还有助于减轻城市化进程中频繁重建的压力。城市中心和交通枢纽区域随着城市的发展和人口的增长，往往需要不断地进行翻新和重建以满足增长的需求。通过设计预期使用寿命更长的建筑，可以显著减少这些区域在长期内对建筑材料的需求，减轻环境负担。此外，提高交通建筑的耐用性可以减少频繁的维护与大规模修缮需求，从而在建筑全生命周期内产生更低的整体碳排放。

面对全球气候变化的挑战，低碳建筑设计不仅是一种趋势，更是一种必要的行动。为此，设计师需要改变设计理念和方法，确保建筑能够在整个生命周期中最小化其对环境的影响。本节将从三个关键方面入手深入探讨低碳交通建筑设计步骤，首先，将从整体碳排放的视角出发，介绍低碳设计方法以及设计师在实际设计过程中应遵循的低碳建筑设计步骤；随后，将详细阐述如何降低建筑的隐含碳排放；最后，聚焦于建筑运行阶段的节能措施，介绍如何通过节能设计步骤确保建筑在使用过程中最大限度地减少能源消耗。这一系列方法和步骤旨在为设计者提供一个清晰的框架，帮助他们创建更加可持续和低碳的交通建筑设计方案。

4.3.1 低碳设计方法

在设计低碳交通建筑的过程中，确保从整体碳排放的角度出发至关重要，为了实现这个目标，需要从三个关键方法入手：首先是减少隐含碳排放，其次是减少运行能耗，最后是实现可再生能源的最大化利用（图 4–3）。

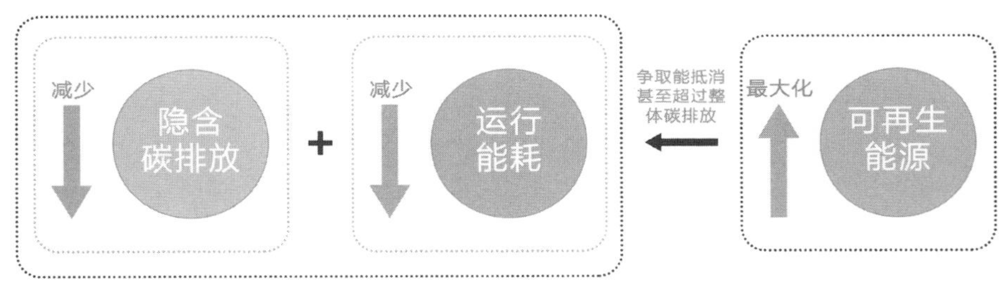

图 4–3 低碳设计方法

首先，隐含碳排放是指建筑材料的生产、运输、施工以及最终处置过程中所产生的碳排放。交通建筑具有大空间和大面积围护结构等特性，通常比其他类型的建筑使用更多的材料。要有效降低这一部分的碳排放，首先需要选择低碳、碳中性甚至碳储存材料，例如使用低碳混凝土、植物纤维、木材、竹材等；其次，尽量选择本地材料，减少运输距离，降低运输中的碳排放；此外，通过采用模块化或预制建筑技术可以减少现场施工过程中的能耗和材料浪费。

其次，交通建筑的运行阶段能耗通常是碳排放的主要来源，因此减少运行能耗是实现低碳交通建筑的关键。减少运行能耗可以通过被动式设计策略实现，比如改善建筑围护结构的热工性能、增强自然光利用、提高自然通风效率等，这些措施能显著降低对外部能源的依赖，特别是在暖通空调系统上的能耗。此外，引入智能建筑管理系统可以通过实时数据监控来优化能源使用，如智能温控系统和自动光控系统等，这些都是减少运行能耗的有效手段。

最后，尽管本章未深入讨论，但最大化利用可再生能源是低碳交通建筑设计的重要组成部分。在建筑竣工后，需要在后续的使用周期内逐步抵消建设和运行过程中产生的碳排放，因此利用可再生能源是直接实现碳补偿的有效方法。下一章将详细探讨如何通过集成太阳能、风能和地热能等可再生能源技术，进一步减少建筑的碳排放。这不仅是实现建筑长期低碳运行的关键，也是推动建筑行业向可持续发展转型的重要途径。

设计师在实际设计中应如何遵循低碳设计步骤，在低碳交通建筑的设计过程中，采用数字化工具和方法是确保设计效率的关键。以下是低碳设计步骤（图 4-4），通过利用建筑信息模型（BIM）和生命周期评估（LCA）软件，以优化设计方案并减少建筑的整体碳排放。

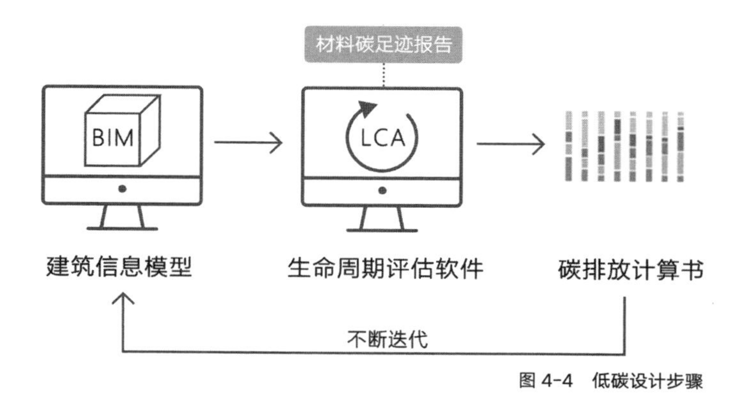

图 4-4　低碳设计步骤

首先，在建筑信息模型（BIM）软件中创建交通建筑的初步设计方案。BIM 软件能够提供详细的三维可视化，支持多方面的设计决策，包括结构和空间布局等，确保所有设计元素的协调一致。

完成初步设计后，将 BIM 模型导入到生命周期评估（LCA）软件中。LCA 软件专门用于评估建筑项目的环境影响，包括但不限于碳足迹。在 LCA 软件中，基于综合数据库（通常包括材料的生产、运输、施工及维护等相关碳排放数据），软件会自动计算设计方案中的材料碳足迹，生成材料碳足迹报告。通过这一计算，可以生成详细的碳排放计算书，明确指出设计中碳排放较高的区域。

根据 LCA 报告的结果，分析建筑物的主要碳排放区域，探索不同的设计方案和材料选择，以减少这些高碳区域的环境影响。这可能包括更换更环保的建筑材料、优化建筑形式以减少材料用量，或者改进建筑的能源系统设计等。针对设计而言应特别强调实施被动式设计策略，这包括提高自然光的利用效率、优化建筑朝向以利用自然风进行通风、利用遮阳构件进行遮阳等。

接下来再不断调整设计，调整之后再次利用 LCA 软件评估修改后的方案，在不断迭代后，直到找到一个在碳排放方面达到最佳平衡的设计解决方案。例如，使用更多的保温材料或许会减少运行碳排放，但这一设计策略需要使用额外的材料并增加隐含碳排放。所以我们需要从全生命周期的角度来思考和看待这一问题才具有价值。

4.3.2 降低隐含碳排放

在设计低碳交通建筑时，降低隐含碳排放是一个至关重要的环节。隐含碳排放不同于运行碳排放，运行碳排放来自建筑建成后运维中的能源消耗，例如建筑物的采暖、制冷、通风、照明和电源插头负载所需的电力和天然气等，而隐含碳排放涵盖建筑整个生命周期内，从原材料提取、加工制造到最终处理的各个环节。两者共同组成了全生命周期的碳排放（图 4-5）。

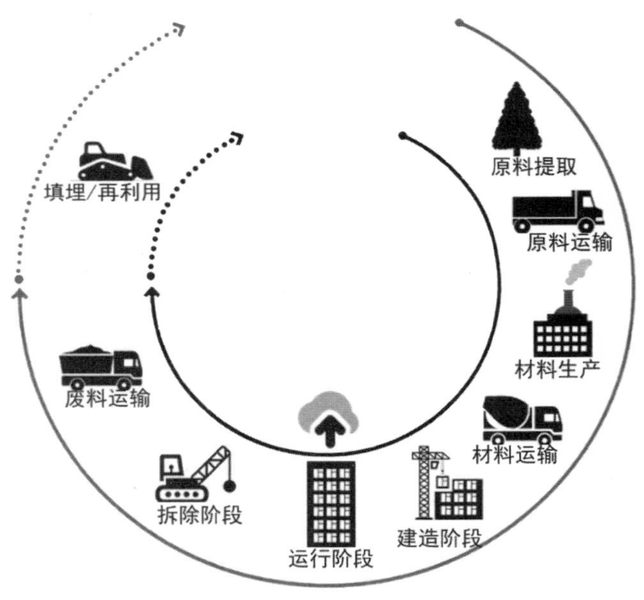

图 4-5 全生命周期的碳排放

隐含碳排放往往容易被忽视，但它们对整体碳排放，特别是对于交通建筑这样的大体量、大面积围护结构建筑的整体碳排放来说有着显著影响。为了有效减少隐含碳排放，需要从材料选择、设计策略、施工管理等多个方面入手，同时探索更多的方法和技术。

1）在材料选择方面，优先使用低碳材料，如再生材料和本地生产的材料，可以显著减少碳排放。通过上述的生命周期评估（LCA）工具，可以系统地分析和评估材料在整个生命周期内的碳排放，从而在设计初期做出更低碳的选择。例如，使用再生钢材、混凝土替代品或竹木等可再生材料，不仅可以减少生产过程中的碳排放，还能减少材料运输所带来的碳排放。此外，选择耐久性高的材料，能够减少维护和更换的频率，延长建筑的使用寿命。

2）在设计策略方面，采用模块化设计和预制装配技术，可以减少施工现场的能耗和材料浪费，提高施工效率。模块化设计允许在工厂内预先制造建筑组件，然后将其运送到施工现场进行组装，这不仅减少了现场施工时间，还降低了施工过程中的碳排放和资源消耗。此外，考虑到建筑材料的再利用潜力，设计可拆卸和易于回收的建筑结构，可以确保在建筑生命周期结束时，材料能够被高效地回收和再利用，减少废弃物的产生。例如，采用干式连接而非湿式连接，使得建筑构件在拆除时可以更方便地回收利用。

3）在施工管理方面，通过优化施工流程，减少施工过程中的能耗和废弃物排放，并加强建筑废弃物的分类和回收，可以最大限度地减少碳排放。例如，制定详细的施工计划，确保资源的高效利用，减少现场的能源消耗和材料浪费。此外，采用先进的施工技术和设备，如碳排放低的施工机械和工具，也能有效降低隐含碳排放。施工过程中严格管理和监控，以减少不必要的能源使用和碳排放。

除了以上三个方面，还可以通过探索其他方法进一步降低隐含碳排放，例如通过设计和维护策略延长建筑物的使用寿命；优化建筑设计从而减少用材等。总之，降低隐含碳排放是实现低碳交通建筑设计的核心目标之一，通过综合运用这些方法和措施，我们可以有效降低隐含碳排放，实现真正意义上的低碳交通建筑设计，为可持续发展做出重要贡献，推动低碳经济的实现。

4.3.3 降低运行碳排放

由于交通建筑的特殊使用性质和大空间特性，运行阶段的能耗和碳排放占比更高。因此，降低运行碳排放是设计的关键目标。在建筑运行阶段，采用有效的被动式设计策略来减少能源消耗和碳排放，不仅有助于提升环境的可持续性，还能提升建筑的经济效益。通过减少运行期间的能源需求，可以降低碳排放和运行成本。以下详细说明具体的步骤和策略，以实现运行阶段的低碳目标。

1）气候适应性分析

降低运行碳排放的第一步是进行全面的气候适应性分析，尤其是对于交通建筑这样的大体量、人流密集的建筑来说，它为整个设计提供了必要的环境背景和参数。主要是使用数字分析软件来评估和理解项目区域的气候特征与基地的微气候特征。气候适应性分析涉及对较大地理区域的气候特性的考察，这包括温度、湿度、太阳辐射、风、降水等（图 4-6）。这种分析有助于设计者对建筑的整体被动式设计策略做出初步规划，如根据太阳方位角和高度角可以选择最合适的建筑朝向与布局，设计合适的窗户位置、遮阳设施等；根据风速和风向可以设计有效的自然通风系统和可能的风能利用等。

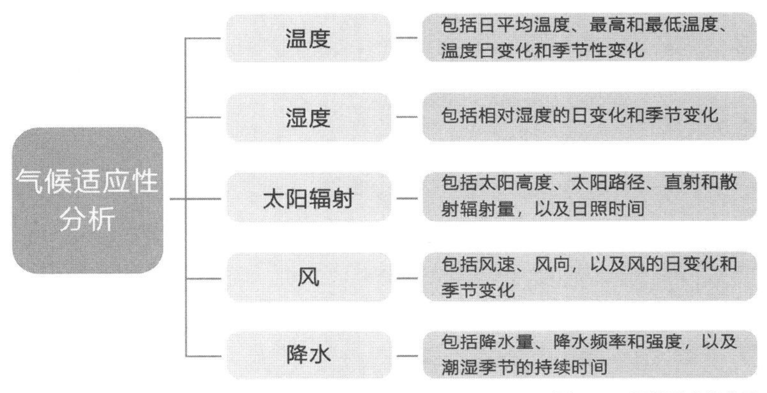

图 4-6　气候适应性分析

图 4-7 是成都市年温度范围图，这张图提供了成都全年气温的一个概览，显示了一年中每个月的温度分布情况和舒适度，从图中可以得知的信息有冬季和夏季的温度舒适区以及每月记录的历史最高温度和最低温度、设计最高温度与最低温度（即建筑设计时应考虑的温度范围）、平均温度、平均最高温度与最低温度。

从图中可知，成都的气候特征显示出有明显的季节变化，夏季较热，冬季较冷，结合交通建筑大面积幕墙的特点，则可以得出初步的策略，即夏季应该强化自然通风，控制好遮阳设计和围护结构的隔热性能；而冬季则可以尝试利用被动式太阳能设计来降低冬季的供暖能耗，同时需要通过额外的主动手段来保证室内的舒适度，比如空调系统等。

图 4-8 展示了成都市的太阳辐射数据。它提供了每月日照时间内的平均太阳辐射量，以及不同类型的太阳辐射。从图中得知的信息有每月平均的、平均最高与最低的以及记录的最高与最低的直接法线辐射（直接从太阳来的辐射）、全球水平辐射（天空中散射辐射）、总表面辐射（包括直接法线和散

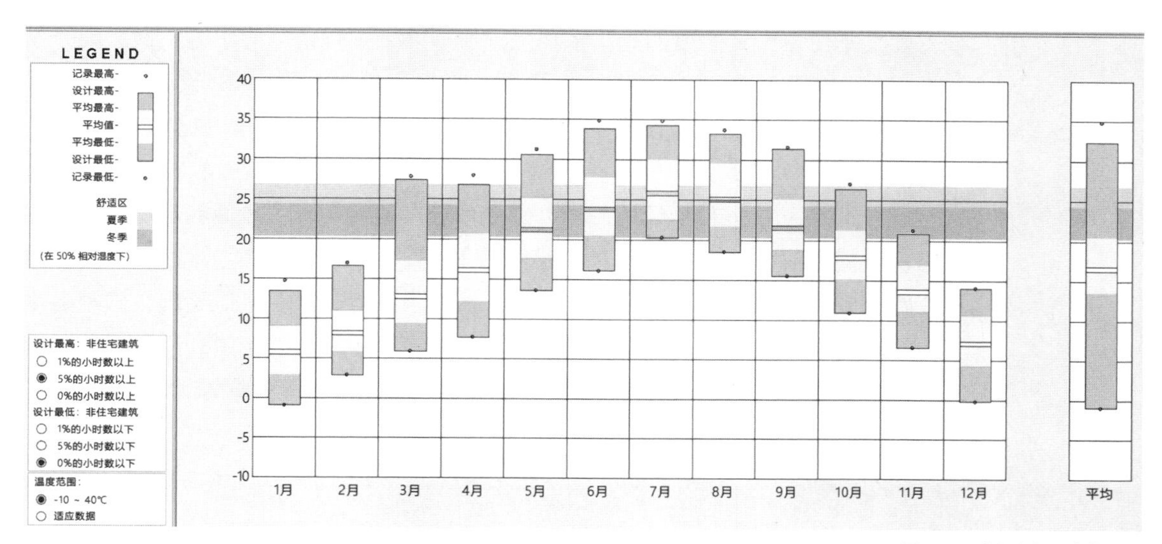

图 4-7　成都市年温度范围图

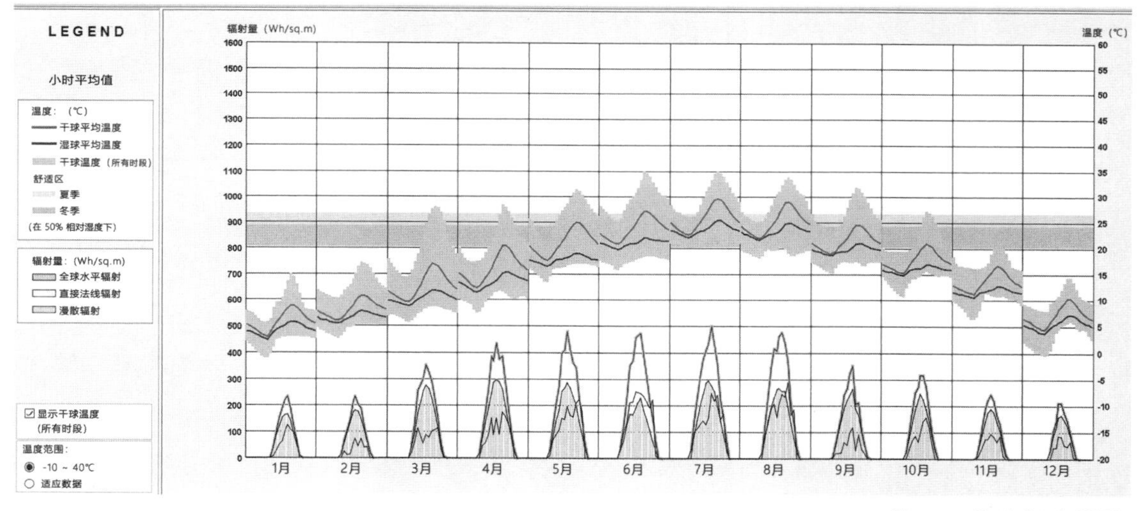

图 4-8　成都市太阳辐射数据

射辐射的总和）等。这些数据对于设计光伏系统、自然采光策略以及评估建筑物冷热负荷都是至关重要的。例如，了解直接法线辐射对于设计太阳能光伏系统非常有用，因为这些系统通常依赖于直射太阳光；全球水平辐射量可以用来估计建筑物内部的自然采光水平，以及为了遮阳而需要设计的遮蔽设施。

可以看出，成都的太阳辐射具有明显的季节性差异，夏季有较强的太阳辐射，而冬季较弱，同时，成都直接太阳辐射不及其他地区那么充足，在设计时需要考虑到云层对太阳辐射的阻隔，可能需要更多依赖散射辐射。因此在夏季应该设计有效的遮阳系统来减少直射太阳辐射对建筑内部的影响，在冬季，尽管太阳辐射不足，但从最大限度利用自然资源来考虑，仍可以采用被动策略来利用太阳辐射，减少人工照明的需求的同时减少冬季供暖的负荷。

图 4–9 是成都市风玫瑰图，它提供了该地区一年中风速和风向的分布情况。图中的圆环按风向分布，每个部分的颜色代表不同的温度区间，而环的宽度则代表在该温度区间内某一特定风向的相对频率。可以看出，成都的平均风速相对较低，设计应优化建筑方位和布局以最大限度地利用自然风；图中可看出成都有较高的相对湿度，在设计中应考虑一定的防潮除湿策略。

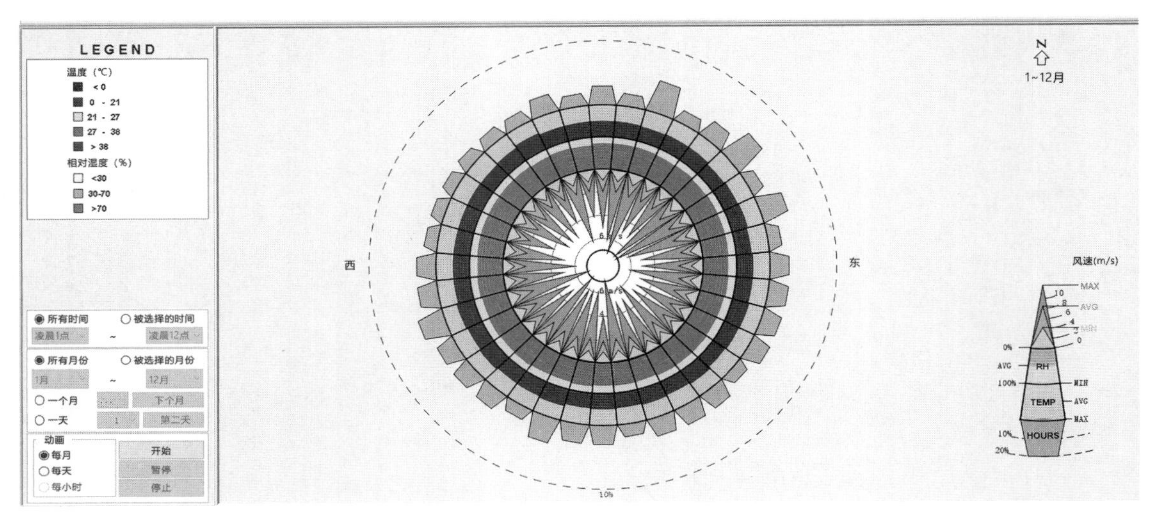

图 4-9　成都市风玫瑰图

气候分析只能提供一个大环境的参数参考，而微气候分析则聚焦于特定建筑地点的具体环境条件。这包括被地形、周围建筑和植被等因素影响的局部气候条件，微气候往往会对建筑产生较大的影响，如因为周围建筑的遮挡，建筑基地的局部风况和阳光照射会发生变化，以及周围植被对建筑热环境的影响（图 4–10）。微气候分析使设计师能够细化建筑的布局和方位，例如通过优化窗户位置和大小来增强自然光的利用和提高热舒适度，同时利用地形特征进行有效的遮阳。此阶段的深入分析帮助设计者为后续的策略选择打下坚实的基础。

2）设计策略选择

依据初步气候适应性分析的结果，设计师在选择设计策略时应着重考虑建筑的功能需求和气候适应性，选择合适的设计策略能显著提高建筑的能源

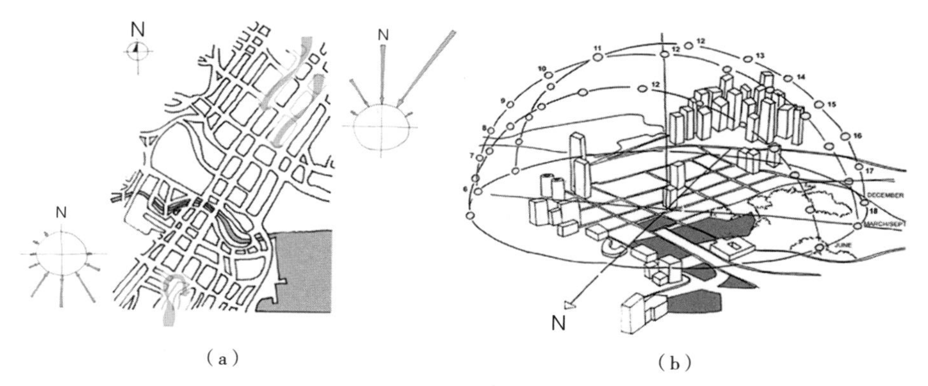

图 4-10 微气候分析
(a) 城市肌理与小气候;(b) 季节性日照路径

利用效率并减少其对外部能源的依赖，包括但不限于被动式设计策略和主动式技术的应用。被动式设计通过优化建筑的朝向、体量和结构布局，最大限度地利用自然采光、促进有效的自然通风，以及通过构造策略自然调节室内气候。这些策略通过利用自然资源来维持室内的热舒适性，减少对能源的消耗，从而在设计阶段就将提升能源利用效率融入建筑项目中。

主动式技术则可能包括高效的暖通空调系统、智能化能源管理系统和照明控制系统。虽然主动式技术在建筑运行阶段对节能有显著效果，但本章将专注于被动式设计策略，这是因为它们将焦点落在如何通过建筑设计本身实现能源的最优利用。

图 4-11 是一张成都市的焓湿图（Psychrometric Chart），它展示了根据特定地点的气象数据选择不同建筑设计策略的可能性。它被广泛用于建筑设计中，以确定在特定湿度和温度条件下的舒适度和建筑设计策略。图中显示

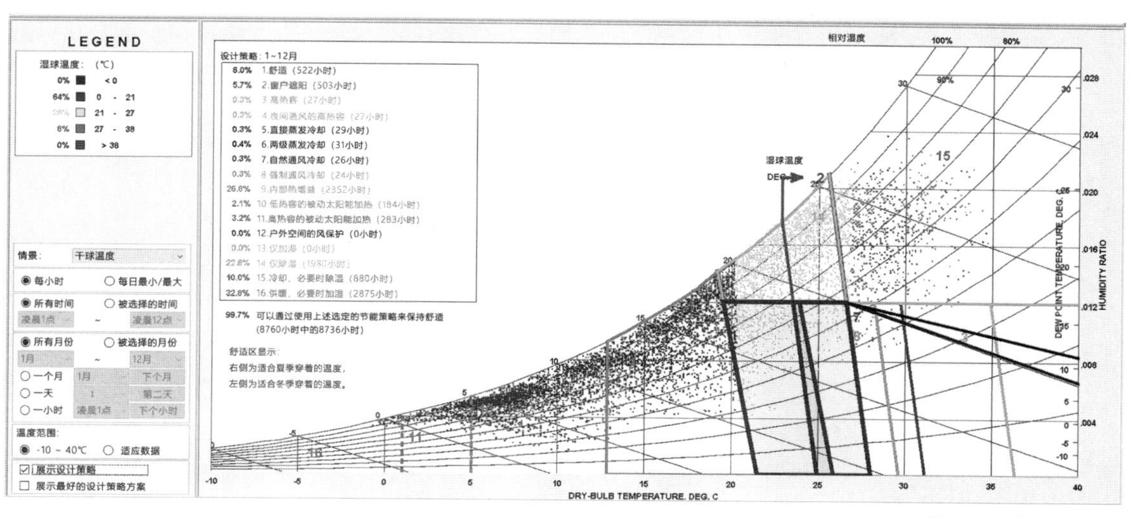

图 4-11 成都市焓湿图

的是一年中每个小时的温度和相对湿度数据，以及与之对应的舒适区间。舒适区域内的空间代表了大多数人会感到舒适的环境条件。图中框内列出了一系列建筑设计策略，并标出了这些策略在全年中不同时间段内的适用性和效率。例如图中显示了一年中 26.8% 的时间需要利用保温策略，除此之外自然通风和夏季遮阳策略也很重要。

根据焓湿图的设计指引，可以生成成都市可采用的典型设计策略（表4-1），这些建议基于一系列气候分析结果而产生，针对的是成都这样的特定气候条件。这些建议是为了确保在采用相应的设计策略后，大部分时间内都能保持室内舒适度。

成都市可采用的典型设计策略 表 4-1

序号	设计策略
1	合理选择建筑的朝向和布局，最大程度地利用自然采光
2	利用窗户、通风口和建筑朝向等方式，最大程度地增加自然通风
3	利用昼夜温差进行夏季和过渡性季节的夜间通风
4	在冬季利用被动式太阳能设计，减少冬季供暖需求
5	夏季安装遮阳设备，如遮阳板、百叶窗或植被，减少太阳辐射，从而减少制冷系统的需求
6	增加围护结构保温隔热性能，减少冬季的热量损失和夏季的热量吸收，提高能源利用效率

通过以上的方法，同时结合交通建筑特性（大空间、人流量大和大面积透明围护结构等），可以得出相应的设计策略，例如在成都市应加强通风，减少空气湿度，这可以通过调整门窗洞口位置、加大开窗面积和层高等策略来实现；成都冬季对采暖要求较高，因此除了通过扩大南向的得热面积，还要保持建筑密闭性，使其具有良好保温性能，使得从居住者和设备中获得的热增益不流失，从而极大地减少供暖需求，这可以通过增强墙体和玻璃的保温性能等来实现。本节只是以成都作为例子详细说明各个设计策略的选择，该方法同样适用于任何其他的地区和城市。

3）测试与模拟

在上一步初步确定了设计策略后，需要通过测试与模拟验证这些设计策略是否有效，一般会利用两种主要的测试与模拟方法——实体模型测试和数值模拟。模拟结果提供了一种量化的方法来验证设计策略的有效性，确保所提出的解决方案能在实际应用中达到预期的节能效果。

实体模型测试即构建建筑的小比例模型，然后在实验室条件下或使用户外测试环境来评估建筑设计对温湿度、风环境以及光环境等的响应。这可以通过控制室内环境参数进行，也可以在特定气候条件下进行，以模拟实际操作环境。

例如，人工天穹是一种利用人工光源模拟天空模型的装置。通过将等比例的建筑模型放置在人工天穹下，利用照度计在模型内部进行采光系数和照度的测定，以测试建筑物的采光性能，从而知道是否能够通过设计获得一个良好的室内光环境（图 4-12）。

图 4-12　人工天穹测试模型光环境

三参数日照仪（图 4-13a）是一种直接测量建筑物模型在不同纬度地区和不同时间所产生的阴影和遮挡情况的工具，是借助模型来研究建筑日照的一种最为直观的方法。利用该仪器，可直接观察出模型在特定时间和地点的阴影变化情况、室内的日照时间、日照面积和遮阳板的遮蔽情况等，通常会选择春分、秋分和夏至等特定日期的几个时间节点，如上午 9 点、中午 12 点和下午 3 点等来进行测试。如图 4-13（b），就是利用三参数日照仪来模拟某个交通建筑不同时间节点的日照和阴影情况，以此来确定建筑的结构、表皮与空间之间的关系。

实体建筑模型作为一种定性的测试工具，注重眼与手的互动，其优点在于可视化效果突出、操作简便以及便于沟通交流和教学辅助。然而，实体模型在定量分析方面存在局限，如果需要进行更加量化、精确的分析，通常就会采用数值模拟。

数值模拟测试是通过在计算机中创建建筑的虚拟模型来进行的。借助专业模拟软件，设计者可以对建筑性能进行深入分析。在进行低碳交通建筑设计时，建筑的风环境、光环境和建筑能耗尤为重要，因此要借助模拟软件来

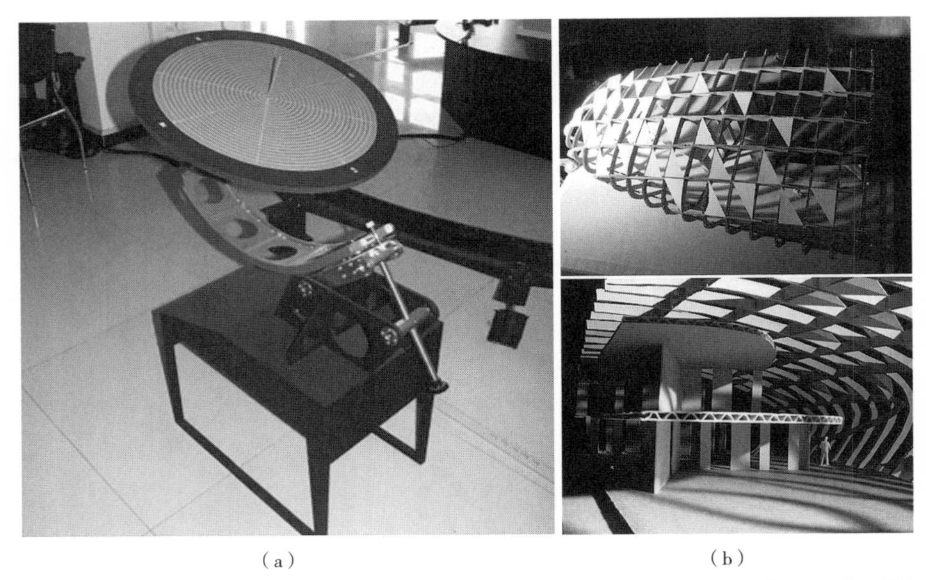

（a）　　　　　　　　　　　　　　（b）

图 4-13　利用三参数日照仪进行模拟
（a）三参数日照仪；（b）利用三参数日照仪进行日照模拟

对交通建筑进行风环境模拟（如 ANSYS Fluent）、光环境模拟（如 Radiance）和能耗模拟（如 EnergyPlus 、DesignBuilder）等，关于软件的操作在第 6 章节中会详细介绍，在本章中不做过多赘述。

4）优化设计

测试与模拟后，通常需要根据结果对节能设计策略进行调整和优化。这是一个迭代的过程，可能涉及多轮模拟和调整（图 4-14）。优化的目标是确保每一项设计决策都能达到最佳的节能效果，这可能包括调整窗户大小和位置以改善自然光的利用，选择更适合的建筑材料，或重新设计暖通空调系统以提高其效率。

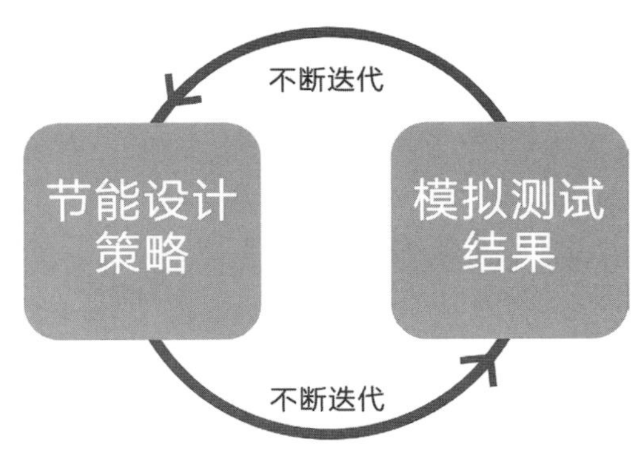

图 4-14　节能设计策略与模拟测试结果不断迭代

接下来我们以一个单侧采光的小型候车厅的内部光环境优化来举例。该候车厅进深 12m，面宽 32m，上面均匀开设了 3m × 3m 的窗口，窗墙比为 0.2（图 4–15），经过软件模拟光环境，计算出的平均采光系数为 3.22%，采光均匀度为 27.2%，得出的结论为该候车厅的后侧部分较暗，自然采光不足且采光不均匀（图 4–16）。

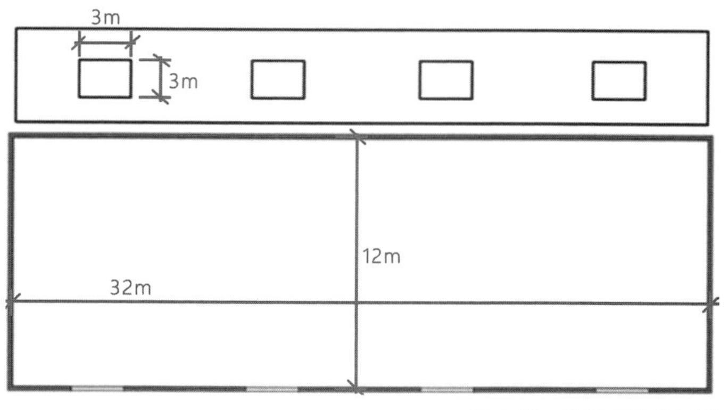

图 4–15 候车厅立面与平面

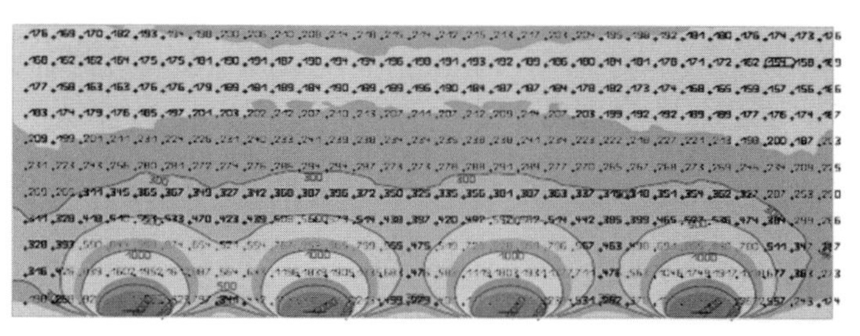

图 4–16 窗墙比 0.2 的室内光环境

接下来，根据模拟结果进行优化设计，目的是要增加其自然采光，第一步采用的方法是增大窗口的面积，将原本 3m × 3m 的开窗面积增加到 7.2m × 4.5m 之后，窗墙比达到 0.7，再进行一次光环境模拟，计算出当前的平均采光系数为 9.38%，采光均匀度为 32%（图 4–17），该候车厅的光环境在对开窗面积进行优化后得到了极大的提升。

5）细部设计与整合

在所有的节能措施经过优化后，最后一步是进行细部设计与整合。在此阶段，设计方案被细化，所有选定的节能策略和技术被整合到一个协调一致的设计方案中，这包括详细的建筑布局、系统配置、材料选择和技术应用。细部设计的目的是确保在理论和模拟阶段确定的节能目标可以在实际建筑中得以实现，同时确保所有系统和组件都能协同工作以优化整体能源利用效率。

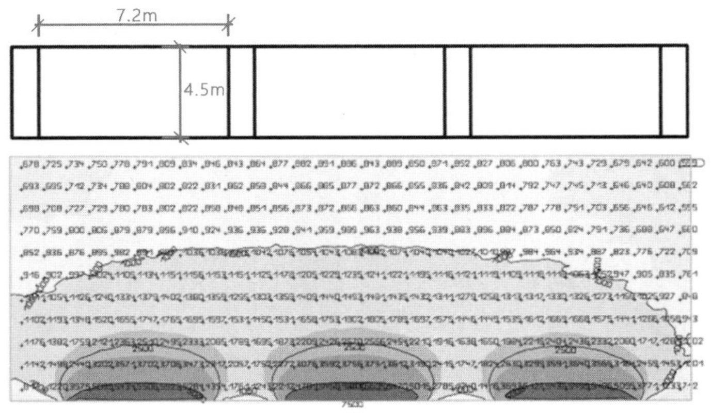

图 4-17　窗墙比 0.7 的室内光环境

同样以优化设计阶段的单侧采光候车厅来举例，在增大了开窗面积之后，室内光环境得到了改善，但是随之而来面临着建筑空调能耗过大的问题，而如果窗户过小又会增加建筑的照明能耗，因此，在整合阶段的第二步，需要找到开窗面积与能耗之间的平衡点。在这个平衡点上，虽然自然采光可能略有不足，但仍能满足基本要求，同时将实现最低能耗（图 4-18）。经过多次调整窗户大小并进行能耗模拟，最终确定窗墙比为 0.45。

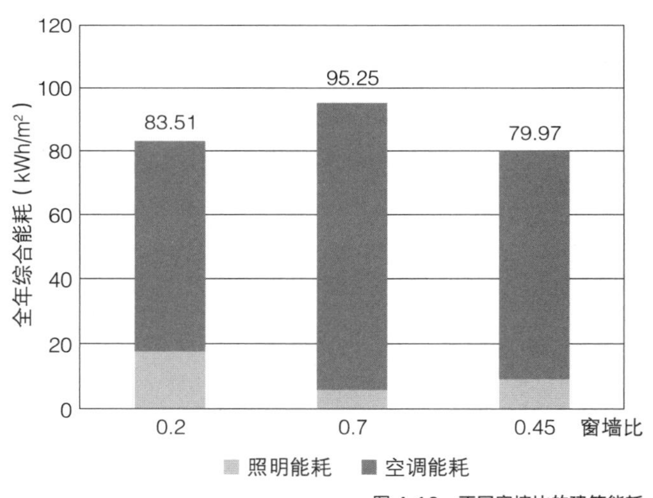

图 4-18　不同窗墙比的建筑能耗

对窗墙比为 0.45 的候车厅进行光环境模拟，可以计算出此时的平均采光系数为 6.35%，采光均匀度为 20.6%，虽然建筑能耗最小化，但是对比 0.7 窗墙比的候车厅，内部光环境质量明显下降，光线分布非常不均匀，靠近窗户的区域会产生眩光，而候车厅的后侧部分仍然很暗（图 4-19），因此第三步便要采用一系列的策略进行光线控制。

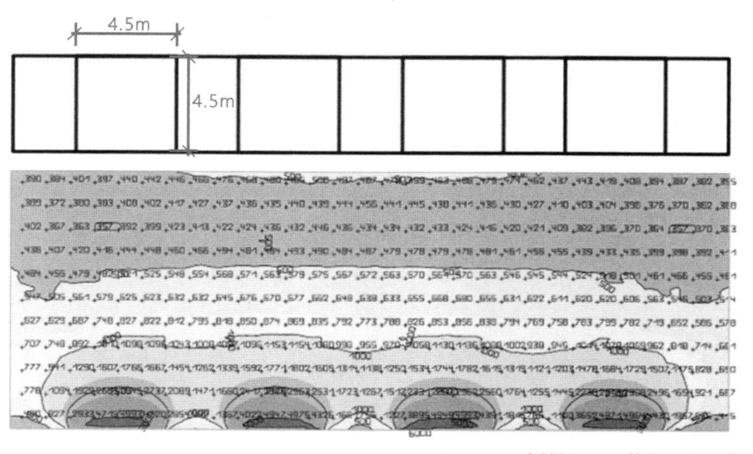

图 4-19　窗墙比 0.45 的室内光环境

为了增加候车厅的采光均匀度、减弱靠近窗户区域的眩光，加设了反光板以及南向的水平遮阳构件来进行光线控制（图 4-20），可以看到，整个候车厅内部的光环境更加舒适，平均采光系数为 5.02%，采光均匀度达到 64.5%（图 4-21）。

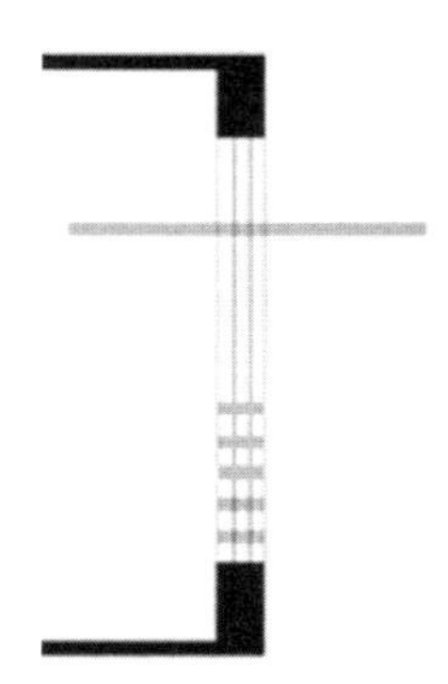

图 4-20　光线控制策略：加设反光板与南向水平遮阳构件

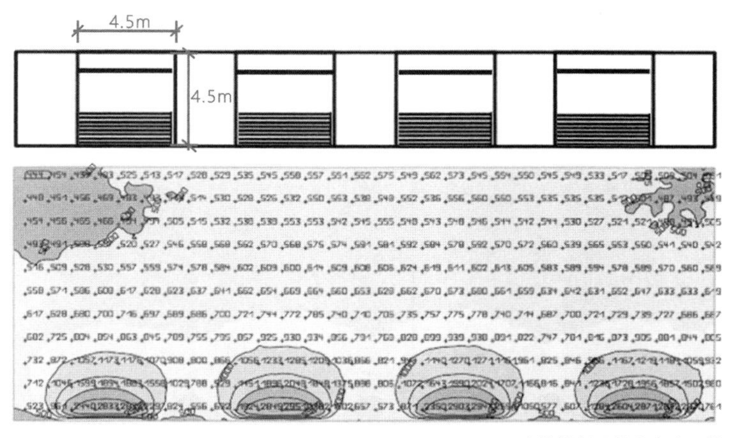

图 4-21　光线控制后的室内光环境

这五个步骤从气候适应性分析到细部设计与整合，构成了一个系统化、科学化的被动式设计流程（图 4-22），旨在通过合理的设计策略选择、测试与模拟、优化设计等环节，最大限度地降低建筑运行阶段的能耗和碳排放，提高建筑的可持续性。

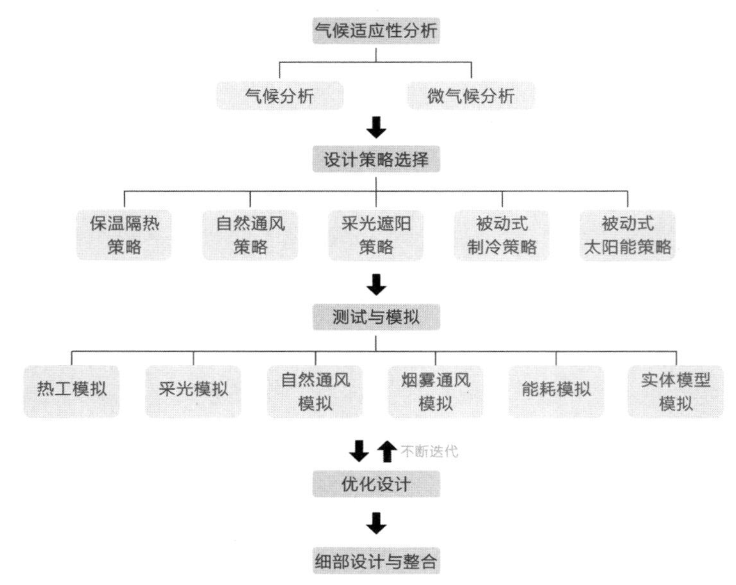

图 4-22　被动式设计流程

合理的设计策略应当基于对当地气候条件的深入理解，包括温度、湿度、阳光照射等因素，而这些不同因素的组合则对应了环境的干热、湿热、干冷或湿冷等特点。针对这些不同的环境特点，交通建筑地上空间主要通过三个方面的策略进行低碳设计：保温隔热设计、自然通风设计、采光遮阳设计。通过这些策略，交通建筑能够适应不同气候条件，显著提高能源利用效率，减少环境影响，同时确保乘客的舒适和健康。这种气候适应的设计理念是实现建筑节能的关键。

4.4.1 保温隔热设计

以交通建筑为主的大空间建筑通常涉及高能源消耗，特别是在供暖和空调方面，而交通建筑的功能特殊性导致交通建筑需要采用大面积的玻璃幕墙或采光顶等透明围护结构。有效的保温隔热措施可以通过减少热量的流失或进入，维持室内温度的稳定，从而降低热环境设备的负担，达到节能的效果。

1）保温隔热原则

良好的保温隔热可以防止冬季流失室内热量和夏季过度吸热，从而减少室内温度波动，提供更舒适的室内环境。对于交通建筑而言，保温隔热设计的目的在于减少建筑对供暖、制冷的能源需求，以减少能源浪费，同时维持室内的温度稳定在一个舒适的范围内。

由于交通建筑通常需要应对大量的人员流动，规模较大且使用频繁，空调等热环境设备的负担非常大，因此交通建筑的保温隔热设计应尽可能减少建筑与室外环境之间的热交换，以此来降低室内热环境设备的负荷、减少建筑的运行成本，并提高能源利用效率。

2）保温隔热设计策略

交通建筑的保温隔热设计策略需要从防止冬季流失室内热量和夏季过度吸热的原则出发，减少与室外环境的换热；而针对交通建筑大面积玻璃幕墙、高大空间、功能主次分明的特点，其保温隔热设计策略大体上可以从建筑的空间组织集约化设计、热缓冲空间设计策略、围护结构保温隔热性能提升等三个方面展开。

（1）空间组织集约化设计：交通建筑的空间组织设计对建筑后期的使用和运行有直接影响。如今绿色技术对建筑有着巨大的作用，但是建筑最终的节能效果取决于使用者该如何使用，而建筑师对于建筑功能的把控，对于使用者的使用方式有极大影响，因此建筑功能的组织设计，对建筑的低碳节能可以发挥出巨大的作用。

在建筑形体上，对于寒冷地区而言，围护结构需要避免建筑内部热量向外散失，因此体积大、体形简单的建筑，体形系数较小，对节能较为有利。对于炎热气候而言，围护结构需要将建筑的热量及时向外散发，因此建筑的形体需要尽量避免室外更多的热量传入室内，并有利于将室外的风导入室内，带走室内热量。根据我国目前的规范，巨型公共建筑的体形系数应小于0.1，为了减小体形系数，交通建筑的造型宜在保证建筑物的艺术创作思想的前提下做到简洁完整，尽量避免复杂轮廓线的出现，如此便可通过降低体形系数的方式减少热交换面积。

对于建筑内部而言，集约立体化布局通过合理规划建筑内部的功能分区，使热量生成和消耗区域得到有效隔离和控制。在平面上通过集约化设计，可以达到减少建筑面积、缩短流线的目的，如利用小空间包围大空间，以及大空间与小空间单侧布置的方式（图 4-23）。在建筑剖面组合上，将小空间置于大空间下，并设置多层交通节点，可以减少建筑外围护结构的暴露面积[1]，同时区分不同空间热环境需求，实现节能设计（图 4-24）。

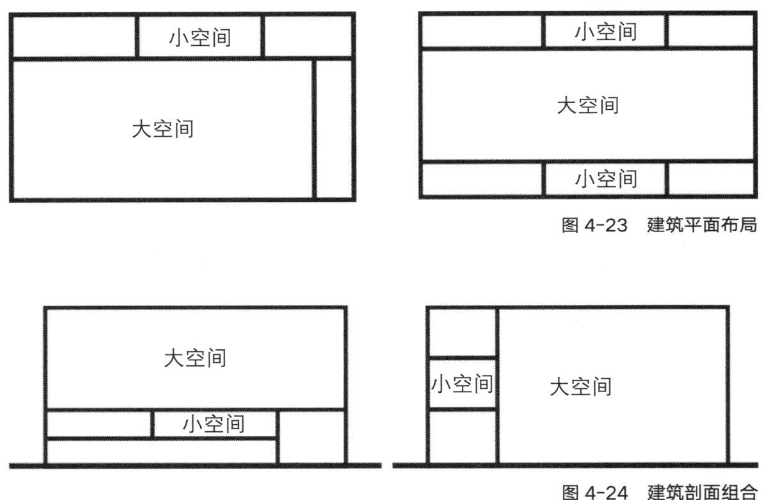

图 4-23　建筑平面布局

图 4-24　建筑剖面组合

建筑外部形体作为内部空间形态的反映，当内部空间设计集约化且合理，外部形体自然能得到良好控制。在多个车站和机场的设计中，采用集约立体化布局，不仅提高了空间使用效率以及热环境设备运行效率，也减少了因建筑形体不当带来的能源浪费。

（2）热缓冲空间设计策略：热缓冲空间是指在建筑设计中设置的一种特定空间，用以减轻外部环境条件（如温度、湿度和风速）对建筑内部主要活动区域的直接影响，特别适用于外部气候条件较极端或变化大的地区。在交通建筑设计中，热缓冲空间设计策略主要通过在气候适应性分析后，针对热环境波动变化较大的部分，利用对环境需求不高的辅助空间作为气候调节的容器，布置在外部环境与对环境需求较高的空间之间的方式，达到利用过渡空间实现热缓冲的目的。通过过渡空间进行热缓冲可更高效地减少建筑内部高环境需求的空间与外部环境之间的热交换，从而提高建筑的能源利用效率并降低能耗。

在气候变化较大、昼夜温差大的地区，热缓冲空间是一个重要的设计策略。热缓冲空间通过结合窗洞口通风促进对流换热、结合可调节采光遮阳实现可调节的太阳辐射换热、结合围护结构蓄热隔热材料设计减少室内温度波动等措施，可以对蓄热和换热进行更加灵活的调整[2]（图 4-25）。

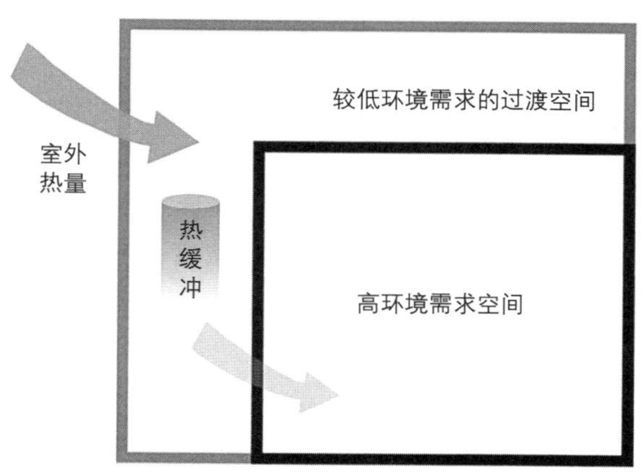

图 4-25　热缓冲空间设计策略示意图

对于交通建筑而言，环境需求较高的空间通常为候车厅，因此站房内的热缓冲空间设计策略通常围绕候车厅空间展开。交通建筑中的辅助空间与过渡空间通常包括商业、卫生间、走道等小尺度空间，与环境需求较高的主体空间尺度差异较大，因此在进行热缓冲区域设计时较容易将两类空间进行区分。根据热缓冲空间在建筑中的相对位置及其所起的作用，通常可以分为包围式、辅助空间式、中庭式三种类型（图 4-26）。

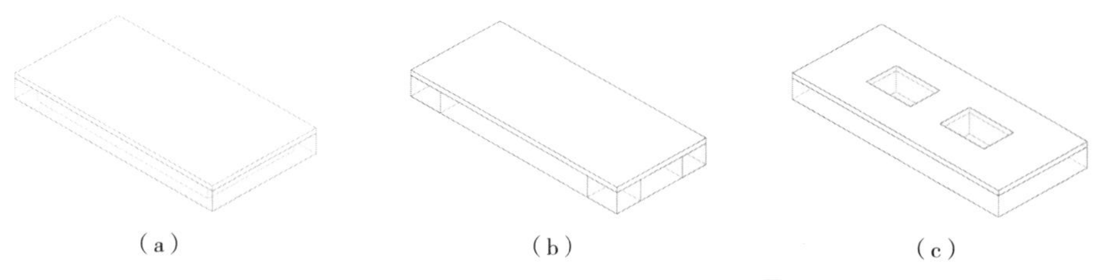

图 4-26　热缓冲空间布置示意图
（a）包围式；（b）辅助空间式；（c）中庭式

包围式通过外廊等过渡空间将使用空间包围其中，形成双层表皮或房套房的形式，可根据需要灵活地控制太阳辐射和自然通风，能有效地调节建筑室内外的换热效率，性能优越但空间需求高；辅助空间式利用对热舒适性要求较低的辅助空间作为热缓冲空间，将辅助空间放置在建筑的西侧等热环境较差的位置，留出较好的朝向和位置给建筑的主要功能空间，灵活布置；中庭式缓冲空间一般位于建筑中心位置，因与周边房间的接触面较大，其热环境调节手段较多且控制灵活，如通过上部天窗与室外环境进行热交换，调节中庭外表面的遮阳率、内表面材料的反射率对内部得热量进行控制。

以图 4-26 中的三种热缓冲空间类型为例，对这三类热缓冲空间代入接近真实交通建筑的面积进行了全年能耗的模拟分析。模拟结果如图所示，在按照相关国家标准设置了人员密度、空调换气次数还有温度设定值后，设置热缓冲空间后全年能耗表现好于原始模型（图 4-27）。

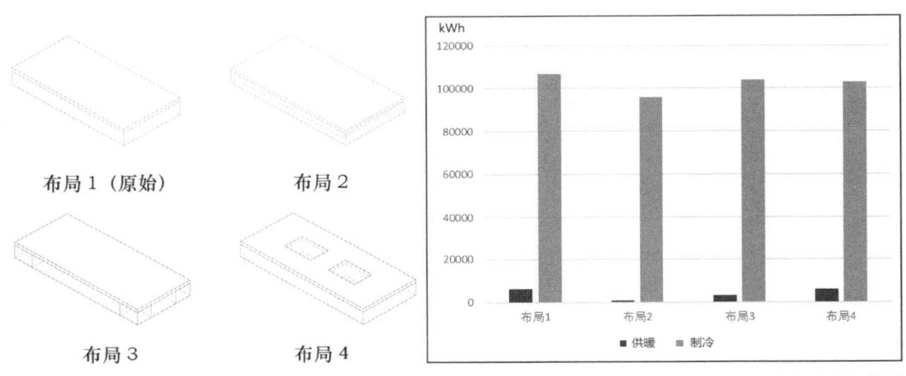

图 4-27　不同布局的全年能耗

（3）围护结构保温隔热性能提升：对于航站楼或轨道交通站等交通建筑而言，为保障室内自然采光充足、兼顾美学考量等因素，建筑外围护结构通常需要使用大量的透明围护结构，而透明围护结构通常是热损失的主要来源，大面积使用会增加建筑能耗，在阳光直射时也容易引起建筑内部过热问题。因此，针对交通建筑中的透明围护结构如天窗和幕墙进行保温隔热性能提升，是围护结构设计策略中的一个重要方面。

围绕透明围护结构的保温隔热性能提升已有很多成熟的方案，如使用低辐射涂层（Low-E）可以反射部分红外辐射，减少热量的传递；使用双层或三层玻璃可以有效提高保温隔热性能和隔声性能等。除材料与构造措施外，设计师同样可以通过设计来提升交通建筑围护结构的保温隔热性能。

在建筑立面透明围护结构设计上，双层表皮幕墙系统提供了更优的保温隔热的性能，并可以提供更多的热环境调节方式。这种幕墙系统由两层幕墙组成，可以有效减少热桥效应，且其间隔空间同样可以作为热缓冲区。双层表皮幕墙系统同样可通过设置空气间层以及通风口、隔断等，形成较复杂的幕墙系统，实现自然通风[3]。以图 4-28 中的双层表皮幕墙系统为例，这一幕墙系统是以水平隔断划分并设置进出风调节盖板，进出风口在水平方向错开一块玻璃的距离，以避免下部排风变成上部进风的“短路”问题。

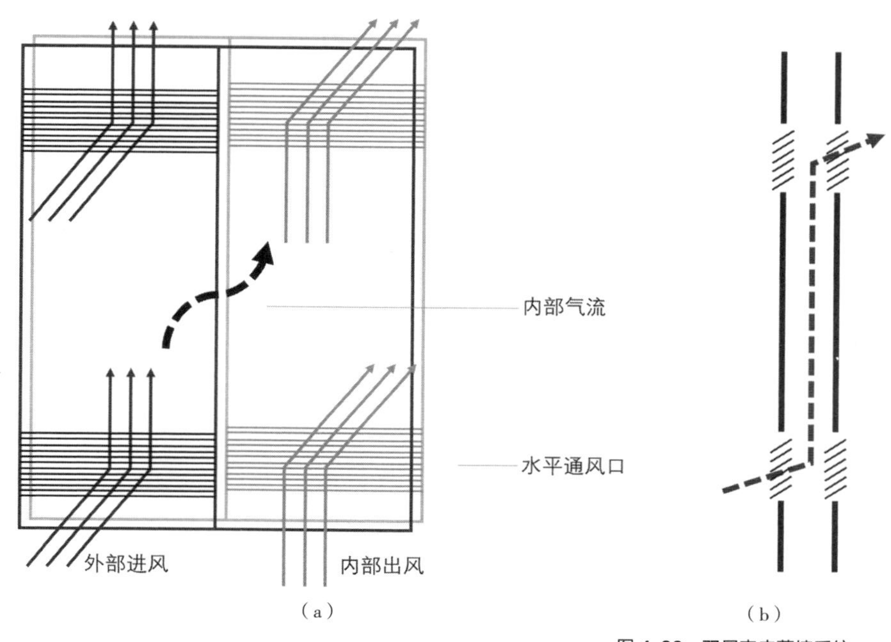

图 4-28　双层表皮幕墙系统
（a）立面示意；（b）剖面示意

建筑屋顶通常接收较多的太阳辐射，因此在设计阶段应特别关注屋顶的低碳节能策略。对于屋顶而言，因其跨度大、面积大，需要尽可能轻质，以降低结构体系的荷载，减少结构体系材料使用，同时对其热工性能进行优化设计。以广州南站为例，作为超大的综合交通枢纽，其拥有 24 万 m^2 的屋顶面积，同时形状非常复杂，因此屋顶的设计对于整个建筑的使用具有决定性意义。在其透明围护结构方面，综合考虑广州地区的气候炎热多雨等特点，屋顶需要兼顾良好的热工性能与利于排水的形态设计。乙烯－四氟乙烯共聚物（ETFE）气枕质量轻、强度大，可以适应各种建筑造型，并且有着良好的热工性能，在广州南站的屋顶设计中，中央通廊的采光屋顶使用 ETFE 气枕实现了传统透明围护结构难以实现的造型，带来了优良的热工性能的同时，形成了良好的空间效果（图 4-29）。

（a）

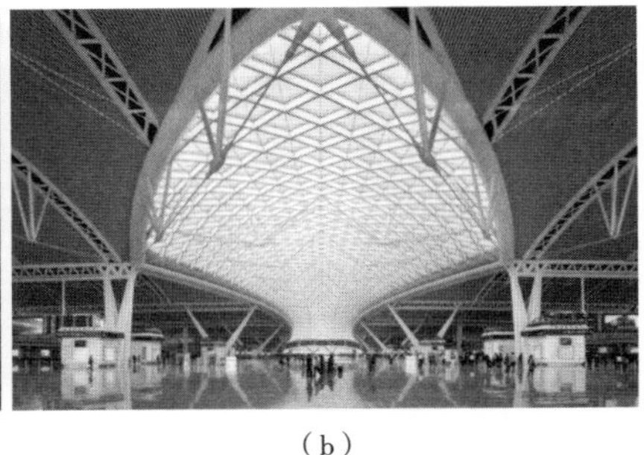

（b）

图 4-29　广州南站屋顶设计
（a）鸟瞰图；（b）中央通廊采光屋顶设计

4.4.2　自然通风设计

交通建筑的室内空间为人流密集的大型公共空间，无论是从节能减碳出发降低热环境设备负荷，还是从环境舒适健康出发提升室内空气质量，都需要对自然通风提出更高的要求。自然通风从原理上可分为风压通风和热压通风，这两种方式都是利用自然气候条件在建筑内形成压力差，从而实现通风换气。

1）通风设计原则

自然通风在大空间建筑中的应用具有重要意义，它不仅能有效提升空间的舒适性，还对建筑的能源利用效率有显著提升。交通建筑候车大厅相较于其他类型的大空间，其空间尺度大和人流密集的特点，对维持室内空间的空气质量并保证室内的热环境稳定提出了更高的要求。机械通风系统的运行负担大，而自然通风可以显著减少对机械通风的依赖、减少能源消耗，并通过引入新鲜空气，改善室内空气质量，提供更健康、更舒适的环境。因此，交通建筑的自然通风设计应在其运行的大部分时间内，尽可能地利用自然通风。

2）利用风压通风的设计策略

风压通风策略通过利用自然风压推动气流穿过建筑，实现有效通风。这种方法特别适用于风速较高、风向稳定且地形开阔的地区。在这些地区，通过合理设计建筑的朝向、形态、开口位置和内部布局，可以最大化风压通风效果，从而提高能源利用效率，改善室内空气质量。

（1）利用建筑平面设计的导风策略：在平面空间尺度方面，如果进深过大，依靠风压驱动的通风策略就可能失效。此外，开口的尺寸、形式和朝向同样会影响气流的获取和通风量。最后是内部隔断和障碍物会阻碍空气流动，这些需要在设计之初就考虑在内。以上设计通常适用于风力较强的地区或季节，能够有效地利用自然风压实现空气流通。在实际应用中，可通过在建筑的迎风面设置大窗户或可开启的通风口，而在背风面设置较小的开口，从而形成有效的风压差，促进空气流动（图 4-30）。

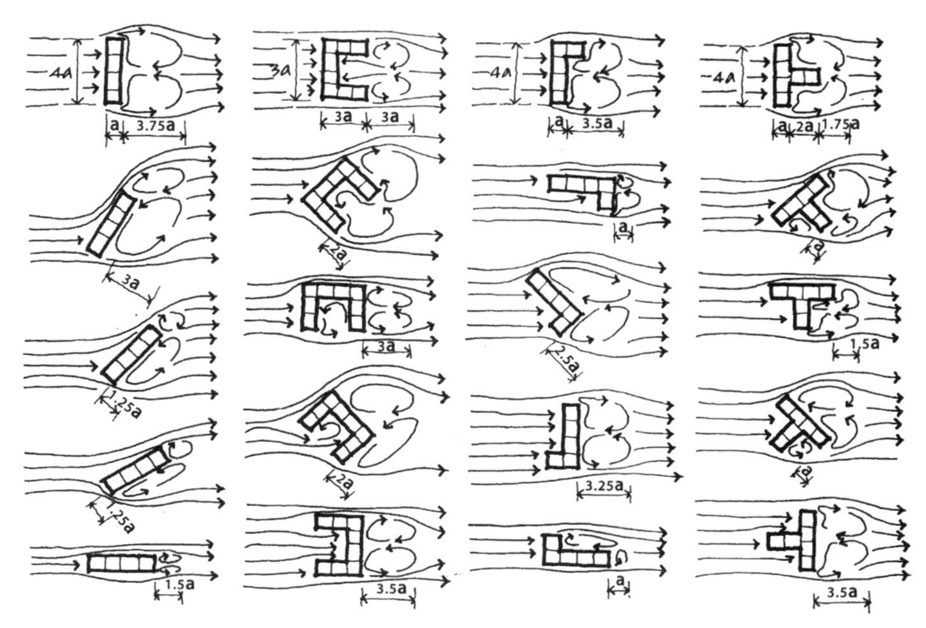

图 4-30　平面设计对自然通风的影响

（2）通过建筑形态优化的导风策略：交通建筑的形态设计，包括建筑的屋顶形态、挑檐形态和幕墙等的设计，会显著影响风在建筑周围和内部的流动路径，决定了风压的分布。合理的建筑形态可以创造有利于冷风汇聚或热气排放的区域。因此，通过优化建筑形态以增强自然通风，可以显著降低对机械通风和空调系统的依赖，从而降低能源消耗。对于交通建筑的大空间而言，形态优化设计通常可通过屋顶形状、挑檐角度等来进行。

在屋顶形状的设计方面，图 4-31 是平屋顶、上凸屋顶、顺风向的坡屋顶、逆风向的坡屋顶四类交通建筑剖面空间形态的通风示意图。平屋顶的进出风口风速高，深入室内的进深较大。上凸屋顶将室内大厅的净高局部加大，均匀了室内风环境，平缓了平屋顶进出风口和中间的风速，但穹顶内的空间可容纳更大体积的空气，新风量一定的情况下更难以完成室内换气，导致室内空气质量不佳，因此屋顶上凸程度不是越高越好；若进一步在上凸屋顶的顶界面开窗，则与侧窗的进出风口形成较大高差，增加了热压通风的压力差，有利于热压自然通风。顺风向的坡屋顶增加了风压差，室内风速适宜，有利于风压通风。而逆风向的坡屋顶室内风速更大。

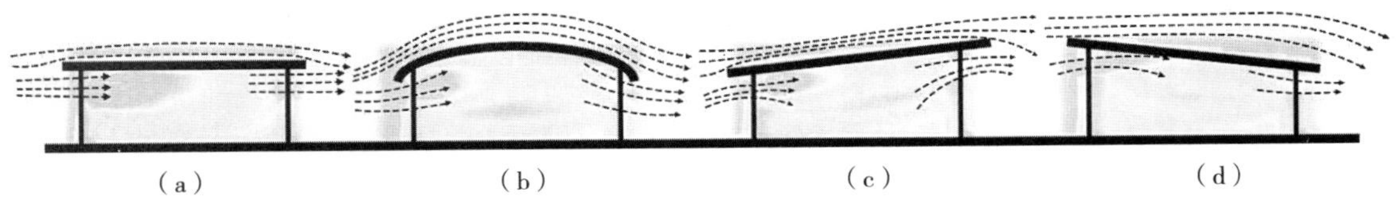

图 4-31　四类交通建筑剖面空间形态的通风示意
(a) 平屋顶；(b) 上凸屋顶；(c) 顺风向坡屋顶；(d) 逆风向坡屋顶

在交通建筑的挑檐角度方面，剖面设计中可表达屋顶出檐的方向和长度，檐口和侧界面的关系可引导侧界面上方的风向。挑檐可顺屋顶形式向下，单坡屋顶的挑檐可根据设计需要朝上或朝下。以图 4-32 中的三种类型挑檐为例进行分析，平挑檐引导部分上部风朝下进入室内，进风口区域风速变化大；上挑檐将侧界面上部风引向室内上空，增加有效进风量；下挑檐将侧界面上部风阻隔，引导部分风向上，可以在一定程度上控制进入室内的新风量。

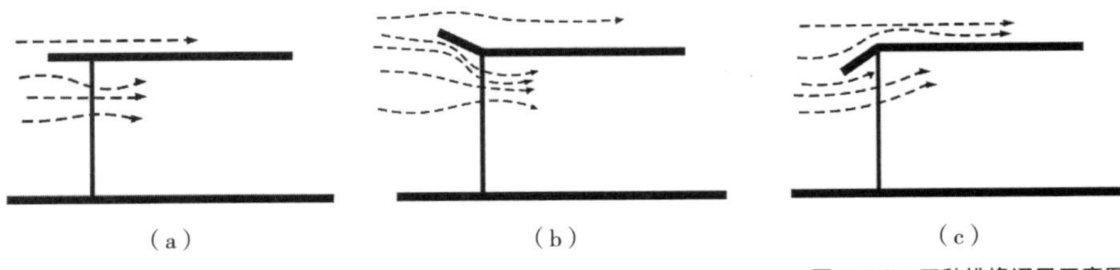

图 4-32　三种挑檐通风示意图
(a) 平挑檐；(b) 上挑檐；(c) 下挑檐

在实际应用中，英国的卢顿空铁直达转运站巧妙地运用了挑檐导风的设计策略。该方案包括两个车站、一座高架桥、一座桥梁和一条位于实时滑行道下方的“明挖回填式”隧道。如图 4-33 中所展示的，大空间部分通过屋顶和挑檐的形态设计，实现了其中央车站的整个大厅和站台区域的自然通风，其顶棚形态以近似上挑檐的形式增加室内进风量，也形成了该方案特色的遮阳伞结构。

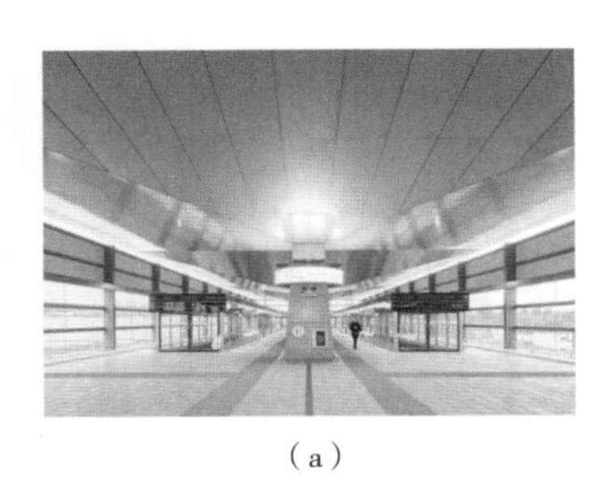

(a)

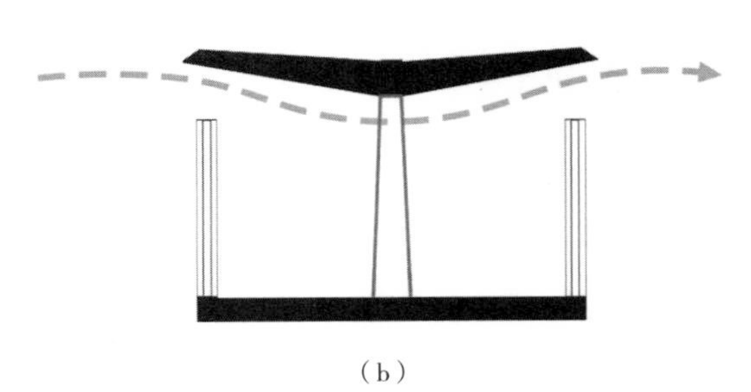

(b)

图 4-33　卢顿空铁直达转运站
(a) 室内效果；(b) 通风示意图

3）利用热压通风的设计策略

在依靠风力驱动的自然通风设计中，当建筑进深过大时，外部气流产生的负压在室内的作用效果会显著减弱，因此在交通建筑的大进深空间内，仅依靠风压通风策略可能难以奏效。然而，大空间恰好为形成显著的热压差提供了条件，使得热空气可以自然上升并通过顶部开口排出，同时从底部引入冷空气。这种垂直的空气流动有助于促进整个空间的空气更新。因此，在交通建筑的自然通风策略中，通常利用风压和热压的共同作用。基于此，自然通风的设计策略可以从风压和热压混合通风、利用烟囱效应的拔风、结合中庭的空间组合设计、大空间的分区通风等方面入手。

（1）风压和热压混合通风：风压通风和热压通风都依赖于气压差来实现。在交通建筑等大空间中，通常通过自然风的流动和热对流来实现室内自然通风。建筑通常设计屋顶天窗或开放式通风口，利用热空气上升的原理，通过天窗或通风口将热空气排出室外，同时通过建筑的构造和布局，引导外部新鲜空气流入室内，形成自然的通风循环。此外，自然风的作用也有助于加速室内空气的流动，进一步提高通风效果。通过这种方式，高铁站房等大空间能够有效实现自然通风，从而改善室内空气质量、降低能耗并提高舒适度（图 4-34）。

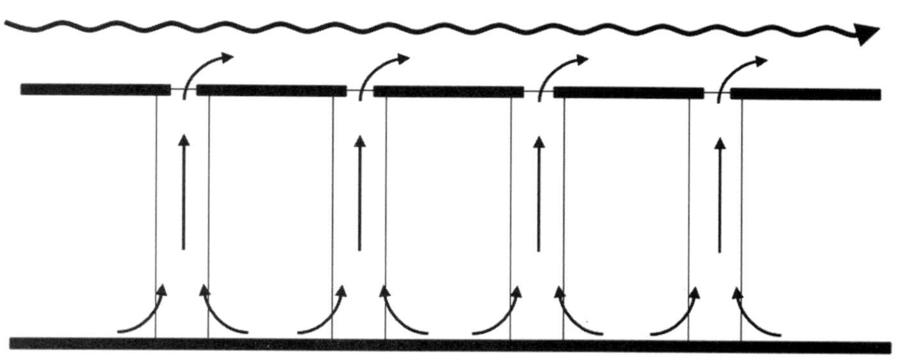

图 4-34　风压和热压混合通风

（2）利用烟囱效应的拔风：烟囱效应是一种自然通风机制，利用热空气上升的物理原理来推动空气流动，而风塔可以有效利用烟囱效应来实现自然通风[4]。风塔的设计通常比建筑本身要高，以便捕捉高空中较为凉爽、清新的风；其通风开口根据当地主导风向设计，以最大化风的捕捉效率。风塔通常可通过风压、热压两种方式通风，利用风压通风时，风塔可以捕捉高处的风并引导进室内，利用热压通风时，则是利用热空气上升排出室外（图 4-35）。

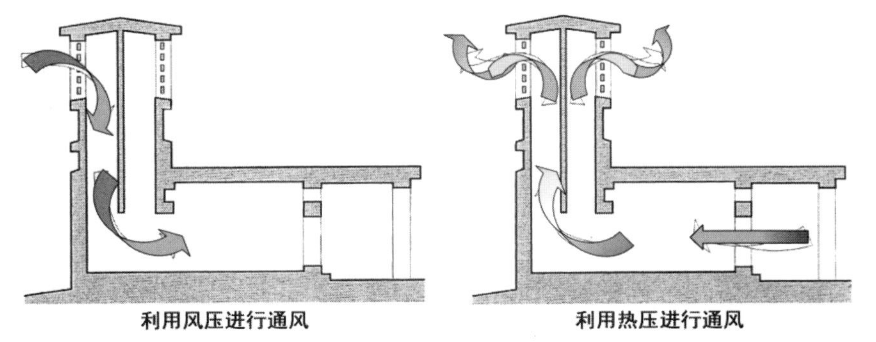

图 4-35 风塔工作原理

在大型或特大型高铁客运站中，其建筑巨大的空间无法单纯依赖风压通风，因此可以通过风塔的设计，使得建筑空间内部最大限度地利用自然通风（图 4-36）。在大型高铁客运站设计中，可充分利用高大空间的特点，围绕拔风效应采取多种设计方式，例如中庭、独立风塔等，通过独立设置或组合设计的方式来提高通风效率。利用风塔进行自然通风设计时，合理地组织建筑进风口同样重要。大型高铁客运站一般由高架层、地面层和地下层三个部分组成，高架层通常以候车功能为主，地面层为旅客站台和高铁进站，地下层为旅客出站。底部经常会成为高铁客运站的进风口之一。底部的构造设计，一般有两种常见的方式：一种是底层架空通风、冷巷通风廊设置，使得中庭底部与外界相邻，甚至直接连通；另一种是与地下室相结合，利用地下较冷的温度冷却空气，经过预先冷却后的空气再进入中庭空间，能更好地促进自然通风。这两种方式对于夏季漫长的湿热地区有着很好的通风效果。

风塔的设置需综合考虑风向、平面尺度和空间尺度等多方面因素，这些参数需要通过模拟进行进一步确定，本教材的后续部分将对此进行详细讨论。

（3）结合中庭的空间组合设计：将建筑内的通高空间与天窗相结合，室内产生的热空气通过中庭向上流动，并通过天窗排出，从而形成上升气流，通过中庭底部或其他低位开口吸入较冷的外部空气，形成有效的自然通风循

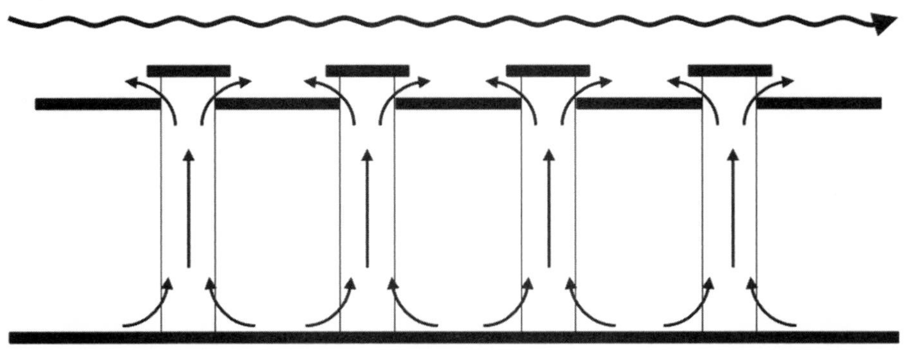
图 4-36 风塔拔风

环。以中、小型高铁客运站为例，它们多数采用侧式站房形式，即中央为候车区，两侧为设备机房、办公管理用房等。因此，可以通过将候车区的中庭与侧窗、办公空间的天井与侧窗相结合，实现热压式自然通风。建筑中心区域的自然通风不仅能引入新鲜空气，还能更有效地冷却内部空间。通过在顶部屋顶设置天窗，利用高度差制造气压差，进一步促进通风，同时，这种设计还可以与中庭共同形成混合自然通风系统（图 4-37）。

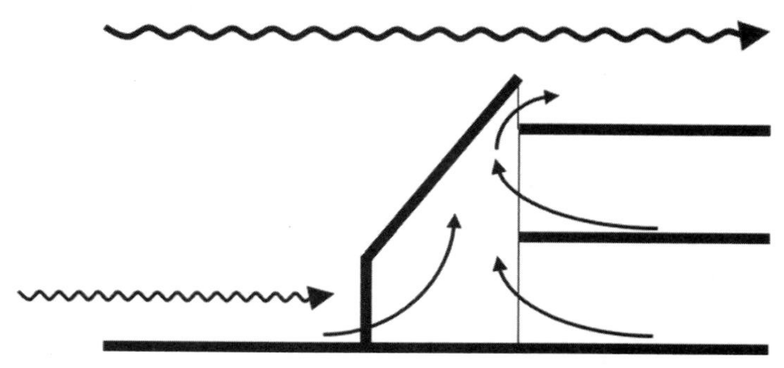

图 4-37 结合中庭的混合自然通风系统

这类可开启的中庭同时具有被动制冷和采暖的工作模式：夏季利用中庭内热压差促进空气的流动，也可以利用夜间通风冷却围护结构，有效降低第二天的空调冷负荷；冬季利用温室效应形成温暖的过渡区，避免室内热量过快流失到室外。

（4）大空间的分区通风：交通建筑由于其功能需求，通常具有空间高大、通透性要求高、各空间连通性强等特点。由于人流量大且瞬间通过率高，各空间之间的连接处通常无法设置隔断，这虽然增加了空调能耗，但也为加强自然通风提供了机会。在整体大空间设计中，采用单元分区式通风策略可以有效提升节能效果。

大空间单元热压式自然通风的共同点在于将大空间进行单元分区，单元设计中利用屋顶形状和内部热源来加强热压通风效果。根据建筑功能特点，单元可采用连续空间、独立空间和复合空间等类型，因此对于交通建筑而言，无论是整体式的大空间还是大空间与小空间协同考量，都可以进行单元分区式通风设计。

在实际设计案例中，通常结合多种策略共同展开分区通风策略，以太原南站为例，主站房整体采用结构单元体形式，单个结构单元体覆盖面积约 1500m^2，在满足建筑造型和室内空间需求的前提下单元体同时满足自然通风、自然采光及火灾发生时自动排烟的功能。此外，在结构单元上部设置可自动控制的“风帽”。在适宜季节，新鲜空气可通过开启的门窗洞口导入，利用风压和热压，实现建筑内的空气流动，实现自然通风[5]（图 4-38）。

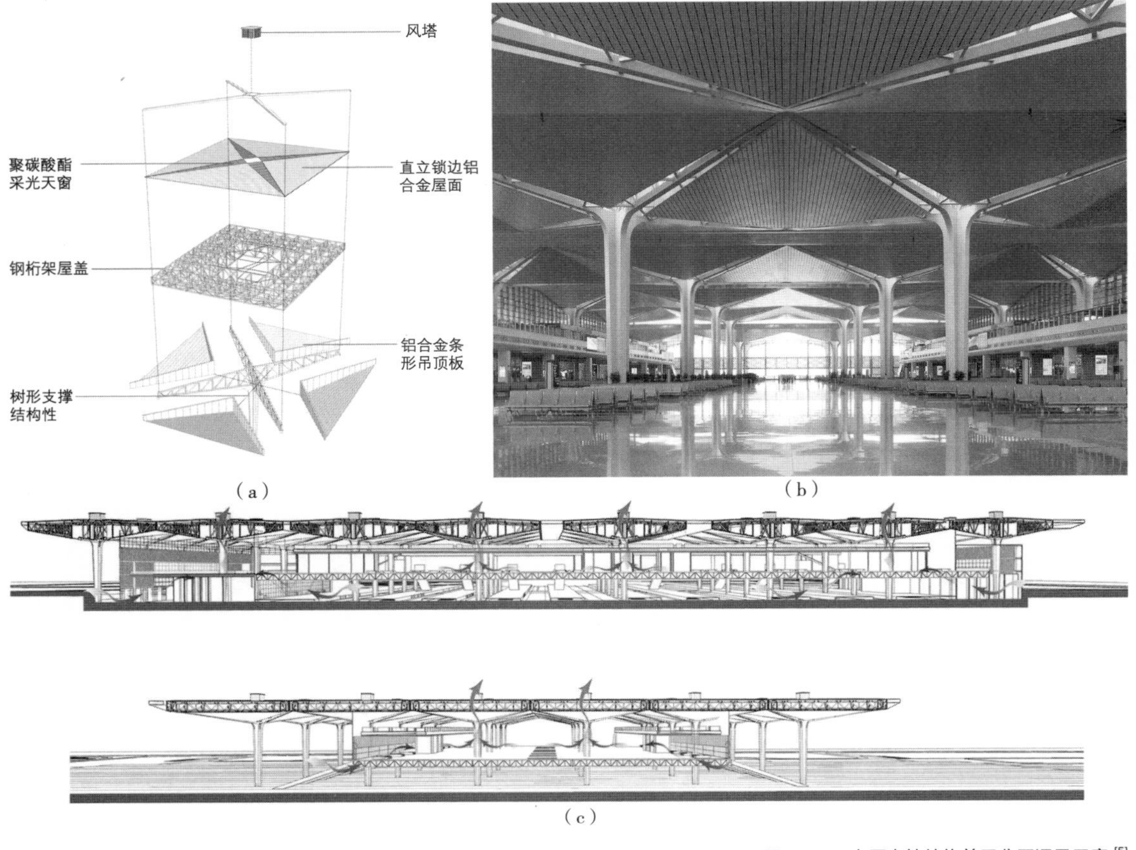

图 4-38 太原南站结构单元分区通风示意[5]
（a）单元模块爆炸图；（b）室内效果图；（c）通风示意图

4.4.3 采光遮阳设计

采光遮阳设计关乎最大化利用自然光以及避免过度的太阳辐射带来的热负荷。交通建筑因其具有高大空间的特点，对于光环境的要求非常高，若全部由人工照明提供则会产生巨大的能源消耗，而在利用自然光的同时，需要通过一系列设计手段保证遮阳，以降低室内热负荷。适当的采光遮阳设计可以显著提升空间的舒适度，同时减少对人工照明和空调的依赖，这对于节能和降低碳排放尤为关键。

1）设计原则

自然采光需要尽可能利用建筑立面射入的自然光，但由于交通建筑平面尺度巨大，仅依靠立面的采光会导致照度分布严重不均，因此交通建筑的自然采光需要充分利用天窗，从而使室内照度分布尽可能均匀。过多的自然采光易造成室内眩光等问题，在气候较炎热地区则很容易导致建筑室内过热，因此在自然采光得到满足、照度均匀的同时，需要采取适当的遮阳手段避免阳光直射带来的弊端。

2）自然采光策略

为了满足交通建筑的使用功能需求，其室内空间和面积通常较大。为了保证室内环境的舒适性，外围护结构需要具备良好的透光性，因此自然采光通常通过大面积玻璃幕墙来实现。然而，玻璃幕墙的设计需与通风、保温等功能相协调，且在大进深空间中，自然采光的均匀度可能不佳，因此需要结合天窗或光导技术等进行协同设计。

（1）幕墙采光设计：交通建筑通常需要为室内提供充足的自然采光和良好的景观视野，侧面幕墙设计可以提供更广阔的视野，同时能够让自然光线更均匀地进入建筑内部，营造更加舒适的室内环境。其次，交通建筑的结构布局通常较为复杂，需要考虑到人流、车流等因素。侧面幕墙设计可以更好地适应这种结构布局，使得采光设计更加灵活和有效。因此交通建筑设计需要重点考虑通过侧向幕墙采光。

幕墙设计应与其他热环境调节系统相协调。幕墙是采光的手段及重要视觉元素，设计时应考虑其美学及视野效果，也应响应其所在环境的具体特点，如考虑当地气候、光照条件和周围环境，确保采光效果好的同时不引起过度的热负荷。例如，幕墙系统可以设计可开启的部分，允许自然通风，改善室内空气质量。这种设计特别适用于需要频繁自然通风的地区。以图4-39中成都东站幕墙为例，为了应对成都市的湿热气候，幕墙采光与通风系统相互协调，顶端采光较差区域的通风格栅以及屋顶的排烟窗，既满足了站房内部的通风换气，又改善了室内的小环境，提高了能源利用效率。

图4-39 成都东站幕墙

资料来源：中铁二院工程集团有限责任公司提供

对于部分气候区，太阳辐射较强，昼夜温差大，此时幕墙设计则可以牺牲一定的采光性能以提高围护结构的热稳定性。以太原南站主立面为例，站房立面采用从山西传统民居中提取的仿青砖双层组合幕墙，在保证墙面厚重感的前提下，巧妙地解决了建筑保温隔热、建筑采光遮阳的问题；同时实现了较好的光影效果，有效地化解了站房主立面偏西向的不利条件（图 4-40）。

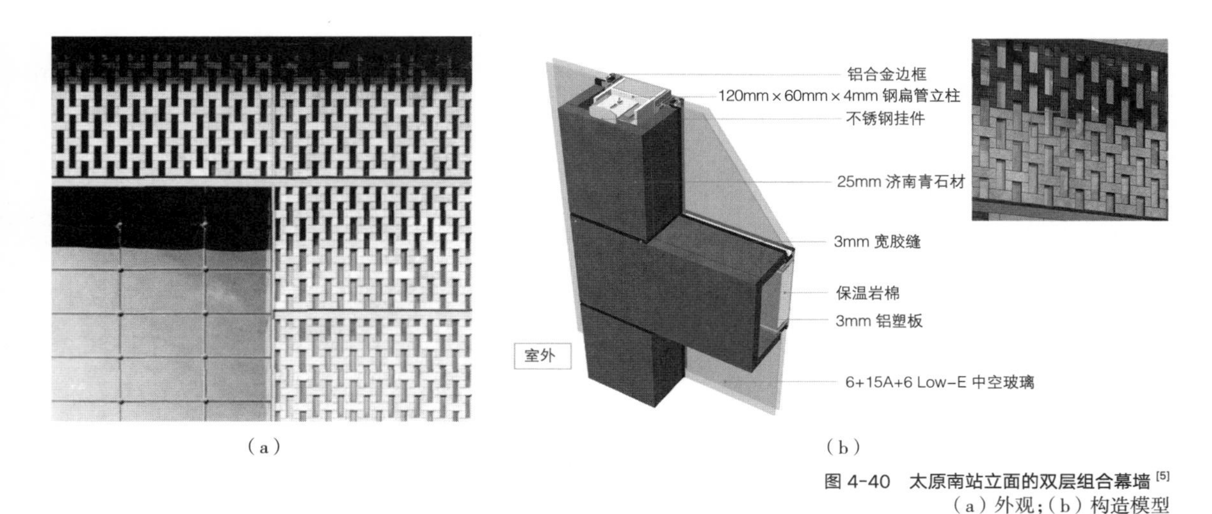

（a） （b）

图 4-40 太原南站立面的双层组合幕墙 [5]
（a）外观；（b）构造模型

（2）天窗采光设计：天窗的应用能够显著提升室内照度的均匀性，特别是在大进深建筑的中心区域，这些位置通常难以通过侧窗获得足够的光线（图 4-41）。以北京大兴国际机场航站楼的天窗设计为例，其不仅实现了独特的造型效果，还为室内带来了充足的自然采光（图 4-42）。

通过设计不同形状、大小和位置的天窗，以调控光线的分布，确保光线均匀散布至室内所需区域，减少眩光现象。此外，在设计阶段可以如前文

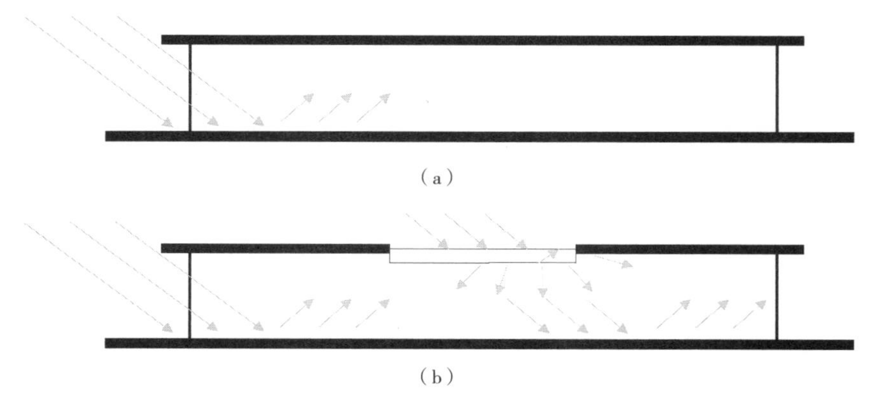

（a）

（b）

图 4-41 设置天窗前后对比
（a）设置前；（b）设置后

图 4-42　北京大兴国际机场航站楼的天窗设计

设计步骤中所讲到的，充分利用计算机模拟分析其最终效果并逐步优化，以达到更好的效果。以图 4-43 中天府机场航站楼的案例为例，设计通过计算机辅助模拟分析航站楼及地面交通中心（GTC）空调、照明、采光天窗等设计，实现了室内采光的精细把控，同时也取得绿色建筑设计三星标识。

图 4-43　天府机场航站楼
（a）鸟瞰图；（b）室内采光效果；（c）采光模拟分析图
资料来源：中铁二院工程集团有限责任公司提供

（3）光导照明：面对线上候车的高铁站房等交通建筑，如图 4-44（a）所示，其站台受到站房遮挡往往难以获取自然采光[6]，此时若仍想要通过自然采光实现节能，可采用光导管技术。它通过特制的管道将自然光从建筑外部捕获并传输到建筑内部，特别适合于需要照明但无法得到自然采光的区域。这种技术通常用于自然光难以直接到达的地方。对于交通建筑而言，如图 4-44（b）所示，为满足全天照明的要求，可以与 LED 光源结合使用，提供恒定舒适的照明效果。

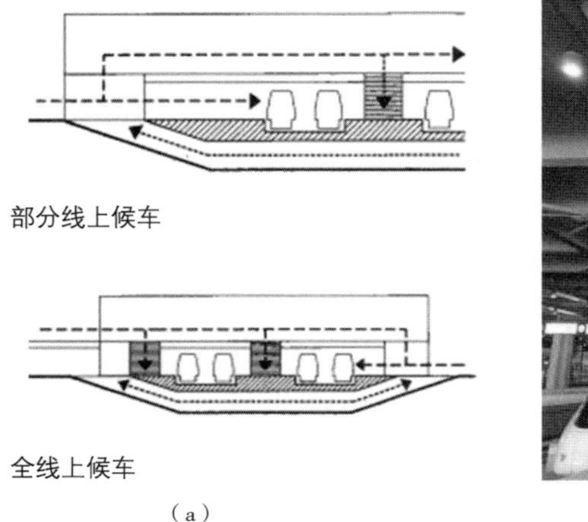

（a）

（b）

图 4-44　光导管使用场景示意
（a）线上候车示意图；（b）LED 光源结合效果图

3）遮阳策略

交通建筑所采用的大面积透明围护结构可以最大化自然光的利用，提高空间的视觉舒适度和节能效益。然而，这也带来了室内眩光和过热的问题，因此遮阳在交通建筑中尤为重要。现今的交通建筑所采用的遮阳方式一般为外挑檐遮阳、可调节的立面遮阳等策略。

（1）外挑檐遮阳：外挑檐遮阳是交通建筑最常用的遮阳手段之一，它在立面需要处理大面积玻璃幕墙等透明围护结构带来的高热负荷和眩光问题的场所尤为适用，可以很好地平衡建筑造型与遮阳性能，有效避免室内过热和眩光的问题。如图 4-45 所示的案例，两个建筑都通过外挑檐遮阳实现了符合交通建筑门户作用的造型效果。

在进行外挑檐遮阳设计时，檐口的宽度和角度应根据建筑的地理位置、朝向、季节以及太阳高度角进行精确计算，以确保在最热的时段提供足够的遮阳，同时在较冷的季节允许更多的阳光进入以提供自然光采暖。以 Climate Consultant 软件所模拟的成都不同朝向的全年日照为例，首先将建筑的地理位置与朝向进行设置，可得出该建筑在一年内不同时段成功实现遮阳的

(a)　　　　　　　　(b)

图 4-45　外挑檐遮阳造型设计
(a)南宁北站;(b)成都东站
资料来源：中铁二院工程集团有限责任公司提供

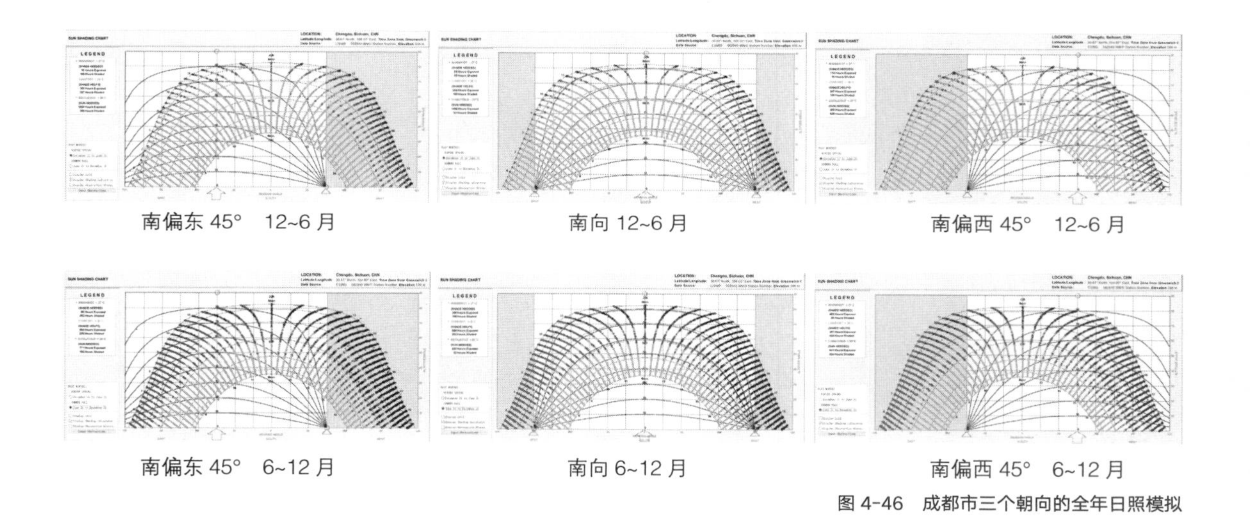

图 4-46　成都市三个朝向的全年日照模拟

小时数。图 4-46 为利用该软件针对成都市南偏东、南向、南偏西三个朝向的全年日照模拟结果。

在遮阳角度设置方面，需要在夏季实现尽可能多的遮阳，而在冬季使阳光射入室内。因此在软件中确定好建筑朝向之后，需要对遮阳角度进行进一步调整，以成都市的遮阳模拟为例（图 4-47），设置遮阳角度时通常以夏至日正午 12：00 的太阳高度角为线，此处设置为 70°，可得出图 4-47 中所示的遮阳小时数。

在实际应用方面，如图 4-48 所示为太原南站的遮阳设计，主站房依据电脑模拟的数据合理地设计了屋檐出挑的长度，保证了站房主立面夏季高温时段的自遮阳效果，而在冬季，则结合主站房立面的组合幕墙，使得直射的阳光转变为漫射光，在保证夏季实现建筑遮阳的同时，实现了冬季良好的自然采光。

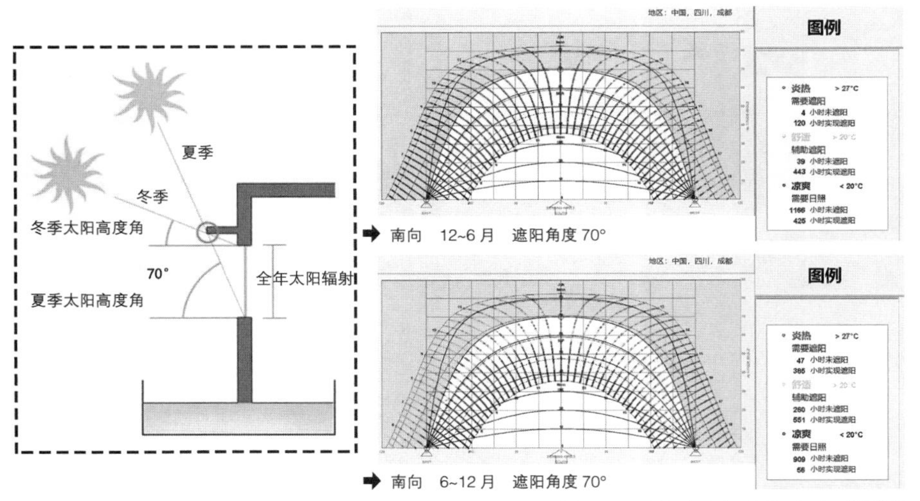

图 4-47　遮阳角度与实现遮阳小时数模拟

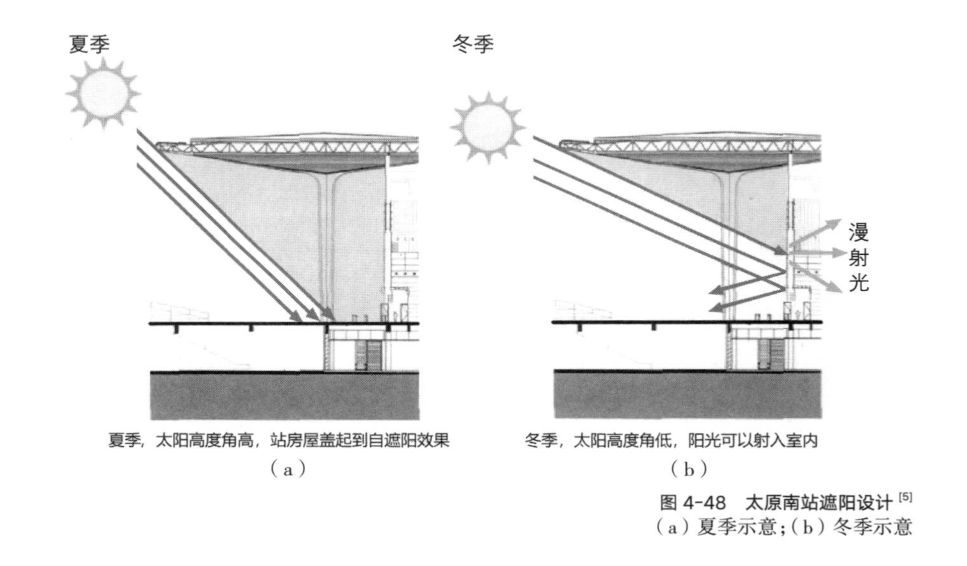

图 4-48　太原南站遮阳设计 [5]
（a）夏季示意；（b）冬季示意

（2）可调节的立面遮阳：外遮阳设计关键在于平衡遮挡过多直射阳光与保持足够自然采光之间的关系。合理的遮阳可以显著降低制冷负荷，同时减少对人工照明的需求。对于交通建筑而言，其朝向更多受制于城市交通以及铁路走向，不是设计师可以自由决定的。第 4.3 节对一个小型候车厅进行了光环境模拟优化分析，将开窗比例扩大直到采用整面玻璃幕墙时，采光和视野通透度会得到提升，但日照带来的能耗和眩光问题随之而来，因此，当建筑的朝向不利时，可采用能根据环境自主调节的立面设计，例如利用智能调光材料和外置遮阳构件进行动态调节，在动态下实现建筑遮阳。

对于幕墙的材料本身而言，可以通过将材料替换为更先进的智能调光材料实现玻璃幕墙的自动调节遮阳。当外部光线强度增加时，智能调光材料会自动调节其结构或性质，使其透光性降低；当光线减弱时，智能调光材料会变得更加透明，增加透光性，保持室内亮度。以纳米凝胶智能调光玻璃为例（图 4-49），其通过内部的纳米凝胶层实现智能调光功能，可以在不消耗任何能源的情况下，通过内部感光、感温因子不同排列方式，根据外界环境自动改变透光性，实现透明围护结构的智能化控制及环保节能效果。

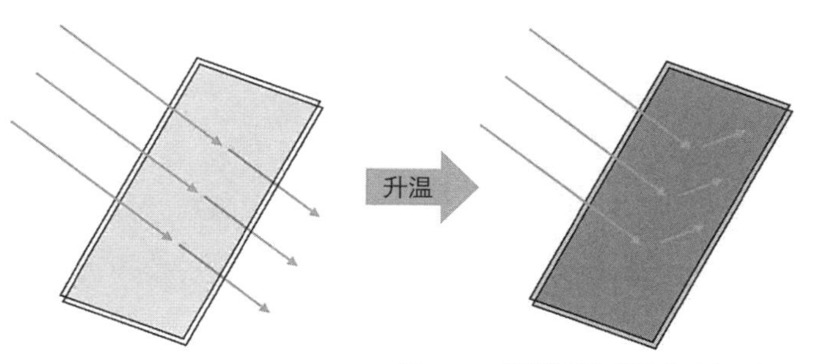

图 4-49 纳米凝胶智能调光玻璃示意图

外置遮阳构件系统通常包括固定或可动的遮阳百叶、遮阳帘和外挂遮阳板等。这些系统可以根据太阳的位置和季节变化调整，以适应不同的气候条件，同时也可以根据计算的结果进行优化，针对不同季节气候的太阳高度角进行针对性设计。例如，可调节的遮阳百叶可以在夏季阻挡高角度的阳光，而在冬季允许更多阳光进入。以京张铁路清河站智能百叶为例（图 4-50），其主立面为西面，外立面幕墙与地面呈 70° 夹角，使得车站在傍晚也能得到较充足的自然采光。为防止西晒导致站内温度不均，西立面安装了条带状智能电动百叶，它能读取阳光感测器所提供的数值，经过电脑软件分析后，可自动调节百叶窗角度，还有特殊情况人为干预和定时功能，用以在光照过强时遮蔽日光[7]。

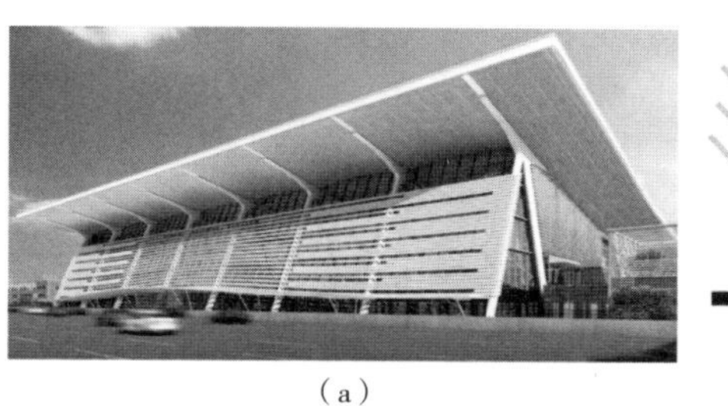

（a）

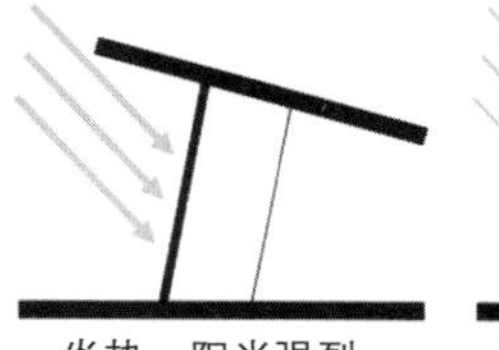

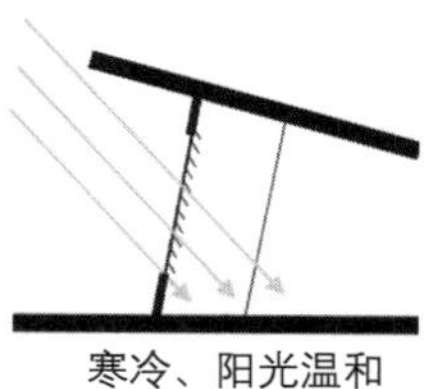

（b）

图 4-50 京张铁路清河站智能百叶
（a）站房外观；（b）遮阳示意图

交通建筑地下空间的设计是交通建筑设计中较为特殊且重要的一环。与地上空间相比，地下空间通常缺乏侧窗，自然采光与通风受限，因此地下空间的低碳设计关键在于采光和通风等方面的综合优化。要实现地下空间的最佳低碳设计效果，必须全面考虑这些因素，通过设计促进建筑的低碳发展，本节将重点探讨有效的交通建筑地下空间低碳设计策略。

在本教材的第 2 章中，详细分析了交通建筑地下空间的主要能耗来源，其中照明和通风占据了重要比例。基于这一发现，本章节将从地下空间的独特特征和能耗特点出发，深入探讨交通建筑地下空间采光和通风的低碳设计策略。

4.5.1 采光设计策略

合理的自然采光设计不仅可以最大限度地利用自然光、减少人工照明的需求，还能有效降低地下空间的能耗，因此，在地下空间中应尽可能地利用自然采光。

1）利用建筑空间进行采光设计

在交通建筑地下空间设计中，可以采用多种建筑形式来引入自然光，从而降低照明能耗。利用建筑空间的采光设计通常适用于用地面积足够大，能够布置一定尺度的采光空间的情况。常见的地下空间采光形式包括下沉广场、地下中庭和庭院等。在设计时，应根据具体条件选择合适的空间设计策略，以优化自然采光效果。

下沉广场通常用于城市中具备较大开敞空间的交通建筑设计。在这种环境下，通过将地面部分下沉，与交通建筑的地下空间相结合，形成多层次的复合空间。这种设计不仅改变了广场的空间形态，还能为地下空间引入大量自然光线。成都行政学院站的设计充分利用下沉广场增加整体设计的采光效果（图 4-51）。

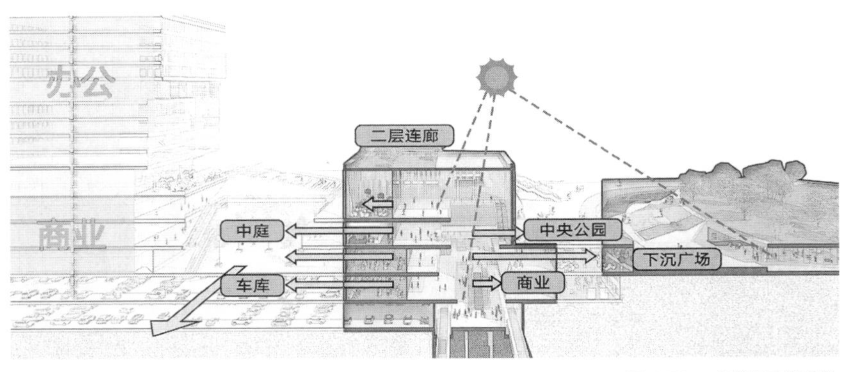

图 4-51　成都行政学院站
资料来源：中国建筑西南设计研究院有限公司提供

地下中庭适用于较深的地下工程，是改善交通建筑地下空间环境的重要手段。采光中庭能够显著增加空间内部的自然采光，弥补集中布局中建筑核心区采光不足的问题，从而减少中心区域的人工照明需求。在交通建筑地下空间的多层设计中，通过共享中庭可以引入自然光线并增强景观效果。中庭顶部通常由各种形态的空间网架和采光玻璃构成。在成都行政学院站的设计中，站厅被设计为通高结构，使得站台能够获得自然采光和通风（图 4-51）。

庭院式采光方法较适于规模不大的交通建筑或是交通建筑的辅助空间。设计时地下空间的各部分功能围绕一个庭院布置，并在与庭院相邻的围护结构上开设大面积玻璃门窗，从而可以获取阳光以及景观。于家堡站交通枢纽控制中心就是该交通建筑的辅助空间，该方案位于地下，采用了下沉、敞开无顶盖形制庭院、南北采光井等一系列手法，利用自然因素，提高地下建筑的舒适性，降低照明能耗[8]（图 4-52）。

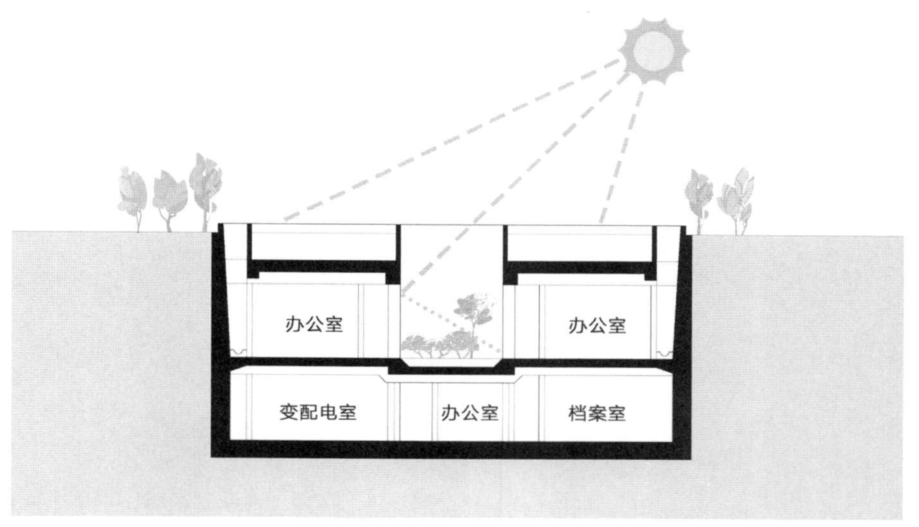

图 4-52　于家堡站交通枢纽控制中心

2）利用采光井引入自然光

在进行交通建筑地下空间设计时，若遇到用地面积不足或者其他设计需求，导致无法设计下沉广场、中庭或庭院时，可以选择采光井这一设计策略，即通过在建筑中创建垂直的空间结构，直接将自然光引入地下或深层的室内空间。这种设计不仅能提供照明，还能增加空间的通风和视觉联系。在地下空间设计采光井，将自然光引入地下以提高光照水平，同时减少交通建筑地下空间对人工照明的依赖。设计时需要考虑相关因素，如采光井的尺寸、形状和位置应根据交通建筑地下空间的布局和使用需求进行优化，以最大化自然光的引入效果。在实际情况中，采光井通常需要一定的覆盖以

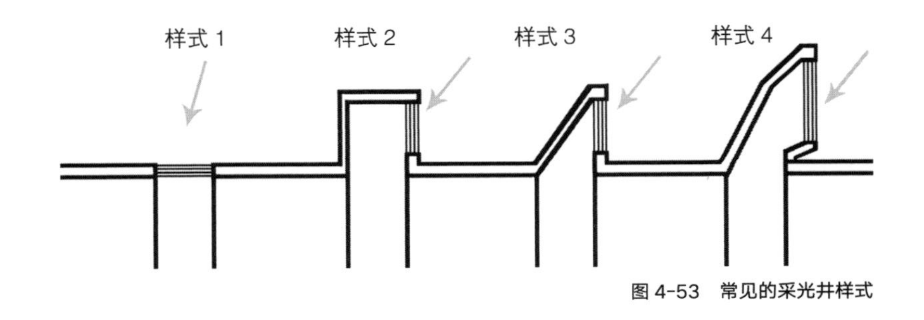

图 4-53　常见的采光井样式

防止雨、雪等侵害，并且设计要在冬季能使光线射入，在夏季避免阳光过于强烈的直接照射，常见的采光井样式如图 4-53 所示。

交通建筑地下空间的采光井设计应从端口、井道和井壁材料的采光性能角度考虑。最简单的端口设计是端口与洞口面积相同，复杂一些的可以将端口设计成八字形或者倾斜状，让光线在空间中更有效地分布。设计时，端口倾斜角度在 45°~60° 之间最佳，这样不仅可以削弱剧烈的亮度以避免眩光产生，还可以让人在更大范围内看到天空。

苏州有轨电车 3 号线车站设计为地下一层侧式站，站内无立柱，车站顶部设置 5 个圆形采光井。这些采光井设置于车站上方太湖大道中央绿化带中，避开站台候车区设置（图 4-54），该设计更加高效地利用了自然采光，降低了照明能耗。

图 4-54　苏州有轨电车 3 号线车站设计

德国斯图加特火车站的屋顶则是通过设计巨大采光井进行采光（图 4-55），该采光井是由一个无接缝的钢筋外壳根据受力利用不同厚度的透光材料进行设计。尽管该车站位于地下，但设计通过该采光井将自然光线引入，增强了地下空间采光。

3）利用天窗增加采光

交通建筑地下空间由于其采光受限，又需要充足照明，故设计时可以选择天窗设计。天窗设计适用面较广，适合于埋深较浅、地面部分为广场或绿地的地下空间，天窗设计的优点在于阳光可以通过顶棚的天窗很容易地到达室内，采光效率高。

天窗采光可以运用在交通建筑地下空间设计中，在进行交通建筑地下空间设计时可以在地面或上层建筑中设置天窗和透光地板（图 4-55），允许自然光直接或间接照射到地下空间，设计时可以充分利用天窗加强竖向采光。根据天窗玻璃的位置近于水平或近于垂直，可以将天窗分为平天窗和垂直天窗两类。从交通建筑地下空间采光质量角度讲，阴天时，平天窗每平方米接纳的自然光是垂直天窗的三倍多。同时，由于平天窗位于地面屋顶，很少受到室外物体的遮挡，因此相对垂直天窗，平天窗能够以更高的亮度和更佳的均匀度为地下投射光线，设计时可依据需要进行选择。

图 4-55　德国斯图加特火车站采光井示意图

在交通建筑地下空间设计时，对于同样大小的天窗，设计者需要在单个大天窗和多个小天窗之间做出取舍。若保持洞口总面积不变，均匀分布时的光环境质量最佳。均匀式天窗可更多地引入自然光，同时可减少候车区不舒适眩光现象的产生。因此在进行天窗布置时，设计者应该尽量按照均匀分布的原则，化整为零地布置洞口。洞口面积与天窗间距的比值会影响交通建筑地下空间室内采光均匀性。具体设计时，间距和窗边距还需要根据光环境模拟，做局部调整。在设计时还需要考虑诸多现实因素再选择合适的天窗形式，如考虑眩光影响的话，采用均匀式天窗室内光环境均匀度会更佳；考虑室内照度情况，则可以采用矩形天窗；若需要综合考虑眩光影响和室内照度情况，则可以采用均匀式天窗。天津于家堡站采用均匀式天窗进行设计，有效增强了地下空间采光效果，降低照明能耗[9]（图 4-56）。

匈牙利布达佩斯 M4 地铁站进行自然采光设计时，考虑了天窗与结构的一体化设计，该地铁站表面设计为晶体形的天窗，从而使得阳光可以照射到地铁站内部（图 4-57）。

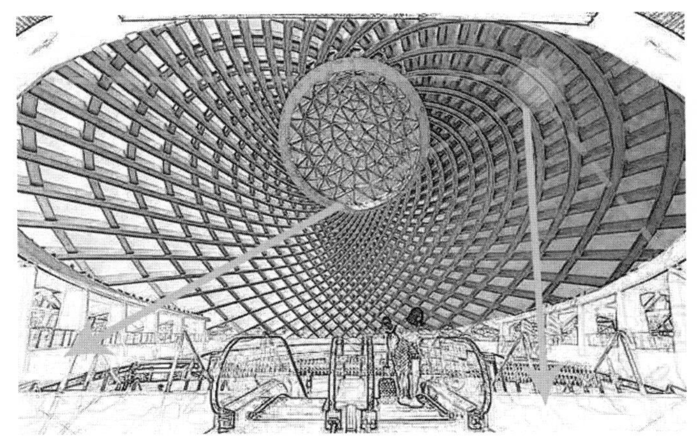

图 4-56　天津于家堡站的均匀式天窗

图 4-57　匈牙利布达佩斯 M4 地铁站天窗示意图

4）利用导光系统导入自然光

地下空间可以通过导光系统设计达到降低照明能耗的效果，导光系统将室外的自然光线导入系统内进行重新分配，再经特殊制作装置把自然光均匀高效地照射到室内。导光系统有很多优点，如无热作用、噪声影响等，故低碳设计时可以适当考虑。

设计导光系统时，可以依照空间特点构思设计策略。当地下空间较小且采光需求低时，可以选择将导光筒运用至交通建筑地下空间设计中，因为导光筒可以将屋面或外墙的自然光导入建筑内部，弥补地下空间采光不足。在无需用电的情况下，通过室外的采光装置捕获室外的自然光，经过导光筒高效反射及传输后，再由漫射器将自然光均匀散射到室内任何角落。当地下空间尺度适中且采光需求低时，还可以采用反光材料进行设计，地下空间的墙壁、吊顶和地板均可以适当采用反光材料，如镜面或反光涂料，来增加光线的反射，从而提高整体的照明效果。

当地下空间尺度适中且采光需求高时，则可以考虑将以上两种方式结合，选择合适的导光筒及反光材料，通过在导光筒采光口位置设置折光板，且依据实际情况调整光线的反射方向，应用自然光追踪系统等手段优化导光系统，增大自然光引入总量（图 4-58）。

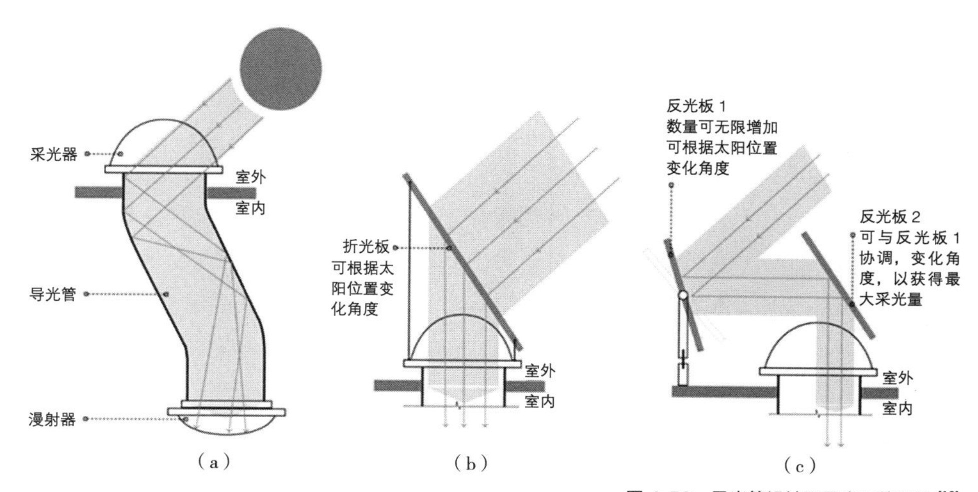

图 4-58　导光筒设计及导光系统设计[10]
（a）普通导光管；（b）倾斜折光板增大受光面积；（c）反射板系统、自然光追踪系统增加采光总量

4.5.2　通风设计策略

目前交通建筑地下空间通风主要靠机械通风实现，但地下空间内通风设备的能耗远高于地面通风能耗。并且随着地下空间的不断发展，对建筑的空间形态及地下室内环境舒适性提出更高的要求。

1）通风整体设计策略

交通建筑的地下通风系统可以简化为三个主要环节：进风、室内循环和排风。原则上应尽可能充分利用自然通风，但在许多情况下需要机械辅助。因此，在进行低碳设计时，通常需要基于外部气候条件（如气温和空气质量）以及建筑内部的空气质量需求，选择适当的通风方式。有时可能需要从建筑空间的角度出发，利用设计中庭等通风策略；在某些情况下，还需考虑仅利用顶部空间进行通风的设计方案。

当外部气温适宜、空气质量良好且具备足够的压差时，可以通过开启窗户、通风口或其他开口来利用风压和热压实现自然通风（图 4-59）。在这种情况下，外部气温已符合室内环境的要求，无需对空气进行加热或冷却即可达到舒适标准，但需确保自然通风不会影响室内空气质量。由于自然通风依赖风压差驱动空气流动，因此还需合理设置通风口，以提高自然通风的效率。

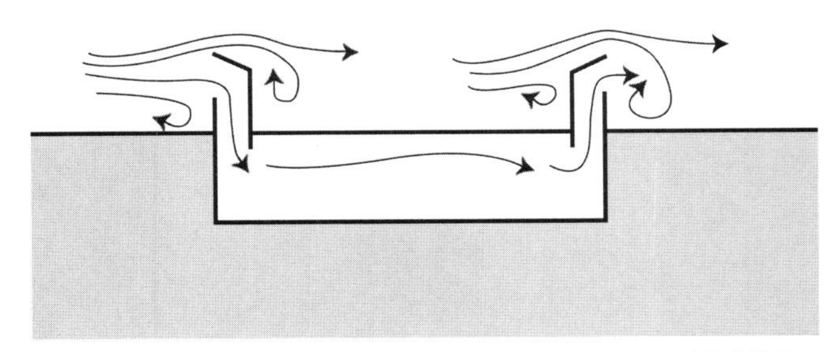

图 4-59　进风排风均为自然通风

当外部气温适宜但空气流动性差、空气质量良好时，可以考虑通过自然通风的方式引入新风，此时，尽管外部气温适合，但由于空气流动性差，仅依靠自然通风产生的压力不足以实现通风换气的需求，因此，需要利用排风扇排出室内空气（图 4-60）。若室内污染物浓度升高，为确保有效排风，则需要合理设置进风口与机械排风系统。

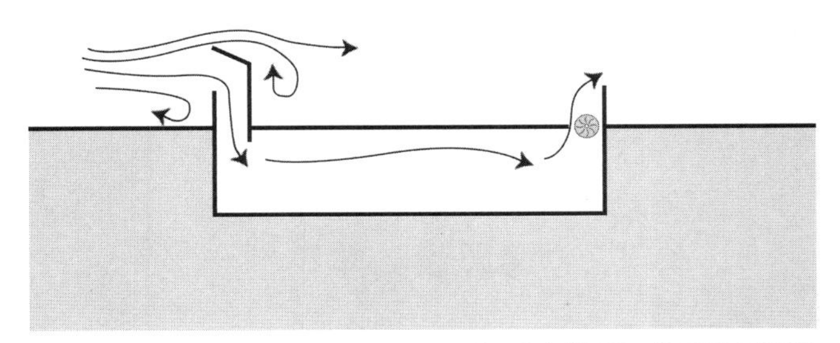

图 4-60　进风为自然通风，排风需机械通风

当外部气温不适宜或空气质量一般或较差时，可以考虑使用机械进风系统将外部空气引入室内，并通过自然通风利用风压和热压进行排风（图 4-61）。在夏季炎热或冬季寒冷时，室外气温不符合舒适标准，因此需要通过机械方式调节进风温度；如果室外空气质量一般或较差，也需借助机械手段净化空气，以确保室内空气质量。

选择合适的通风策略不仅取决于外部的气候和空气质量，还需要考虑建筑的使用功能、人流密度以及能源利用效率的需求，需要依据建筑的性质及其特征选择合适的设计策略。

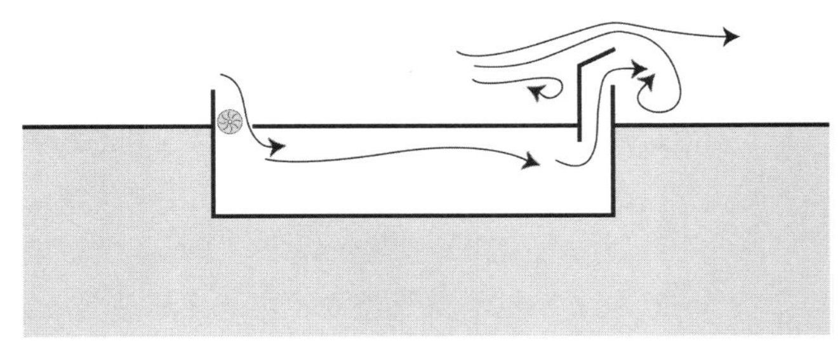

图 4-61　进风需机械通风，排风为自然通风

2）利用建筑空间进行通风

在设计地下空间时，需充分考虑其与地上建筑的关系。其中，地上与地下空间之间的垂直连接空间是将自然风引入地下空间的关键。地下空间可以与地上环境交织、楔入或整合。例如，在交通建筑的地下空间设计中，可以将地下空间与地上中庭或竖井连接，通过被动式设计策略提供稳定的上升气流。

在交通建筑的地下空间设计中，有时会采用下沉广场或庭院的设计手法。从下沉广场的设置方面来看，当室外风向与开口面积较大的下沉广场正对时，可以选择利用下沉广场作为进风口，排风方式则根据当地条件进行调整；如果下沉广场的数量较少，可以考虑通过空调系统的正压送风，将室内空气通过下沉广场排出。

部分地下综合交通枢纽设有连接站台层和站厅层的大型中庭，这类中庭在增强采光效果和减少室内幽闭感的同时，也对半开敞地下综合交通枢纽的通风性能产生影响。在具体设计时，可以通过提高中庭的高度，使其突出地面，并在侧界面设置开口，以增加室内的进风量。当中庭突出地面并在侧界面开口时，迎风侧与其他侧界面的组合通风效果最为显著，因此需要仔细考虑开口方向和数量对通风的影响。当中庭突出地面部分仅一侧开口时，应优先考虑迎风侧的开口；当两侧开口时，优先考虑迎风侧和其中一侧同时开口；当三侧开口时，应优先考虑迎风侧和两侧同时开口；当四侧开口时，通风效果与中庭顶面开口的情况相似，影响较弱[11]。

3）利用捕风塔进行通风

捕风塔利用风压将空气引入建筑内部，实现通风换气。在设计时首先应尽量通过建筑空间的布局来满足通风需求。如果建筑进深过大，空间内的自然通风无法满足要求，此时可考虑引入捕风塔作为补充。

设计捕风塔时，应主要考虑采用纵向通风结构，结合风压和热压的作用，增强通风效果，形成强对流。捕风塔能够有效利用风压改善地下空间的通风。为优化捕风塔的性能，设计时需要合理确定塔的高度、形状和位置，使自然风的捕获和引导能力最大化，并促进塔内空气的垂直流动[12]。在将捕风塔应用于地下空间时，不仅需要考虑捕风塔自身的功能，还需与地下空间的其他设计要素，如通道和房间布局相整合，确保地下空间的气流组织合理。

设计捕风塔时，应考虑在迎风面气压较高的位置设置进风口，并在气压较低的位置设计出风口。出风口的位置应考虑利用南向的太阳辐射来增强排风效果。当太阳辐射照射到出风口时，温度上升，热压作用加强气流对流，形成的负压会加快进风口的气流速度，进一步提高通风效率。为了达到最佳通风效果，捕风装置的安装应首先考察当地的主导风向，使其与主导风向呈0°~45° 的角度 [13]。

即使在风速较小时，捕风塔仍然可以通过温差产生的热压来发挥作用。例如，在伊朗地区，捕风塔利用昼夜温差进行通风。夜晚，捕风塔将室外冷空气引入庭院，冷却室内的墙体和地面。白天太阳升起，捕风塔内的空气被加热，热空气从塔顶排出，室内形成负压，庭院和背光处较为凉爽的空气则被引入室内，进一步降低室温（图 4-62）。

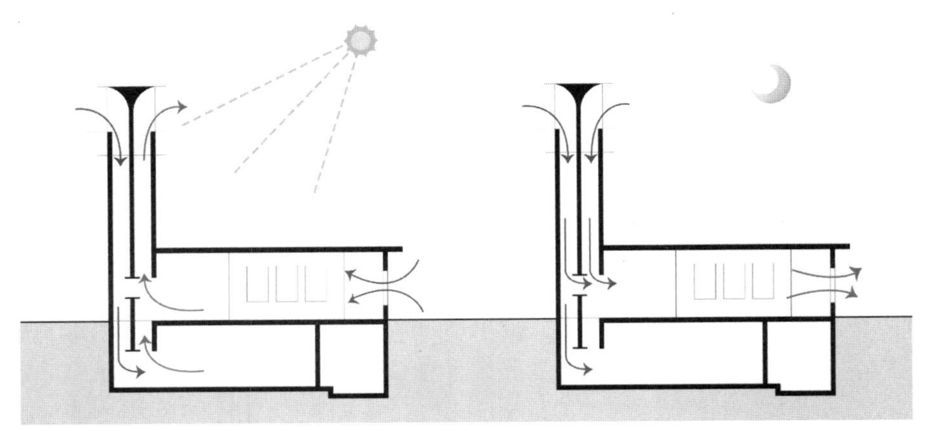

图 4-62 捕风塔运作过程

当今交通建筑地上地下一体化设计趋势日益明显，地上地下空间一体化开发也会成为未来城市空间发展和更新的主要途径。地上地下一体化能更好地促进交通建筑的低碳发展，设计时应适当考虑交通建筑的空间设计，将热压通风等原理更好地运用到地上地下空间中，以促进地上地下空间协调发展。

在低碳交通建筑设计中，结构设计占据着重要位置，它不仅关系到建筑的安全、稳定和使用功能，还直接影响到建筑的能源利用效率和碳排放。因此，实现低碳交通建筑，必须深入理解并应用结构设计的低碳方法与策略。首先需要明白，低碳结构设计不仅关注建筑的建造阶段，还应涵盖其整个生命周期，包括使用、维护、改造甚至拆除阶段。

4.6.1 选择低碳材料

在低碳交通建筑设计中，材料选取的原则是确保最小化整个建筑的生命周期对环境的影响，专注于减少温室气体排放、节约资源，并促进可持续发展，同时满足建筑的功能、经济性和美观要求。

首先，要保证健康与安全，选择对人体健康无害或影响最小的材料，避免使用含有有害物质的材料。其次，优先选择那些全生命周期碳足迹较小的材料，包括其生产、运输、施工、维护和最终处置过程中的直接和间接碳排放。为了减少运输产生的碳排放，尽可能选用本地材料，这不仅支持当地经济，还减少了长距离运输的环境影响。针对维护阶段，应选择耐用且维护成本低的材料，以减少因频繁更换或维护而产生的额外资源消耗和碳排放。最后，优先使用可回收利用的材料和已经回收的材料，减少更换频率，这有助于减少新原材料的开采和加工，从而降低整体的碳排放。

不同的材料具有不同的环境影响、能源消耗和碳排放特性。钢材虽然生产过程中碳排放高，但其高强度和重量轻的特性适合大跨度交通建筑，例如北京北站站台顶棚就采用了钢结构（图 4-63）；其次，钢结构的预制和模

图 4-63　北京北站站台顶棚结构
资料来源：中铁二院工程集团有限责任公司提供

块化特性使得施工快速、周期短，有助于减少现场施工过程中的能源消耗和碳排放；同时，钢结构建筑的高度可回收性质符合循环经济的原则，强调了在建筑全生命周期结束时资源的再利用，从而减少了新资源的开采需求和碳排放。

木材具有碳封存能力，加工过程中的能耗较低，碳排放远低于钢材和混凝土。例如，麦克坦一宿雾国际机场 2 号航站楼的屋顶由连续跨度达 30m 的胶合层压板木拱支撑（图 4-64）。这是亚洲首次在重要交通建筑中采用集成板材，该建筑因其低碳、易于安装以及自然的外观效果而受到青睐。然而，木材防火和耐腐蚀性能较差，需经过化学处理以提高其耐久性。

图 4-64　麦克坦一宿雾国际机场 2 号航站楼的木拱顶

混凝土的可塑性强，可以塑造各种结构，但生产过程中碳排放较高，采用低碳混凝土，如通过添加粉煤灰或矿渣替代部分水泥可以适当减少碳足迹。尽管如此，混凝土的热质量优势能够减少运维阶段的能耗。此外，混凝土的高强度和耐久性也意味着长时间内不需要更换，这在一定程度上可以平衡其初期的高碳排放。

总之，理想的低碳设计不仅是选择某一个单一的低碳材料，而是要通过综合应用多种材料的优势，从整体上达到低碳交通建筑的目标。

4.6.2　减少材料使用

优化设计以减少材料的使用是另一个重要策略。结构拓扑优化设计是一种应用数学和计算机算法来寻找材料布局在给定空间内的最优分布的过程，即寻找在满足力学性能和功能需求的前提下，能最大限度减少材料使用的结构设计方案。这一过程不仅有助于提升结构的经济效益，从而降低建筑的碳排放，也显著增强了其环境可持续性。如图 4-65 所示，左右两个构件的结构性能一样，右边进行拓扑优化后的构件用材大大减少，从而减少碳排放。

图 4-65 经过拓扑优化的结构构件

4.6.3 提升结构耐久性

提升建筑材料性能是实现结构耐久性和降低碳排放的重要策略。通过增加结构体系的耐久性，可以延长建筑的使用寿命，减少需要频繁维修或更换的材料，从而在整个建筑生命周期中减少资源消耗和碳排放。耐久性可以通过选择高性能材料、采用防腐蚀技术和提供易于维护的设计来实现。这种策略涉及对现有材料科技的应用以及新材料的开发，以确保建筑结构不仅满足当前的工程需求，还能适应未来环境的变化。

例如木材可以通过采用现代的保护技术如热处理或化学处理，显著提高防腐、防虫能力及整体耐久性；混凝土可以采用高性能混凝土技术，即利用先进的掺合料如硅灰、飞灰，这不仅提升了其强度和耐久性，还优化了混凝土的密度和微结构，使其更加抗压和抗裂。建筑使用年限的增加减少了重建或大规模翻修的需求，也相应地降低了与建筑生命周期相关的碳排放。

参考文献

[1] 杨林山，沈中伟 . 我国大型铁路客站候车空间的演变及发展趋势 [J]. 四川建筑，2006，26（3）：27–30.

[2] 石峰，金伟 . 建筑热缓冲空间的设计理念和类型研究——以国际太阳能十项全能竞赛作品为例 [J]. 南方建筑，2018（2）：60–66.

[3] 汪铮，李保峰，白雪 . 可呼吸的表皮——积极适应气候的“双层皮”幕墙解析 [J]. 华中建筑，2002，20（1）：22–27.

[4] 赵宇飞 . 高铁客运站分区式自然通风设计研究 [J]. 广东石油化工学院学报，2016，26（6）：57–59.

[5] 李春舫 . 形式之外——太原南站建筑创作实践 [J]. 新建筑，2018（1）：44–48.

[6] 本书编委会编 . 建筑设计资料集 第 7 分册 交通、物流、工业、市政 [M]. 北京：中国建筑工业出版社，2017.

[7] 张乃明，蓝燕强，周渝，等 . 现代铁路客站建设与管理 [M]. 北京：中国铁道出版社有限公司，2021.

[8] 王民治 . 下沉庭院采光顶方案设计研究——以于家堡站交通枢纽控制中心为例 [J]. 建筑节能，2018，46（12）：36–39，57.

[9] 俞天琦，丁炜豪 . 基于候车区自然采光性能的地下轨道交通枢纽天窗形式优化设计——以天津滨海站为例 [J]. 建筑创作，2021（4）：198–206.

[10] 陈尧东，张樱子，支锦亦，等 . 抑郁症光干预研究综述及在养老空间的应用展望 [J]. 西部人居环境学刊，2022，37（1）：48–57.

[11] 马洪敏 . 地下商业建筑的自然通风设计策略研究 [D]. 沈阳：沈阳建筑大学，2021.

[12] Alheji，Ayman，Khaled，等 . 浅析捕风塔被动降温技术在现代建筑中的应用——以沙特阿拉伯地区为例 [J]. 建筑节能，2018，46（2）：57–60，65.

[13] 马丽 . 几种捕风器自然通风性能的研究 [J]. 建筑热能通风空调，2020，39（12）：19–24.

第5章

主动式低碳技术与交通建筑设计的协同

5.1 概述

目前，通过主动式低碳技术实现建筑节能目标的主要途径有两种：一是可再生能源建筑一体化设计，主要包括光伏、地源热泵、风力发电机等设备主动获取太阳能、地热能、风能等，并将其转化为供建筑使用的电能和热能。二是通过合理选用高性能建筑能源设备与系统以及实施有效的用能管理与运行策略来降低供暖、制冷、照明、通风等能耗。主动式技术与交通建筑的协同设计，对实现更加高效、环保、舒适的建筑空间有重要意义。交通建筑与低碳技术的协同设计除了需要充分了解交通建筑设计的要点，还需要掌握各主动式节能技术的基本原理，综合技术、空间、功能、美学等多维度，实现建筑设计环境、艺术与技术的高效结合。本章节主要讨论可再生能源、高能效设备和能源系统智慧运维技术的基本原理以及在交通建筑中应用的协同设计。

5.2 主动式低碳技术与交通建筑协同设计原则

交通建筑与主动式低碳技术协同设计并非简单的技术堆砌，在实现节能环保的同时还要保证建筑整体结构的安全性、人文环境协调的美观性以及经济适用性。主动式低碳技术的应用，要将其作为建筑的一部分构成要素考虑，从建筑设计之初便并入建筑整体进行统一规划，使主动式低碳技术在交通建筑中发挥最大化节能作用。影响协同设计的因素繁多，设计时需要分清主次和轻重，权衡利弊寻求平衡点。在交通建筑与主动式低碳技术协同设计中应遵循以下几项原则：

1）地域性：地域性原则要求在设计过程中深入了解所在地域的气候、环境、自然资源特点，包括温度、湿度、风向、日照等气候因素，并分析该地区是否具有足够的太阳能、风能、地热能等可再生能源。应合理选择和应用主动式技术设备，发挥设备最大的节能潜力，实现技术与地域环境的有机结合。

2）建筑美学：建筑美学原则要求建筑在追求节能环保的同时，展现独特的美学价值。应充分利用主动式技术的优势，考虑主动式技术设备形态特征与建筑构造特点，将主动式技术构件与建筑构件结合，使设备成为建筑的一部分，与建筑的线条、比例和风格相协调，营造独特的建筑美学。

3）安全性：安全性原则要求在设计过程中，首先要确保材料、管道、电气设备、室内环境、施工等方面均符合安全标准。特别是与建筑围护结构结合的连接构件，要充分考虑其使用周期内，在风压和冲击压等外力作用下建筑结构的安全性，杜绝安全隐患。

4）成本控制和跨学科合作：在成本控制方面要求通过精确的优化设计，根据建筑需求合理选用设备，使设备运行效率最大化，减小对材料和空间的浪费。与此同时主动式技术设计涉及多个学科领域，如建筑学、机械工程、电子工程、材料科学、环境科学、计算机科学等。跨学科合作要求建筑师具备跨学科的知识储备和学习能力，注重沟通与协调，促进主动式技术在建筑设计中的高效推进。

主动式低碳技术的应用，不仅有助于降低交通建筑的能耗和碳排放、提高能源利用效率，还能提升建筑的舒适度和使用效率，推动交通建筑行业的可持续发展。实现交通建筑的低碳运维，主要通过可再生能源利用、提高设备用能效率、能源系统智慧运维管理三种措施实现。

5.3.1 可再生能源利用

可再生能源具有储量大、分布广、环境影响小的优点，为建筑节能减排提供可靠技术途径。可再生能源包括太阳能、地热能、风能、水能、潮汐能、生物质能等，其中在交通建筑中应用最为广泛的可再生能源为太阳能和地热能。我国幅员辽阔，每年到达地表的太阳辐射能约为 50×10^{15}MJ，接收的太阳辐射总量为（3.3~8.4）$\times10^{3}$MJ/m^{2}，相当于 2.4×10^{4} 亿吨标准煤的储量 [1]。通过在屋顶或立面安装太阳能光伏板或集热器，将太阳能转化为建筑运行所需的电能和热能。地热能是一种广泛存在于地下的可再生能源，通过地源热泵等技术提取和利用地热能，为交通建筑提供制冷、采暖等服务。据统计，我国已探明的地热资源总量几乎占据了全球总量的十分之一，这一数值大致相当于 4000 亿吨以上的标准煤 [2]。

5.3.2 提高设备用能效率和能源系统智慧运维管理

提高交通建筑设备用能效率是实现低碳、环保和可持续发展的关键措施之一。交通类大型公共建筑在运行期间消耗大量能源，主要包括采暖、制冷、通风、室内照明、电梯等。研究表明，地铁车站中暖通空调系统占总能耗的 70%[3]，高铁站房照明能耗占总能耗 30% 以上 [4]。虽然被动式节能技术可在一定程度上降低用能需求，但仍需在供给侧控制能耗。与普通公共建筑相比，交通建筑具有空间高、结构跨度大、大面积采用透明围护结构等特点。这些特性增加了环境控制的复杂性，因此需要更加强调建筑与设备系统协同设计的重要性。

能源系统智慧运维管理是一种运用人工智能实现高效、智能、精准管理的方法。建筑能源管理系统对建筑照明、空调、配电等设备进行实时监控和管理，结合传感器和监控设备对建筑空间使用情况、室内外温湿度等环境因素进行全面监控，对收集的数据进行智能分析，并由控制系统来调整设备运行状态，在保证室内环境舒适的前提下实现能源使用的最优化和效率最大化。

交通建筑低碳节能的重要途径之一是可再生能源的利用。可再生能源技术为低碳交通建筑提供了清洁、高效的能源供应。交通建筑中较为常见的可再生能源有太阳能和地热能，我国太阳能和地热能利用正逐年增长。国家能源局数据显示，截至 2023 年 12 月，我国可再生能源装机突破 14.5 亿 kW，占全国发电总装机量的 50% 以上，发电量占全社会用电量三分之一[5]。其中，太阳能光伏发电装机量达 600GW，预计 2024 年将超 810GW[6]。我国疆域辽阔，地下资源丰富，位居世界前列。地热是新型能源之一，而我国具有全球总量近 10% 的地热资源，中低温资源几乎覆盖了全国各个区域。截至 2020 年底，我国地热装机量排全球第 19 位，仅占全球地热装机量的 2.2%，我国地热能利用程度较低，开发利用潜力大[7]。

5.4.1 太阳能交通建筑一体化

太阳能作为一种清洁且可再生的自然资源，在交通建筑节能领域展现出巨大的应用潜力。太阳能的利用方式主要有光伏和光热两种方式。光伏发电通过利用光伏电池将太阳光直接转化为电能。太阳热能利用则主要是通过太阳能集热器将太阳热辐射转化为热水或蒸汽，用于建筑供暖、热水和生产等。

1）太阳能建筑一体化技术

太阳能系统与建筑的耦合的方式有两种，一种方式是直接在屋顶或立面额外添加太阳能部件，不作为建筑物构件设计。另一种方式是将太阳能系统构件集成到建筑围护结构中，作为建筑构造的一部分考虑。光伏组件多用于代替传统建筑中的瓦屋面或者屋面保护层、幕墙、遮阳等构件。太阳能技术与交通建筑结合有三种方式，分别是太阳能光伏建筑一体化、太阳能光热建筑一体化、太阳能光伏光热建筑一体化，而这三种的差异主要体现在太阳能系统上。

（1）太阳能光伏系统：光伏系统利用光伏电池半导体材料的光伏效应，将太阳辐射直接转换为电能，如图 5-1 所示。目前光伏板主要以晶硅光伏电池为主流，其理论光电转换效率可达 25% 以上，实际转换效率也已达到 22% 以上[8]。光伏电池通过封装形成光伏组件，又称光伏电池板，多组件排列形成光伏阵列。光伏系统根据是否连接公用电网分为并网系统和独立系统。当建筑的用电需求较低时，并网发电系统将多余电力输入到电网获取收益；而独立系统将产生的多余发电量通过蓄电池储存。在太阳能光伏建筑一体化系统中，光伏板通常被集成到建筑的幕墙、屋顶、外墙、遮阳板等部位。该系统主要由光伏阵列、逆变器、蓄电池、控制器等部件组成，如图 5-2 所示。

（2）太阳能光热系统：太阳能光热原理是利用集热器将太阳能有效转化为热能，如图 5-3 所示。太阳能集热器利用黑镍、黑铬等吸收膜对太阳

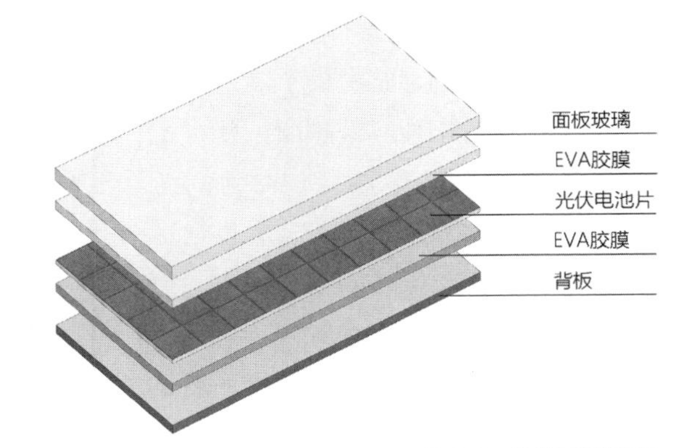

图 5-1　光伏电池结构图

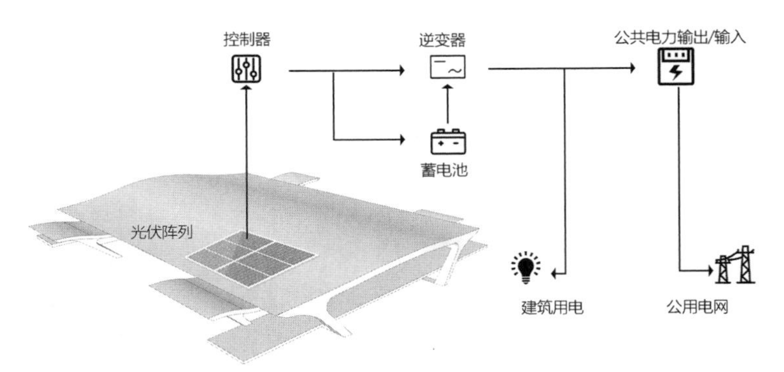

图 5-2　太阳能光伏建筑一体化系统构成

能可见光范围具有较大吸收率的特点，有效吸收太阳光热量。集热器通过热传导或对流的方式，将吸收的热量传递给介质，如水或其他流体。介质在集热器内部流动，吸收热量并升温。随着系统中介质的循环流动，热量被有效地传输至需要加热的区域或热水储能罐中。在太阳能光热建筑一体化系统

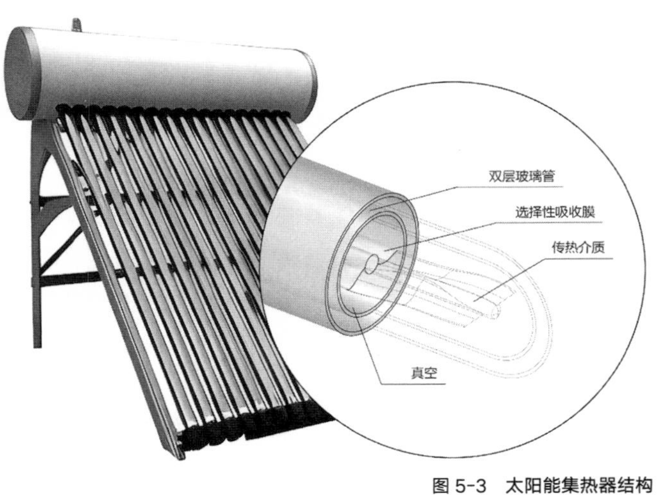

图 5-3　太阳能集热器结构

中，集热器通常被集成到建筑的外墙、屋顶等部位。该系统通常由集热器、管道、传热介质、储能罐和泵等部分组成，如图 5-4 所示。

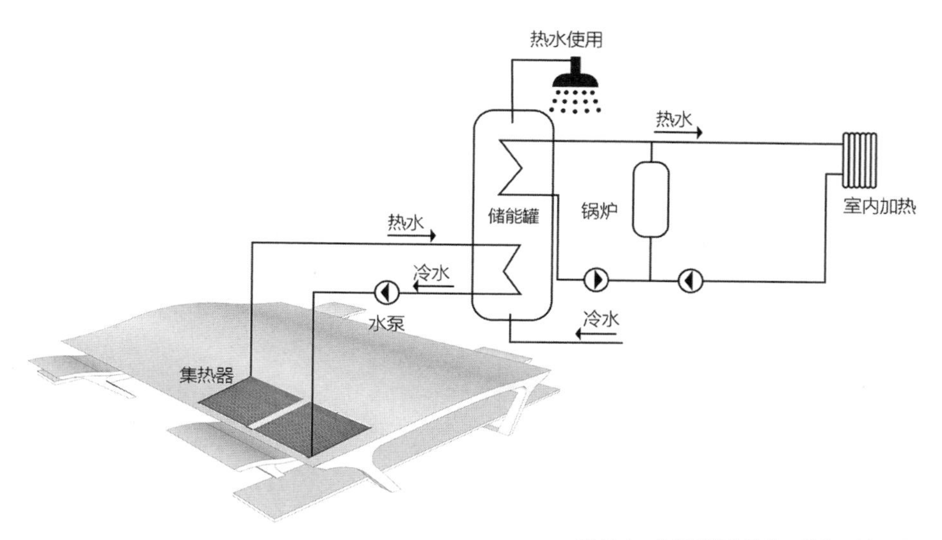

图 5-4　太阳能光热建筑一体化系统构成

（3）太阳能光伏 / 光热系统：太阳能光伏 / 光热系统是一种将太阳能光伏组件和集热器同时集成到建筑中的能源利用方式，既能发电又能提供热能，从而提高系统整体效率和空间利用率。系统中的光热组件通过热交换降低光伏板的温度，循环水充分吸收了组件的热量，从而提升了水的温度。该系统的太阳能综合利用效率较高，达到近 60%[9]。不同于光伏背后的通风空气间层，以空气为传热介质的光伏光热系统需要通过风扇或者热泵等设备，将空气中的热能进一步处理并输送至末端设备。该系统一般由光伏板、集热器、管道、储能罐等组成，如图 5-5 所示。

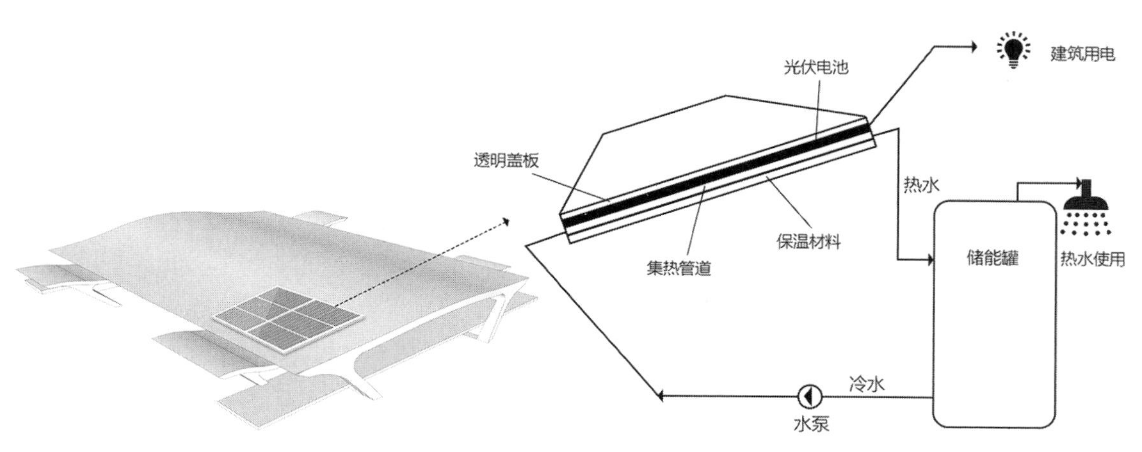

图 5-5　太阳能光伏光热建筑一体化系统构成

2）太阳能建筑一体化设计

（1）设计考虑要素

①太阳辐射量：太阳能建筑一体化设计应根据建筑所处地点的地理气候、太阳能资源条件以及建筑功能需求等因素，合理地规划太阳能系统。太阳能系统产能效益不仅取决于系统材料特性，还取决于太阳能组件所获得的太阳辐射量，其中后者与系统所在地的气候特征、太阳能光伏和集热器组件的倾角有关（最佳倾角等于其纬度减去 20°[10]）。在北半球，南向立面能获取更多太阳辐射，一般建筑朝向由南向东西方向偏移 20° 以内对设备获取太阳能影响不大[11]。东西两向立面的辐射相对较少，但在早晨和傍晚仍有大量太阳辐射，因此应尽量避免在建筑北立面安装太阳能设备。

②阴影：太阳能系统在建筑表面布置需要避免周边环境和自身构件的阴影影响。阴影下的光伏和集热器产能大幅度降低，对于光伏来说还会增加电路电阻，影响发电效率，缩短光伏电池使用寿命。集热器应满足冬至日的有效日照时数不低于 4 小时，光伏需要避免正午前后 3 小时内的阴影影响[11]。在设计阶段可利用软件对建筑阴影轨迹进行模拟，避免在阴影区安装太阳能组件。阴影遮挡可以利用 Ecotect 软件进行光环境模拟，分析太阳能组件受建筑物、树木等物体遮挡的程度。

③光伏组件温度：当光伏组件温度升高时，光伏发电效率会降低。研究表明，当晶体硅光伏电池温度超过 25℃时，温度每上升 1℃，光伏电池的发电效率就会下降 0.4%~0.5%[12]。此外，光伏和集热器产生的高温也会影响室内热环境，增加冷负荷。可在光伏板和光伏光热组件背面设置通风间层以进行通风散热，有利于提高光伏发电效率，降低光伏组件高温对室内热环境影响。此外，在冬季利用通风间层收集的热量可以加热室内空间。

④太阳能组件视觉效果：太阳能系统一体化设计应服从建筑主体设计，考虑建筑形式与设备形式的美学统一。光伏组件和集热器的独特色彩、纹理为设计提供新的元素。光伏材料通常为深蓝色或黑色，通过镀膜技术，可呈现紫色、金黄色、银灰色等多种色彩。此外，晶体硅可以通过排列中的缝隙实现半透明效果，可增强室内采光。集热器通常为深蓝色或者蓝紫色，平板型集热器肌理呈板状，真空管集热器呈格栅状。在建筑设计中合理选用太阳能组件色彩、形式，注重建筑外立面虚实对比设计，可以达到良好的美学效果。

⑤隔声、隔热：普通太阳能组件的隔热、隔声性能较差，作为建筑外围护结构，无法满足建筑隔热、隔声要求。需要在光伏组件和集热器的背面或周围添加高效隔热材料，减少热量向组件内部传导。通过优化安装结构，如增加空气间隙或使用隔热支架，减少组件与安装面之间的热传导。做好组件之间的缝隙处理，选择隔声隔热性能较好的材料作为组件的盖板和背板材料，增强组件本身隔声、隔热能力。

⑥透光率：光伏组件作为建筑围护结构需要满足交通建筑室内采光需求。在一般情况下，交通建筑进站厅、候机（车）厅侧面采光系数不低于3%，顶部采光系数不低于2%[13]。建筑内部采光率与安装在透明围护结构上的太阳能组件透光率有关，在设计光伏组件过程中，需要统筹规划采光空间半透明光伏组件的安装面积以及选择适当透光率的光伏材料。

⑦储能空间：太阳能利用受天气变化影响，需要通过可靠的储能系统平衡能源的供应。太阳能光热系统利用储能罐对收集的热量进行储存，通常分为空气储能罐和水储能罐两种类型。在建筑设计时需优先考虑该系统储能罐的尺寸，针对性地设计储存空间。通常，每平方米集热器需要配备容积为40~100L的储能罐。一般将储能罐安装在地下室、顶层设备间，储能罐存放空间及其设备间需要做好防水、保温措施，满足其荷载要求。太阳能光伏储能设备由蓄电池组成，需要与电气工程师配合，计算电池容量、选用合理尺寸的设备、设计相应的储能空间。

（2）太阳能系统与建筑结合的方式

①太阳能系统与屋顶结合：交通建筑屋顶面积较大，能更多地接受太阳辐射，也是太阳能系统安装的最佳位置，因此光伏板或集热板可以与交通建筑屋顶集成安装。屋顶设置太阳能组件的方式有支架式和嵌入式两种，此外，坡屋顶还可以使用光伏瓦组件。

支架式是利用预制支架与屋顶预埋构件连接，将太阳能组件固定在屋顶的常见安装方式，如图5-6、图5-7所示。首都机场扩建配餐楼安装的支

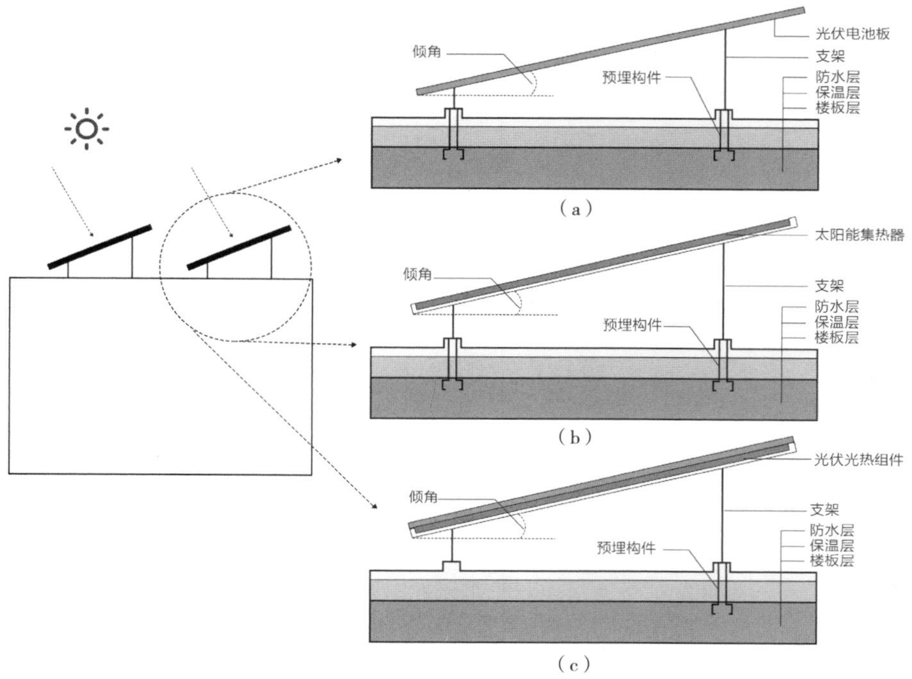

图5-6　平屋顶支架式构造示意图
（a）光伏板；（b）太阳能集热器；（c）光伏光热组件

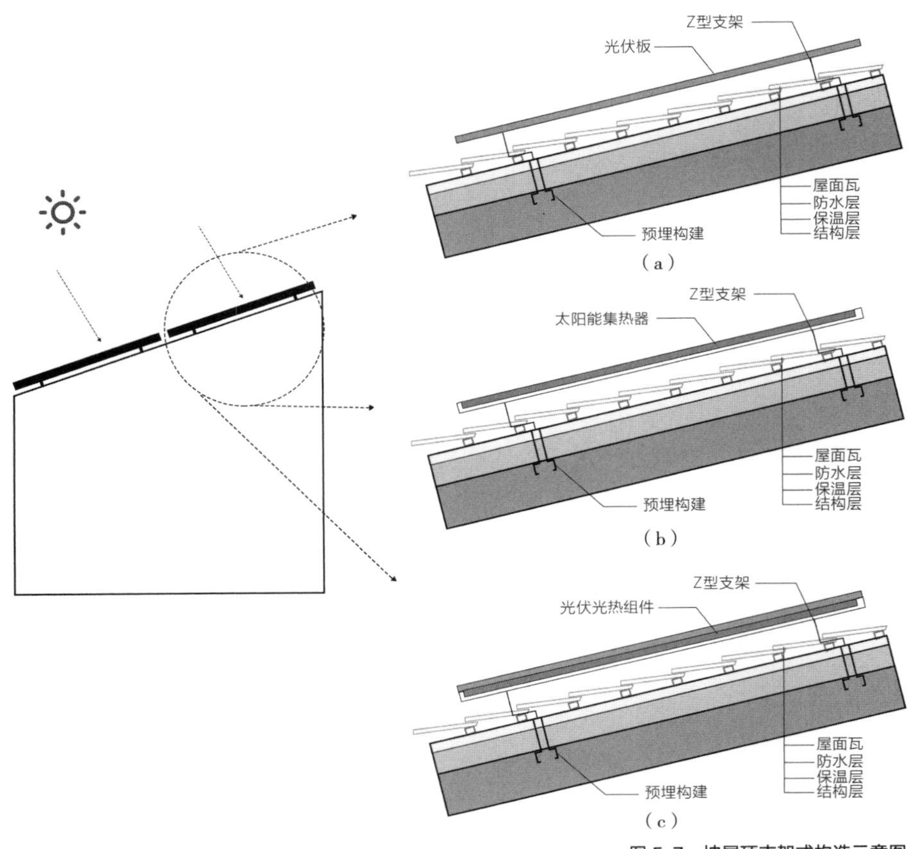

图 5-7　坡屋顶支架式构造示意图

（a）光伏板；（b）太阳能集热器；（c）光伏光热组件

架式太阳能集热系统，该系统将 541 组桑普全玻璃真空管集热器通过支架安装，平铺在屋顶上，如图 5-8 所示。系统投入运行后，每日可为配餐楼供应 $100m^3$ 的生产热水和 $12m^3$ 的生活热水。不同地区安装太阳能系统的最佳倾角与地区所处的纬度有关，支架式安装方式允许任意调整组件倾斜角度与朝

图 5-8　支架式集热器实景图

向。支架式布置的自由度较大，但这种布置方式与建筑的融合性较低，太阳能组件仅仅用于产能，不具备外围护结构的功能。支架式结构需要通过焊接或者螺栓连接到屋顶预埋件，并且需要与屋顶防水设计统一考虑。

嵌入式布置方式是在屋顶系统地集成太阳能组件，作为建筑屋顶覆盖材料，太阳能组件既作为产能设备，同时也具备普通屋顶围护的功能。交通建筑由于大空间候车厅的存在，多采用钢架结构，使用太阳能组件作为屋面覆盖材料可以与钢架结构很好地结合，利用半透明的光伏组件可为室内引入自然采光。嵌入式光伏组件与平屋顶集成如图 5-9 所示。相较于平屋顶，嵌入

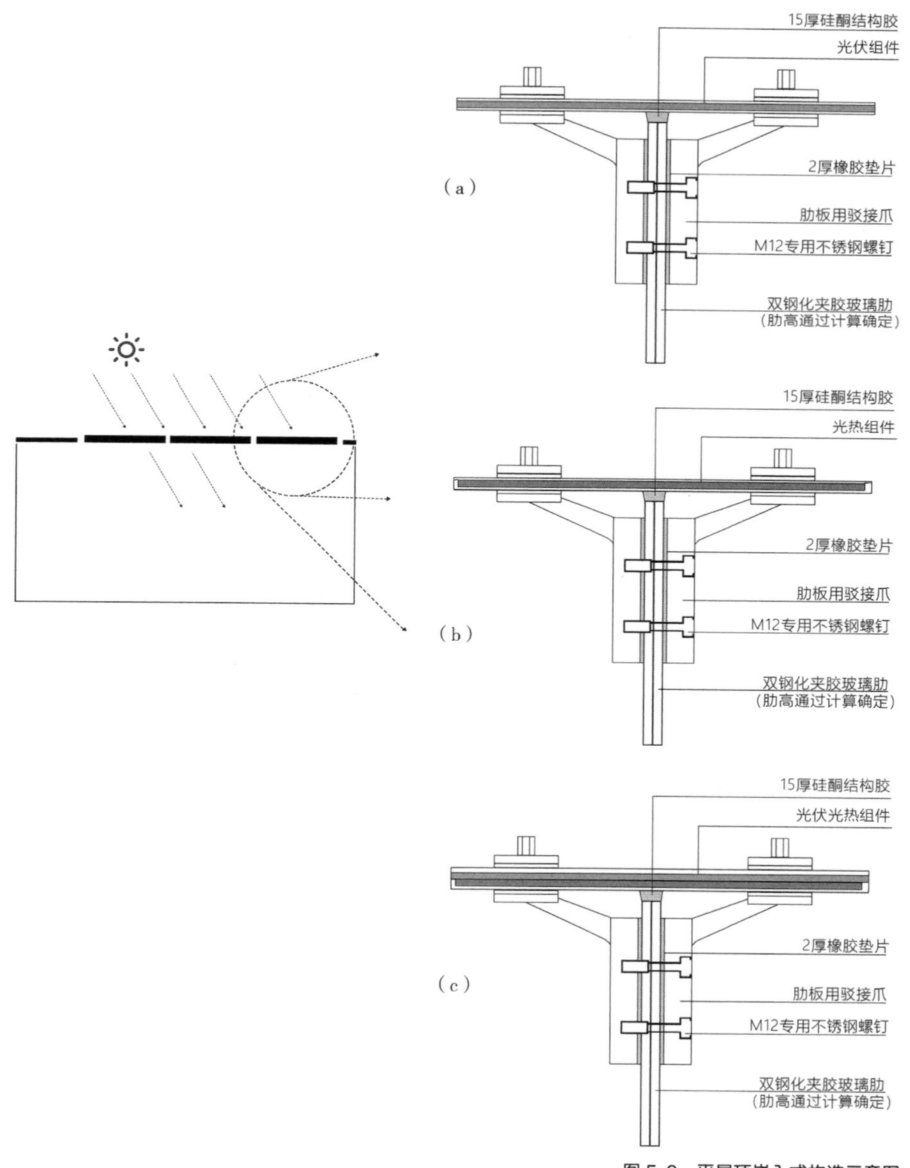

图 5-9　平屋顶嵌入式构造示意图

（a）光伏板；（b）太阳能集热器；（c）光伏光热组件

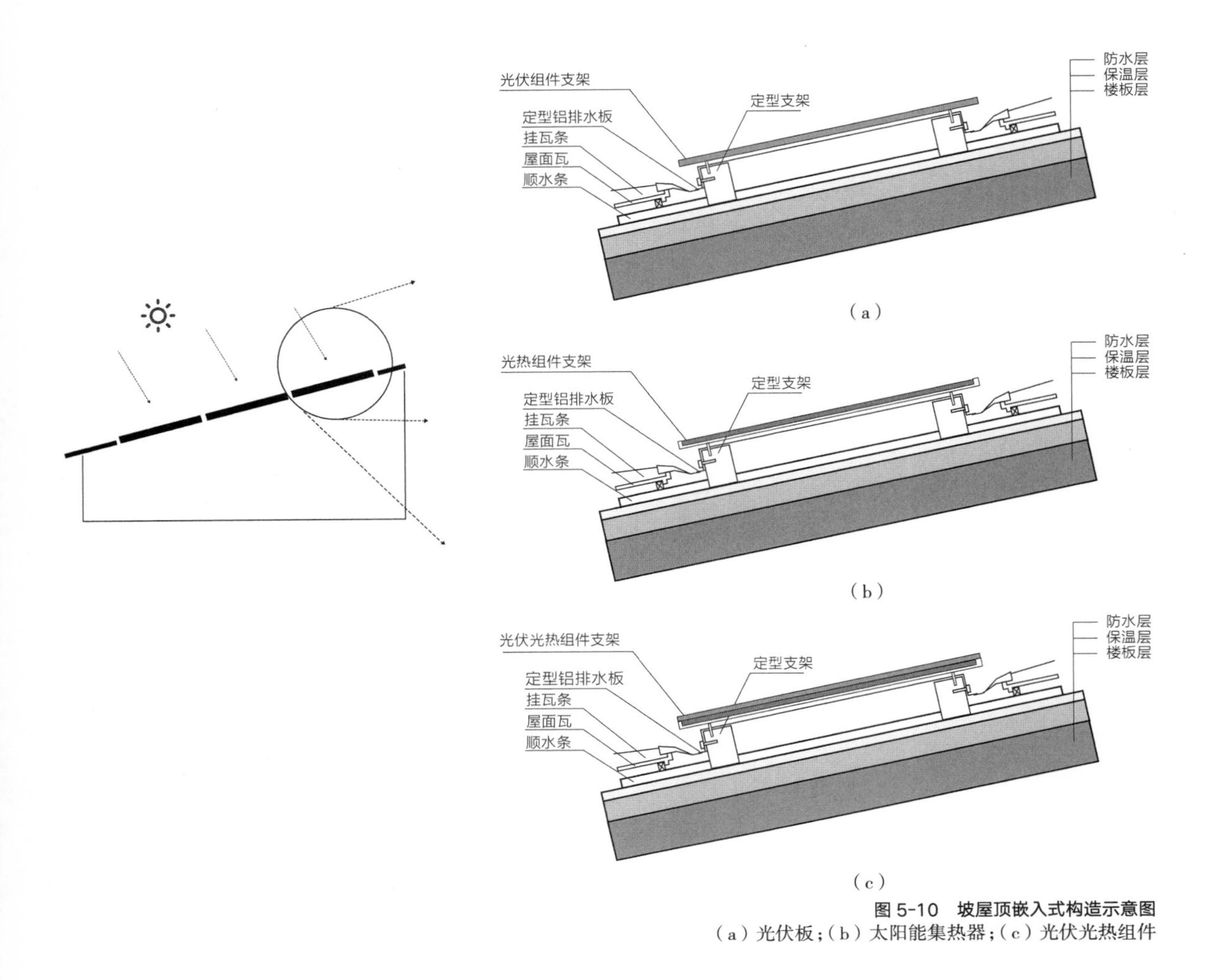

图 5-10 坡屋顶嵌入式构造示意图

（a）光伏板；（b）太阳能集热器；（c）光伏光热组件

式光伏坡屋顶具有更好的发电效果，集成构造如图 5-10 所示。相关研究表明，当建筑的屋顶光伏覆盖率达到 72% 时，其夏季冷却负荷和采光效果均可达到最优状态[14]。在青岛火车站钢结构嵌入式光伏屋顶中，光伏组件作为屋顶围护结构与钢架结构集成，利用非晶硅薄膜光伏发电系统为地下停车场供电，如图 5-11 所示。该光伏系统安装面积 2200m^2，装机功率 103kWp，年发电量 6.7×10^4kWh。

嵌入式太阳能组件需要做好组件与屋顶连接部位的防水处理。当集热器或光伏光热组件的管线需要穿过屋顶时，必须预先埋设防水套管，并对防水套管进行严格的防水处理，以确保屋顶防水层的完整性和防水效果。

光伏瓦可替代传统瓦片与建筑集成，其安装构造与传统瓦片相同，光伏瓦片安装在挂瓦条之上，不需要设置支架结构或者预埋构件，如图 5-12 所示。

②太阳能系统与外立面结合：为充分利用太阳能资源，太阳能组件可以安装于交通建筑外立面。太阳能组件与建筑外立面的结合方式有外挂式和嵌

图 5-11　钢结构嵌入式光伏实景图

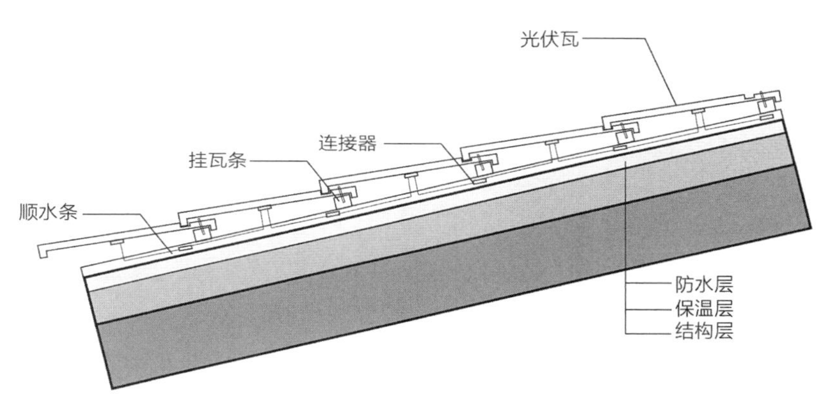

图 5-12　光伏瓦构造图

入式两种。与外墙结合的系统中，外挂式较为常见，将光伏电池板或集热器悬挂于外墙面之上，太阳能组件作为建筑外墙面覆盖层，不承担围护结构防水和保温等功能，如图 5-13 所示。建筑外墙可根据太阳能组件需要，设计成倾斜墙体或者锯齿形墙体，满足太阳能组件产能最大化的同时也能丰富建筑外立面造型，如图 5-14、图 5-15 所示。

玻璃幕墙系统中多采用嵌入式，将具有半透明特性的光伏组件替换原玻璃组件，不仅能够满足建筑的美学要求，同时也兼顾了围护结构的热工性能、采光功能以及防水功能，如图 5-16 所示。考虑室内采光与遮阳的不同需求，可以选择不同透光率的光伏组件。对于寒冷气候地区的光伏设计，建议玻璃幕墙采用透光率范围为 50%~60% 的光伏组件，在确保室内获得充足自然光的同时，使半透明光伏体的节能效果最大化 [15]。集热器与光伏光热组件的管线会穿越幕墙，需要预埋防水套管，并对防水套管进行严格的防水处

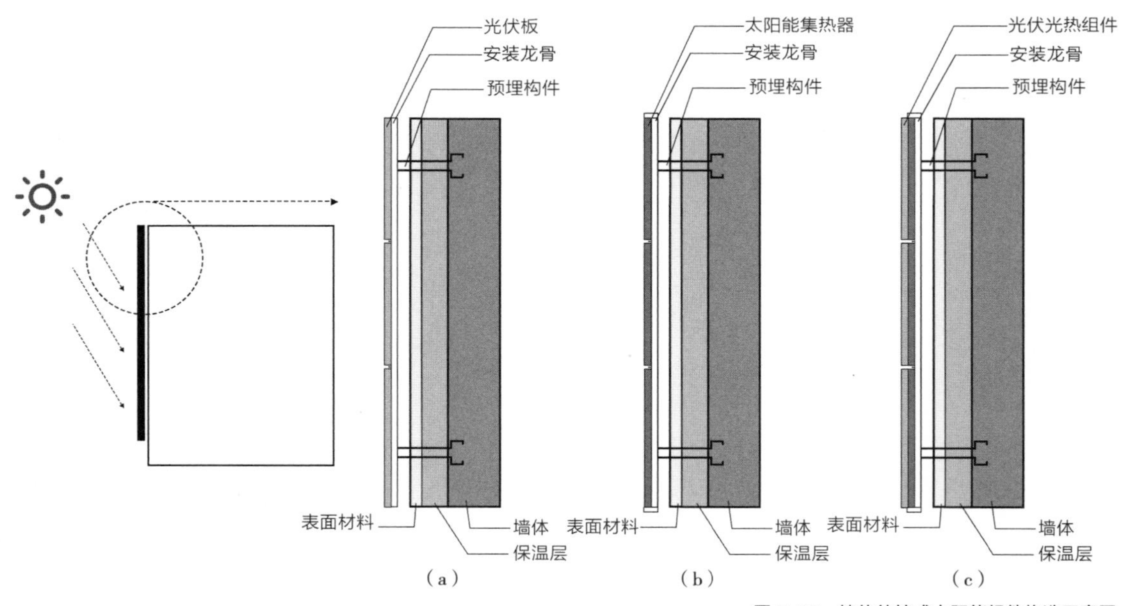

图 5-13　墙体外挂式太阳能组件构造示意图

（a）光伏板；（b）太阳能集热器；（c）光伏光热组件

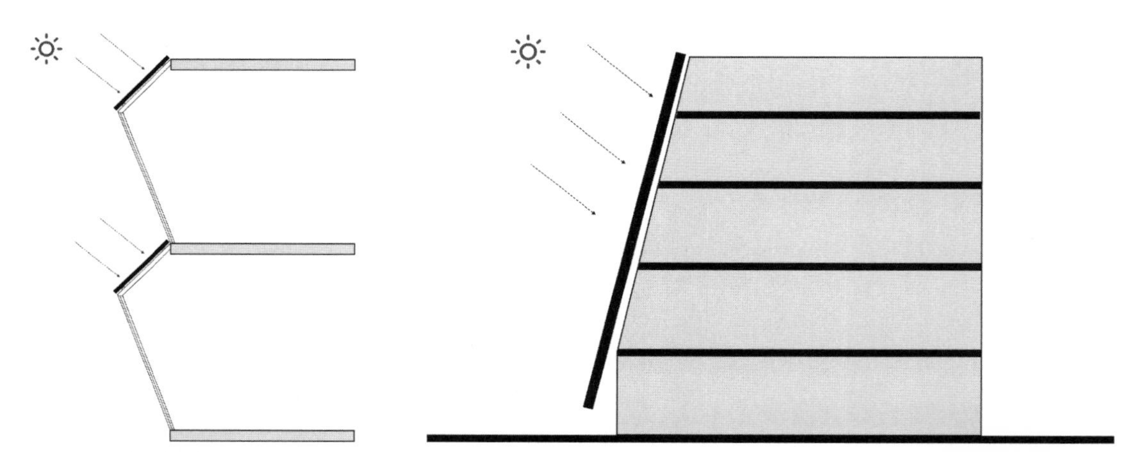

图 5-14　太阳能系统与锯齿形墙体结合示意图

图 5-15　太阳能系统与倾斜墙体结合示意图

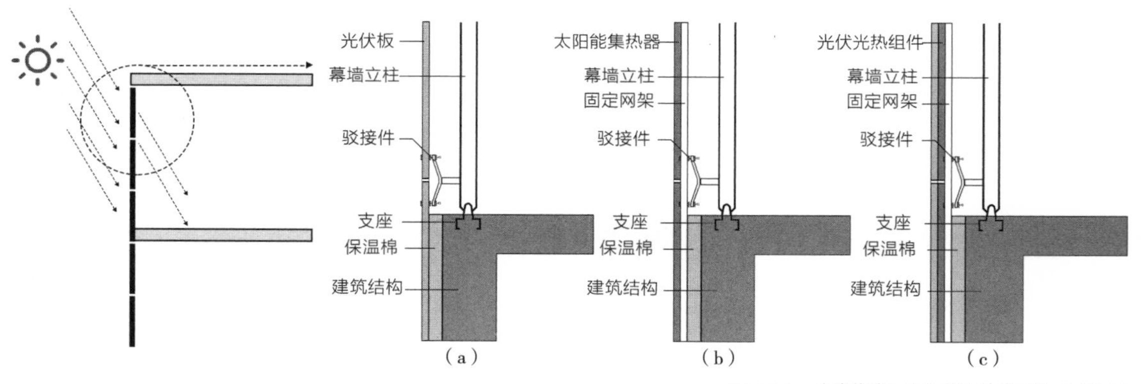

图 5-16　玻璃幕墙与太阳能系统集成构造示意图

（a）光伏板；（b）太阳能集热器；（c）光伏光热组件

理。同时也需要确保连接构件能够承受光伏板、集热器和光伏光热组件的重量，保证结构稳固安全。

（3）太阳能建筑一体化特殊构造

①光伏热管构造：光伏热管技术对于提高太阳能光伏系统的发电效率和寿命具有关键作用。光伏热管技术中的热管散热器利用特有的传热机制，将热量从高温源传递到低温源，它主要由热管和里面的传热介质组成。当光伏板温度过高时，传热介质从热端的蒸发器中蒸发，吸收大量的热量，然后在低温端的冷凝器中冷凝成液态，释放出大量热量，从而实现热量的传递，如图 5-17 所示。基于热管的光伏冷却技术具有结构简单、无能耗及高效散热等优点，可显著降低光伏电池温度 5~25℃，最高可减小其表面温差至 1℃，从而有效提升发电量 30% 左右[16]。

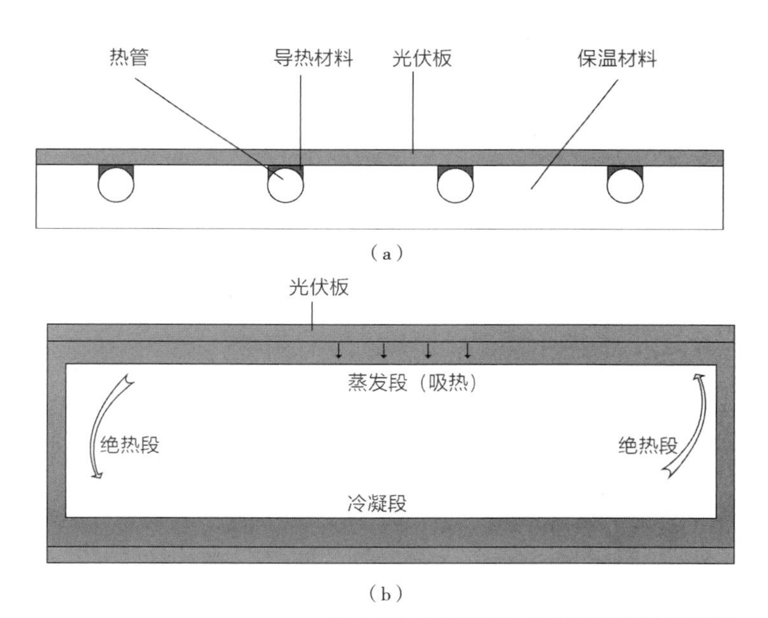

图 5-17　太阳能建筑一体化光伏热管技术示意图
（a）光伏热管降温技术构造示意图；（b）光伏热管降温技术原理图

②通风间层构造：光伏与墙体之间设置通风间层有利于光伏散热，提高光伏发电效率，相较于光伏光热一体化系统，该通风间层只用于通风散热而无法收集热量，如图 5-18（a）所示。在光伏光热一体化系统中，通过空气处理单元（如热泵和风扇）将通风间层收集的热量输送至室内采暖系统或者用于热水加热，如图 5-18（b）所示。适宜的通风间层宽度为 12~23cm，或太阳能组件总长度的 5%~10%[17]。

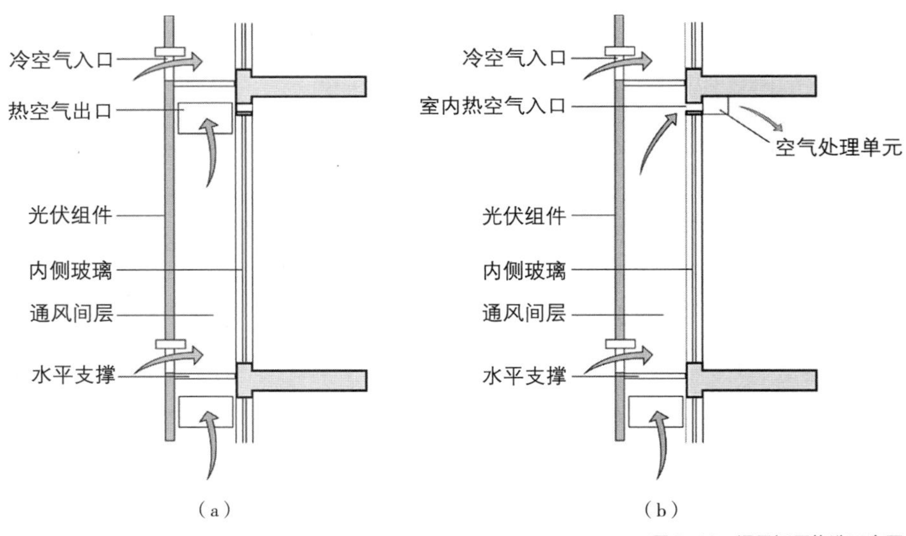

图 5-18 通风间层构造示意图

(a)夏季通风间层散热示意图;(b)冬季通风间层热利用示意图

③相变围护结构构造：相变材料通常用于降低光伏电池的工作温度。相变材料是一种在特定温度下经历相变过程的材料，它在从一种物理状态转变为另一种物理状态的过程中吸收或释放能量。白天，相变材料吸收大量的废热，并结合通风间层散热，使光伏电池保持在合理的温度范围内，如图 5-19（a）所示。研究表明，安装有相变材料的光伏系统中，光伏电池温度比传统光伏电池低 5℃，能源利用效率提高约 3.1%[18]。光伏背面的相变材料一般厚度在 3cm 左右，常采用复合石蜡、聚乙二醇等。

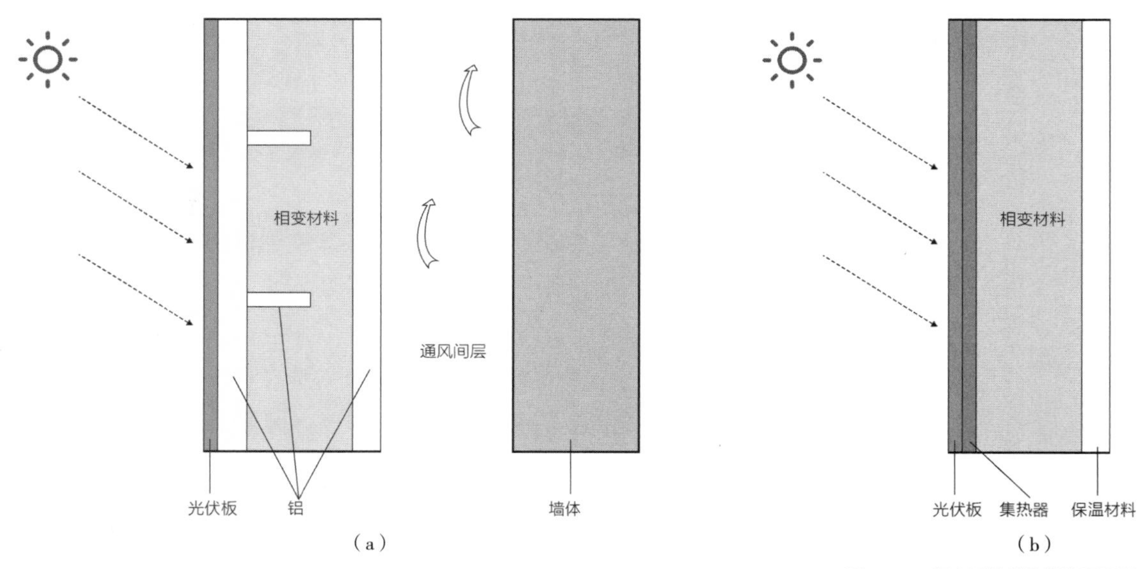

图 5-19 相变围护结构构造示意图

(a)结合通风间层和光伏系统的围护结构构造示意图;(b)结合光伏光热的围护结构构造示意图

光伏光热一体化系统中同样可以利用相变材料进行热管理。在白天，当太阳辐射强烈时，相变材料吸收太阳能热量并发生相变，将热能储存起来，并降低光伏温度。在太阳辐射减弱或没有太阳辐射的情况下，系统也能利用相变材料储存的热量来维持太阳能热系统运行，从而实现 24 小时高效利用太阳能，如图 5-19（b）所示。在具有相变材料的太阳能光伏热水系统中，光伏发电量可增加 9%，平均水温上升 20℃ [18]。

5.4.2 地热能在交通建筑中的应用

地热能是一种具有巨大潜力的可再生能源，能够稳定地提供冷热能，且不受季节和气候条件的限制。它通过地热能采集装置从地下提取热能，并通过热交换装置传递给建筑物，有效减少能源消耗。根据地热资源的分布和存储状态，可将地热能分为浅层、中深层、深层或干热岩以及岩浆型地热资源。目前，浅层地热能资源在地热能开发和利用中应用最为广泛。

1）浅层地热能资源开发利用

地源热泵系统是利用地表水、地下水或岩土体作为低温热源的一种供热空调系统，由室外地源换热系统、水源热泵机组和室内采暖空调末端系统三部分组成。根据地热能交换方式的不同，地源热泵系统可分为地表水、地下水和地埋管地源热泵系统 [19]。

（1）地表水地源热泵系统：地表水地源热泵系统主要利用流经城市的江河水、周边湖泊水或沿海海水等作为冷热源。夏季以地表水源作为冷却水通过吸热为建筑物供冷，而冬季则从地表水中吸取热量传递给建筑物。系统通常分为闭式、开式和间接地表水等三种类型。在闭式系统中，封闭的管道系统被安置在地表水内，通过管壁与地表水进行热交换。在开式系统中，地表水直接通过循环泵流经水源热泵装置，或通过循环泵驱动的中间换热器进行热交换，如图 5-20 所示。

（2）地下水地源热泵系统：地下水地源热泵系统适用于富含地下水资源，并在当地资源管理政策允许的情况下，可以开展地下水开采利用的地区。由于地下水温度稳定，不受外界气温波动影响，热泵机组能够高效运行。地下水地源热泵系统通常利用地下水作为稳定的低温热源，通常从水井或废弃的矿井中提取地下水。经过热交换处理后，地下水可重新注入地下或排放到地表水中。系统分为开式和闭式两种方式，在开式系统中，通过将抽取的地下水直接输送至水源热泵机组，实现与建筑内的冷却水进行直接热交换；而闭式系统则通过板式换热器作为中转站，将建筑内循环水与地下水隔离开来进行热交换，如图 5-21 所示。

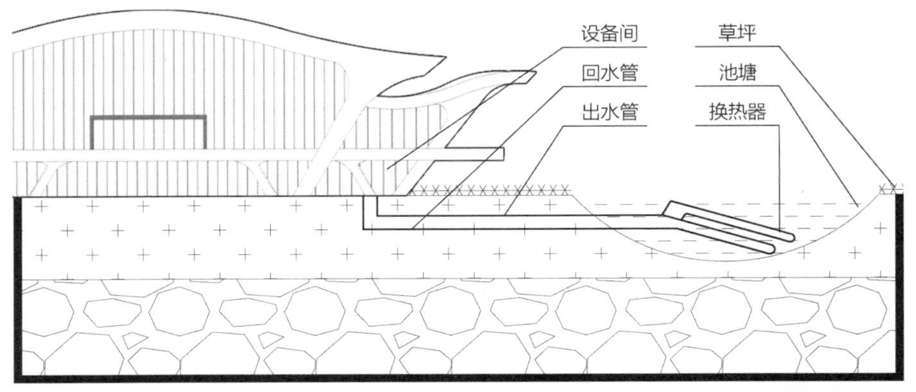

图 5-20　地表水地源热泵系统示意图

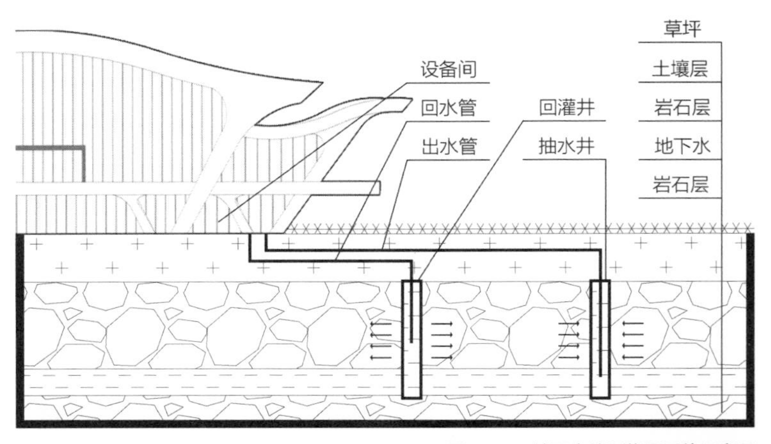

图 5-21　地下水地源热泵系统示意图

（3）地埋管地源热泵系统：地埋管地源热泵系统也称为土壤热交换系统，利用竖直或水平埋设的地埋管作为传热介质，是与地下岩土体进行热交换的一种地热能交换系统。相较于地表水源和地下水源系统，地埋管地源热泵的应用更加广泛。

该系统通过在地下浅层土壤中埋设管道，实现循环水与土壤的直接热交换，从而传递热能。在夏季，循环水将制冷机组吸收的热量释放到土壤中，而在冬季，则从土壤中吸收热量，并通过热泵机组将其传递到室内。常见的地埋管方式有水平和垂直埋管两种，垂直埋管通常采用 U 形管和套管两种方式，其中 U 形埋管换热器的应用较为普遍。

①水平式地埋管换热器：水平地埋管通常适用于空调系统的单相运行状态。埋管一般埋深 2~4m，并将换热管水平排布在地沟中。在冬季采暖时，由于土壤持续释放热量，埋管的深度和管间距需要相应增加。然而，水平埋管占地面积大且受气候影响明显，因此目前应用范围有限，如图 5-22 所示。

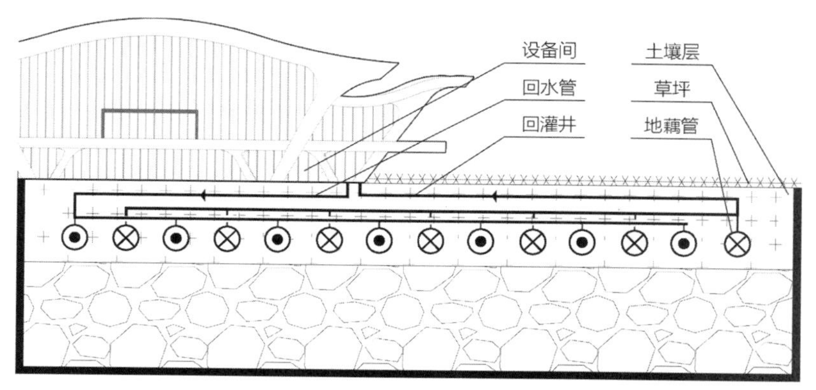

图 5-22　水平式地埋管换热器埋管方式示意图

②垂直 U 形地埋管换热器：垂直 U 形地埋管换热器通过钻孔将 U 形管深埋在土壤中，通常会垂直埋设于不超过 200m 深的土壤中，相较于水平土壤换热器，该换热器具有用地面积小、运行稳定、效率高等优点，已经成为工程应用中的主要形式，如图 5-23 所示 [20]。

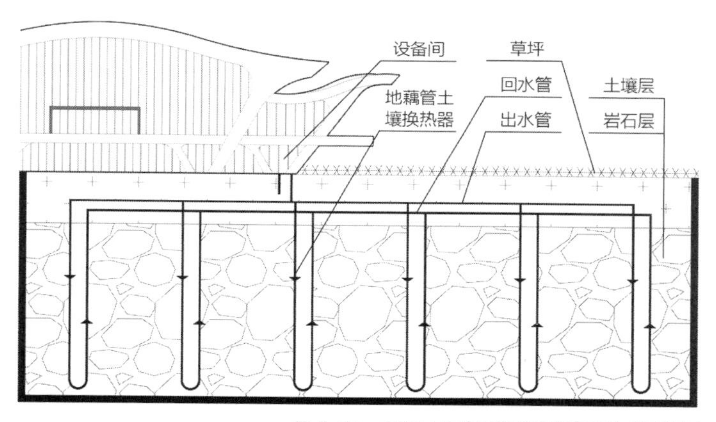

图 5-23　垂直 U 形地埋管换热器埋管方式示意图

2）地热能与设计考虑

（1）前期选址：首先，应提前掌握基本的地理情况，包括地理位置、地形地貌、气象参数、上位规划以及地下结构等。其次，应熟悉水文地质条件，了解可利用的地表水（如湖水、河水）、废热水和地下水的情况，包括水量、水温和水质等基本状况。然后，记录目标建筑物所在地区的气象参数，包括夏季最高温度、冬季最低温度以及年平均温度，并了解地下环境一年中的最高和最低温度。此外，掌握工程概况同样很重要，如建筑物周围的环境和可使用的室外地面面积，熟悉建筑物性质和用途以及占地面积，总结该建筑物对空调系统的要求，包括需要的地源热泵形式以及对生活热水的需求等。了解这些概况对建筑物的选址具有重要参考意义 [21]。

（2）场地规划：确认选址后，首先要对场地及周边的水文地质情况进行详细调查，以确定可利用的条件。对于开发项目区，应进行地热能资源赋存条件的勘查工作，了解地质条件，确定储量规模，并制定相应的设计方案。如选择地埋管地源热泵系统，要确保建筑周围有足够空间（如空地、停车场等）进行埋管，并评估是否有足够的空间进行打井。一般埋管深度每米深约占地面积 $1m^2$，井间距通常为 4~5m。若选择地下水地源热泵系统或地表水地源热泵系统，则需设计合适的取水构筑物，这些因素都会对场地规划设计产生影响。

（3）机房位置：机房的位置宜靠近热源井和冷热负荷密集区，以缩短管道长度、节省管材、降低压力损失，并简化管道系统设计、施工和维修。机房的布置可充分利用建筑物地下室和高层设备层，也可以考虑在裙楼中或独立设置，例如北京大兴国际机场的机房独立设置于建筑物之外，如图 5-24 所示。由于电动机组的用电量较大，机房应尽量靠近变电所。在机房布置时还应考虑未来规划，通常将机房的一端设计成未来的扩展端。另外，机房的位置选择应考虑良好的朝向，尤其在炎热地区，要避免西晒，并确保良好的机械或自然通风。冬季机房室内温度应不低于 16℃[22]。

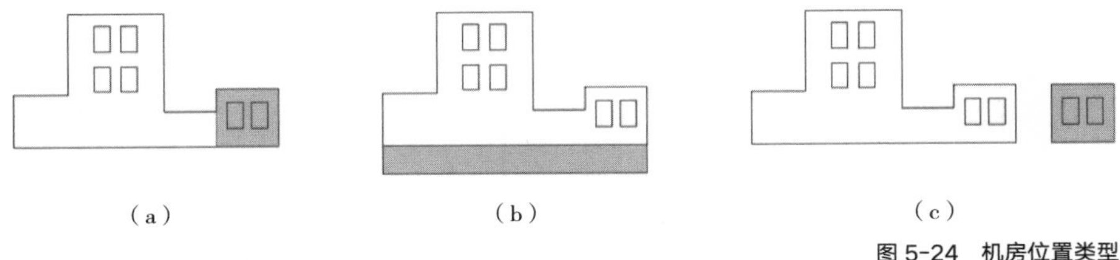

图 5-24 机房位置类型

（a）机房设在建筑物内；（b）机房设在地下室；（c）机房独立设置

（4）机房设计：机房通常包括设备间、仪表控制室、维修间、值班室和卫生间等。为方便机组的搬运和安装，机房的侧墙或顶板应预留搬运孔。机房内照明设施要充足，包括事故照明，照明度不低于 100lx，测量仪表集中处需有局部照明，并应配置电话设施。机房的设计方法和内容与集中空调系统冷热源的设计方法和内容基本一致，可参考《民用建筑供暖通风与空气调节设计规范》GB 50736—2016。

5.5.1 交通建筑照明

1）室内照明设计

交通建筑照明设计不仅关系到建筑室内人群健康、舒适等问题，还需要考虑照明系统节约能源的要求。目前在航站楼中，LED 光源是比较常见的光源类型。航站楼常用的照明灯具类型为明装筒灯，也有投光灯安装立柱或浮岛屋面对顶棚投光，层间区域多用明装筒灯进行照明，局部采用线性灯具或者面光源灯具可实现兼顾功能性与装饰性的照明。

在城市轨道交通车站中，光源类型以荧光灯、LED 为主。车站的点光源以筒灯和格栅灯盘为主；线光源以荧光灯管和 LED 线形灯具为主；还有少量 LED。不同类别的光源适用于不同场所，各类场所也对所选用光源进行了独特的设置，如楼梯侧墙面多设置补充光源；通道顶面边缘多设置线光源勾勒出顶部轮廓。各场所内也会进一步设置特定的灯具及构件组合，划分出不同的分区。采用分区一般照明的站厅，分区包括中心区域、四周通行区域、楼梯扶梯所在的垂直交通区域、自动售票机等设施服务区域。采用分区一般照明的站台，分区包括沿轨道线路贯通的两侧等候区域和由竖向交通分隔开的中间区域。平面灯具和荧光灯阵列形式的是面光源。其中线光源应用最广泛，风格多变，并可与吊顶形状呼应。城市轨道交通车站的常用光源形状及应用情况如表 5-1 所示。

城市轨道交通车站常见光源形状及应用[23]　　表 5-1

光源形状	灯具形式	场所			优点	缺点
		站厅	站台	楼梯通道		
点光源	筒灯	√	√	√	可灵活适应空间	灯具数量多，易造成眩光
	吸顶灯	√	—	—		
线光源	灯带	√	√	—	可灵活组合成不同形状	灯具布置不佳时，易形成凌乱的视觉效果
	LED 线形灯具	√	√	√		
	暗藏灯槽	—	√	√		
面光源	LED 平面灯具	√	√	—	适合净高较高的空间，整体性好	对光源性能及安装要求高
	发光顶棚	√	—	—		

灯具的安装方式分为嵌入式和悬吊式。采用悬吊式安装，可以简化顶部装修，便于后期维护，但灯具的发光表面和暗背景有明暗对比，在灯具之间通常需要设置挂板减少明暗对比产生的眩光。同时，局部设置吊顶，安装嵌入式灯具，以取得虚实结合的效果。灯具布置方式包括行列式、阵列式，以及与柱子单元匹配的组团式布置，常见的布置形式如图 5-25 所示。灯具的安

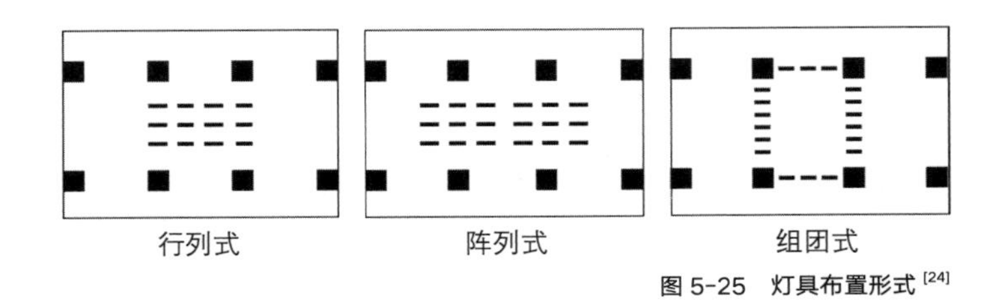

图 5-25　灯具布置形式 [24]

装方向上，分为灯具长轴平行于人行方向和垂直于人行方向两种。其中灯具长轴与人行方向平行地排列，可使乘客行进时视野内的发光表面面积较小，有利于防眩光。

不同空间对光环境的要求也有所差别。以航站楼为例，按照停留时间的不同将航站楼内的不同功能场所分为 I、II、III 类空间。其中，I 类空间基本不停留，对光的均匀度有一定要求、对眩光有较高的要求，在行走路线上，背景照明与标识照明要有明显的亮度比，由此光环境可以有助于快速指引；II 类空间需要短暂停留，如办理相关证件查验、安全检查等，对水平照度、垂直照度、显色性有较高的要求；III 类空间需要较长时间停留（如候机区域），该类空间要求有一定的照度，对照度均匀度、色温有较高的要求。三类空间具体的分类详见表 5-2。

航站楼空间划分及空间光环境特征 [24]　　表 5-2

空间划分	主要活动	功能场所	空间特征	行为及心理特征	光环境需求特征
I 类空间	旅客通廊	候机区通道、到达廊	室内	步行距离越长、时间紧迫时，内心越焦虑，步行速度越快	寻路标示需求较强
	旅客通行空间	门斗、出发大厅通行空间、行李提取厅通行空间、迎宾厅通行空间			
II 类空间	旅客排队及办理流程（短暂停留）	预安检区、出发大厅值机区、国内 / 国际安检区、国际出发 / 到达联检区、候机厅登机区、行李提取区、行李提取厅出口（亲友等候）、中转厅各流程区域	室内	排队时间越长，人员密度越大，内心易焦虑	流程处理区域对局部照度需求较强
		候车区	室内 / 半室外	—	—
III 类空间	旅客等候	近机位候机区、远机位候机厅	室内	心情舒缓，延误情况下焦虑	光线均匀、视野开阔

航站楼一般进深较大，地下空间容易出现自然采光不足的情况，通过天窗、棱镜玻璃窗以及导光管等技术的应用，可有效改善这些空间的自然采光效果。在进行采光设计时，应采取措施减少眩光，对设置有标识和屏显的区

域应采用遮光设计，减少直射光线造成的光干扰。眩光会使眼睛产生不舒适感，降低视觉功能，导致眼睛疲劳，因此在自然采光和人工照明设计中需要采取措施控制眩光。特别是当航站楼采用大面积玻璃幕墙时，眩光控制设计尤其重要。此外，屏显系统能够为旅客提供重要的航班动态信息服务，其屏幕应清晰，易于识别，避免因室内眩光或光线直射造成屏幕难以辨认。

2）智慧照明设计

智慧照明是实现节能降耗的直接手段，优质的照明控制策略及技术不仅可以有效节约能源，提高能源利用效率，还可以提升室内环境舒适度，减少能源成本。其中，由于智能照明控制的诸多优势，其运用在交通建筑中日趋广泛。

（1）定制化照明控制：动态智能照明可结合空间特点、用户需求实现定制化的节能控制。针对流动型空间，如图 5-26 所示，全天运营可采用动态控制的策略实现节能，例如白天人流量大的情况下，根据自然采光对室内光线不足情况调整照明；夜间间歇性大流量情况下，根据人流量进行照明功率密度动态调节。针对滞留型空间，如在候车 / 候机厅可提高区域照明亮度和色温以提高可视性和安全性；或对于休息区域降低亮度与色温方便人群休憩。这样不仅能够照顾到不同视觉照明需求人群，同时减少不必要的照明能耗。

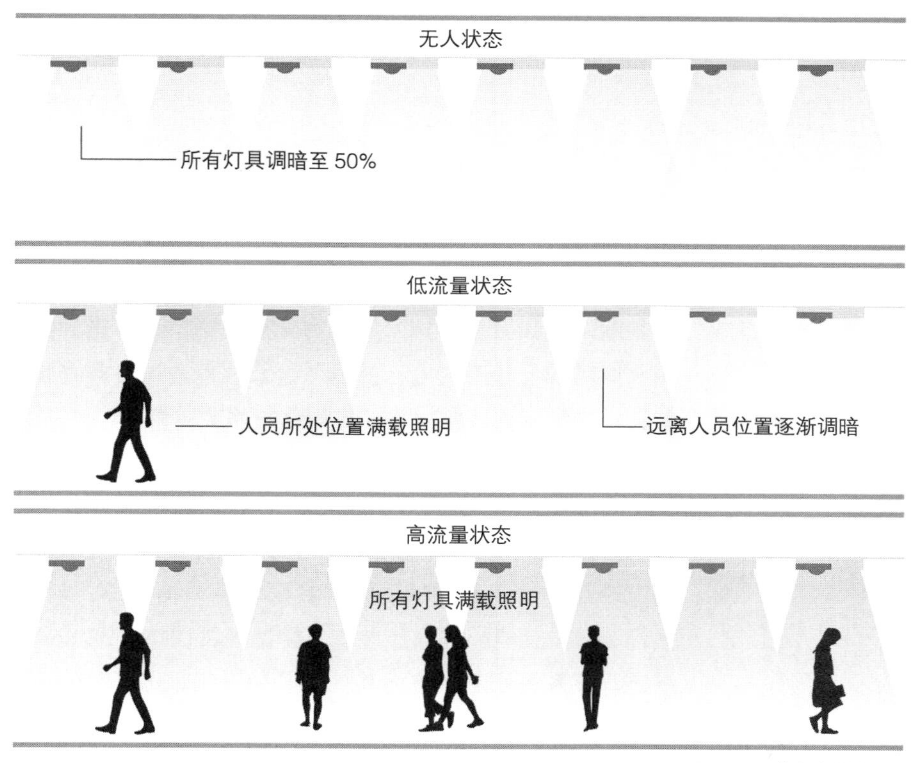

图 5-26　定制化节能控制

（2）智能照明控制系统：智能照明可实现运维数据自动采集、分析，并优化节能策略。可以通过在运营的同时采集、分析照明用能情况，分析不同时间段和区域的照明需求模式，通过数据分析和算法等优化照明计划和能源分配，从而最大限度地减少能源浪费。

实现智能照明需要完整的照明系统，包括硬件、软件及程序。如图 5–27 所示，智能照明控制通过整合包括光源、灯具、调光驱动器、传感器、耦合器、网关、电源、控制系统及程序等系统或元件，实现动态、个性化的控制和节能。

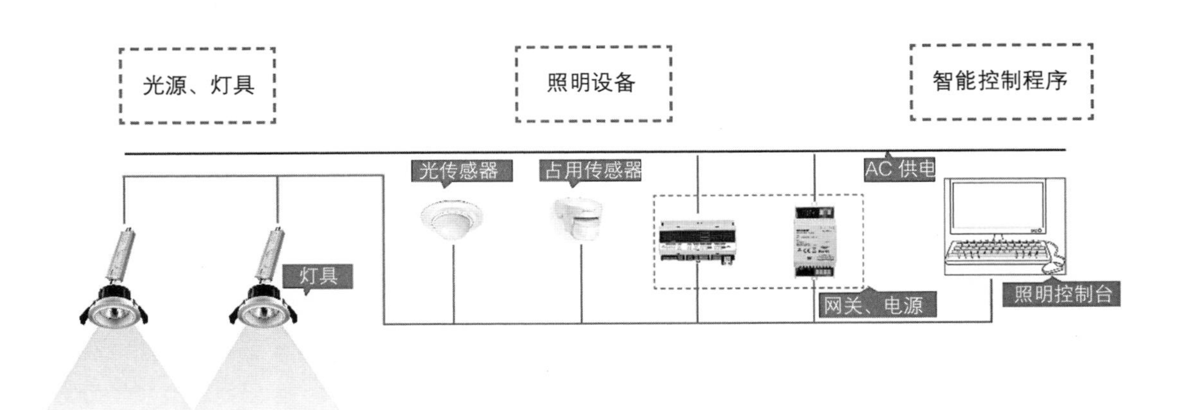

图 5-27 智能照明系统

其中，光源是提供光能、照亮空间、产生视觉的核心元件，灯具对光源所发出的光能进行空间分配，平衡视觉舒适度与出光效率。调光驱动器用于调整通过灯具的电流和电压；传感器接收环境照度和人员占用信息并反馈给控制程序；耦合器负责将多条复杂灯具电路整合到总线中；网关将照明电路与其他网络和系统连接，接通和转换控制信号；电源将交流供电转换为统一照明所需的低压直流电；控制系统及程序通过各类终端设备及界面对照明器件发出命令以实现个性化、定制化的照明场景。

目前，在公共建筑中应用较广泛的智能控制系统主要有 DALI（Digital Addressable Lighting Interface）数字可寻址照明接口系统，KNX（Konnex）照明系统，RS485 照明系统，DMX512 照明系统。DALI 系统具有从控制程序到配套灯具的完整照明协议，其照明可调控性高，包括亮度、色温、色彩、预设场景，且能够准确寻址每个位置灯具；KNX 与 RS485 是智能楼宇化常用系统，该系统能与建筑内其他系统如电气暖通等高效接驳，但不具有对应照明协议和灯具，通常配合 DALI 灯具使用；DMX512 能够连接数量巨大的照明设备，但目前更多用于舞台照明。

5.5.2 供暖空调通风系统

1）交通建筑暖通空调系统概述

交通建筑与其他公共建筑相比，在建筑空间特征、人员活动特点、热环境需求以及渗透风特征方面均存在较大差异。因此交通建筑暖通空调系统设计要点也会有所差别，具体概述如下：

（1）建筑空间特征：当前常见的交通建筑通常为典型的高大空间建筑，包括航站楼、高铁站房、地铁车站等建筑，室内净空间高达十几米甚至几十米，而人员一般仅在地上 2m 以内的高度范围内活动，并且场所内人员密集、不同功能区域人员密度差异较大。这类高大空间建筑室内温度会形成垂直梯度分布，因此需要在其暖通空调系统设计中进行考虑，从而提升室内热环境的舒适性和系统节能运行效果。另外，在靠近幕墙的外区和远离幕墙的内区冷热负荷差异很大。外区受太阳辐射、渗透风等外界因素影响较大，容易出现夏季过热、冬季过冷的情况；内区旅客人员密度大、流动性强、散热设备分布多，容易出现室内环境过热过湿的情况，因此内外区需采取分区调控的措施。

（2）人员活动特点：室内人员分布状况、人员停留时间等有助于为供暖空调系统的设计提供重要基础。各类交通场站建筑的主要功能均是满足旅客使用公共交通工具过程中相关的进出、安检、票务与等候等需求，但在服务流程上存在一定差异。人员在其中的活动具有目标简单、方向较为明确等特点，旅客在各类交通建筑中均可视为短期停留，但人员停留时间又存在显著差异。

（3）基本热环境需求：人员在交通建筑以短期停留为主，其基本热环境需求及对室内环境的要求与办公建筑等存在显著差异，例如地铁车站夏季设计温度可在 28℃以上，而办公建筑夏季设计温度为 26℃。在各类交通建筑进一步追求“方便快捷、快速通过”的大趋势下，人员在短暂停留的场合对热环境的需求，有可能进一步放宽对某些区域的热环境参数要求。

（4）渗透风特征：由于交通建筑的出入口开启频繁，进站口、检票口等成为室外空气影响室内的直接通道。特别是在冬季，室内外热压差显著，渗透风量通常较大，导致建筑热负荷增加，因此需要降低渗透风对室内热环境以及供暖能耗的影响。

2）交通建筑空间设计与暖通空调系统设计的协同

交通建筑主要采用集中式全空气空调系统，常用的气流组织形式包括：

（1）空调末端类型和特点：交通建筑的空调系统应充分考虑其功能性、舒适性、节能性及运行管理，解决能耗高和舒适性低的问题。目前主要采用

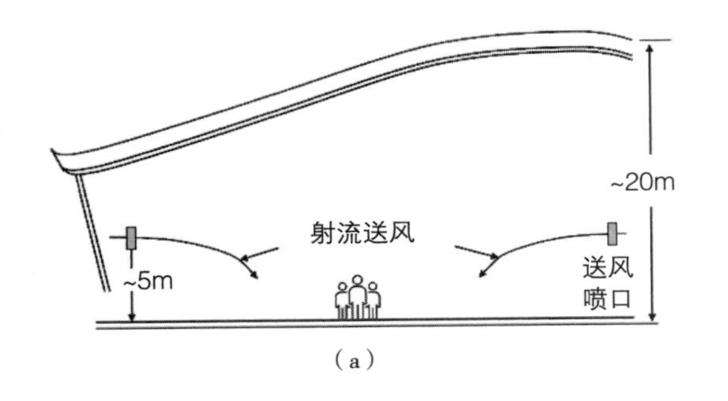

(a)

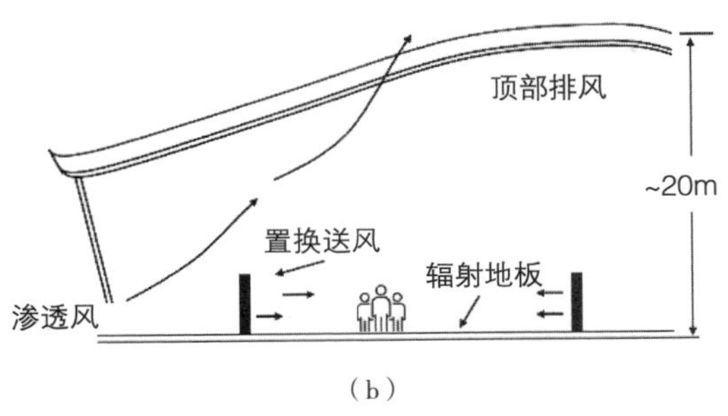

(b)

图 5-28　交通建筑典型的空调末端形式 [25]
(a)喷口送风方式;(b)基于辐射地板的空调方式

的空调末端形式：①全空气系统射流喷口送风方式；②基于辐射地板的空调方式，如图 5-28 所示。

(2)喷口送风方式：通常采用喷口侧送风方式。将送风口设在房间上部(顶棚或侧墙)，回风口设在下部(地板或侧墙)，气流从上部或侧部送出，从下部或侧部排出。尽管调整喷口送风角度对于改善对流送风方式下的车站候车室冬夏室内热环境有一定作用，但在喷口送风方式下冬季室内温度分层现象明显，存在“上热下冷”等缺陷。

(3)辐射末端送风方式：辐射末端是利用建筑物内表面或辐射板，以热辐射的形式向室内供热或供冷。基于辐射地板的末端供冷供热方式可以利用温湿度独立控制空调系统，实现对铁路客站、候车厅、航站楼等高大空间热湿环境的分层调控。地板供暖对改善高大空间中冬季室内环境具有显著优势，避免常规喷口送风方式中“上热下冷”的现象；夏季可利用辐射地板作为温度控制末端，利用置换送风装置送入干燥空气作为湿度控制末端，实现仅对人员活动区域热湿环境进行调控的模式。很多有供暖需求的铁路客站已将辐射地板供暖方式作为冬季室内末端方式，将其作为夏季供冷过程的末端方式也有助于实现末端冬夏共用，进一步降低了系统复杂程度。

目前这种系统形式已在我国天津、西安、咸阳等大空间建筑中成功应用，起到了显著改善室内环境、大幅降低运行费用的效果，且系统运行更简单，对运维人员的维护检修要求等也大幅降低。因此，辐射末端方式是高铁站房、航站楼等交通建筑供暖空调系统适宜的方式。

3）建筑设计与暖通空调系统设计协同

(1)空间设计对系统节能的影响

①体形系数：在候车厅、航站楼等交通建筑平面设计中，应当注意长宽比的控制，不能过大，以利于体形系数的降低，以求在满足光热环境的舒适性的同时，能够节约供暖空调等能耗。如北京南站的平面形状，并不是正规

的矩形或圆形，而是东西轴线更长些的椭圆形，既增大了南向采光、吸收太阳能面积，这个形态相比矩形又降低了体形系数，有利于节能。

②建筑高度：建筑能耗与体积存在正相关关系，而建筑平面形态受到多方因素影响。例如对于航站楼，其平面形态受到高峰小时旅客人数、旅客人均建筑面积、车道边长度需求、停机岸线长度需求、近机位运行效率等因素的影响，其平面尺寸可调节的尺度范围较小，而室内剖面高度可调节的弹性较大。尽管理论上航站楼空间高度越低越有利于节能，但高度过低却不利于旅客的空间体验，因此适宜的空间高度和剖面形态对于兼顾节能和空间舒适性十分重要。同时基于航站楼高大贯通空间的特殊性，空间尺度设计还应重点控制垂直连通洞口的尺度，以便有效降低能耗、调控室内环境。

③出入口朝向：出入口朝向在室外风向不同时对建筑室内环境影响程度不同，从而对供暖空调能耗产生不同影响。交通建筑出入口空间朝向、建筑群的总体规划应考虑有利于自然通风和冬季日照，因此建筑的主朝向宜选择本地区最佳朝向或适宜朝向，且宜避开冬季主导风向[26]。

④门斗：高大空间类的交通建筑，由于功能特点使得出入口开启频繁，出入口、检票口、登机口等成为室外空气影响室内热湿环境的直接通道。例如，大型航站楼出发值机大厅和到达大厅通常各设有 5~7 个主要出入口。由于进入航站楼的旅客需在入口处排队接受防爆检查，在高密度人员持续流动情况下，出入口的内外门扇开启频繁，甚至处于常开状态，导致整体渗风量巨大，出入口过渡空间的室内温度与室外温度基本接近，远低于适宜室内温度。因此航站楼室内外界面的出入口有必要结合防爆预安检流程，采取设计措施保证防风门斗的正常使用，合理控制无组织渗风，改善室内舒适度、降低能源消耗。

（2）空调末端与建筑设计结合：在航站楼大跨度开放空间中，当难以依托墙体布置送风口或超出送风射程时，需在高大空间区域内设置独立构筑物，例如罗盘箱和风柱，在其表面布置风口，解决送风问题。罗盘箱同时也是机电设备的集成单元，内部有空调送回风管道，并且组合消火栓、强弱电和通信设备，能有效减少机电设备及管道空间占用率，减少对建筑空间布局的影响，保证室内效果美观。根据送风量及送风距离的不同，送风口有百叶、球型喷口和鼓型喷口的不同形式。

罗盘箱和风柱的布置需重点考虑服务半径和人员密度，确定适宜的送风高度及角度，控制风口速度和送风温度，保证旅客在一体化高大空间的舒适度。罗盘箱和风柱对室内效果的呈现有较大影响，其点位规划需结合建筑功能、设施布局、旅客视线等多方面因素，通常与广告位、电子显示屏、标识系统等室内设施统一规划设计，实现尺寸、造型、色彩与室内效果的和谐一致。

目前航站楼、高铁站房这类高大空间建筑中常采用全空气射流喷口送风方式，同时结合了室内部分功能区结构特点进行设计。例如，部分特大型、大型高铁站候车厅过于高大，通常底部大厅为旅客候车、进站检票口及部分商业区域，空间高大、开敞；两侧夹层主要为餐饮等区域，竖直方向空间利用率较低。目前该类建筑多采用喷口送风、散流器送风等对流方式满足室内热湿环境营造需求，喷口通常与检票口等有效结合并设置在检票口顶部（高度约 3m），对大厅两侧的区域进行调控。典型高铁站候车厅功能布局与空调末端方式如图 5-29 所示。

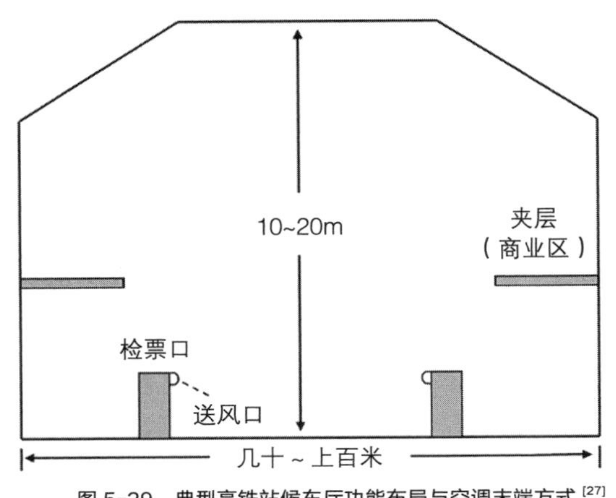

图 5-29 典型高铁站候车厅功能布局与空调末端方式 [27]

（3）渗透风影响及其应对措施：各类交通场站建筑的出入口均处于频繁开启状态（地铁车站更是处于常开状态），经由出入口的渗透风不可避免，并对室内环境及空调系统运行产生重要影响。以高铁客站为例，渗透风的全年影响情况（包括不同季节的渗透风驱动力、变化规律）以及可采取的措施等如表 5-3 所示。

高铁客站全年渗透风变化及应对措施 [27] 表 5-3

时间	驱动力	进出风方向	渗透风影响	应对措施
冬季	热压为主导	下进上出	导致不必要的热量消耗	尽量减少出入口开启、避免竖向连通、主动方式阻挡
过渡季	热压较小，风压为主	—	排除室内余热	开启大门、天窗、侧窗等加强通风
夏季	热压、风压	上进下出	增加一定的空调负荷	尽量减少出入口开启

冬季室内外热压显著，渗透风量通常较大，导致热负荷大。很多车站通过在进门处设置门斗、空气幕等来降低渗透风影响；建筑设计中对于检票口与站台之间的连接处也应采取一定的围挡来加强阻隔，在保证旅客通过的前

提下减少由检票口渗入的冷风。目前高铁客站旅客进站检票已逐步实现人脸识别和自助验证，节省了人工验票环节，对减少进口处的渗透风也有一定意义。一些中小型高铁客站采用迂回式进站方式，也有效降低了室外空气对站内环境的影响。

过渡季尽管室内外热压较小，但仍期望通过渗透风形成有效的自然通风，利用其满足室内排热需求，开启车站内的天窗、侧窗等成为此季节的重要通风措施。但一些特大型客站进深、跨度过大，中间区域又可能受到顶部太阳辐射的影响，容易在过渡季节出现过热情况。

夏季开启空调系统时，渗透风仍会对室内环境产生一定影响。建筑设计上，应当尽量避免竖直方向上过多连通形成较大的热压驱动力；减少各类出入口与室外之间的连通仍是夏季空调系统运行中的重点。

4）暖通空调系统智慧运维

暖通空调系统是交通建筑中能耗占比最高的设备系统。暖通空调系统智慧化运行是通过利用先进的传感器、数据分析、人工智能和自动化技术，使系统能够根据实时环境条件和用户需求进行智能化调节和管理，以提高能源利用效率、提升舒适度。

（1）空调系统的分区人因化控制：人因化控制是指根据人员行为、活动和偏好来调节和控制空调系统，以改善室内环境舒适度和用户体验，并实现空调系统节能运行。这种控制方式将人员需求和行为作为主要考虑的因素，通过智能技术实现对空调系统的个性化调节，以满足不同用户的需求。在交通建筑中，室内空间通常被划分为多个功能区域，不同功能区域之间的人员活动特性存在差异，为空调系统人因化控制提供了基础。例如，对于航站楼建筑，在旅客从走廊前往候机区域的过程中，其活动类型发生了从行走到静坐的改变，这一变化导致了在两个功能区域内热环境营造需求的差别。为了实现空调系统的低碳节能运行，航站楼走廊区域的空调送风风速通常可设定为较高的数值，从而抵消旅客由于行走活动所产生的额外热量，保证中性的热舒适感受。通过人因化控制，空调系统可以更好地适应用户的需求和行为，提供更加个性化、更高舒适度的室内环境，同时也能够节约能源，提高系统的效率和智能化程度。

（2）空调系统与交通设施运行联动的智慧化控制：旅客流量的动态变化对交通建筑空调系统的运行模式存在直接影响。客流高峰期通常意味着更高的空调冷、热负荷以及更大量的新风供应需求。在交通建筑中，客流量的变化特征主要由交通设施的运行情况决定，例如高铁的出发、到站时间，航班的起飞、降落时间，地铁的到站、离站时间等。基于交通设施运行的计划安排，可以对交通建筑客流量的变化进行合理预测，进而调整空调系统的运行策略，避免能源浪费。同时，也可以通过配合交通建筑中的人流量监测设备，例如闸机设施，收集交通建筑客流量的变化数据，从而为制定空调系统运行时间与运行工况的相关策略提供指导。

参考文献

[1] 姚玉璧，郑绍忠，杨扬，等．中国太阳能资源评估及其利用效率研究进展与展望 [J]. 太阳能学报，2022，43（10）.

[2] 李德，郭妙连．中国地热资源现状与未来发展趋势 [J]. 化工设计通讯，2021，47（5）.

[3] 姚尧．轨道交通建筑能耗分析及节能措施 [J]. 建设科技，2022（11）.

[4] 王楠．高铁站房绿色设计策略与模拟验证研究 [D]. 天津：天津大学，2021.

[5] 新华社．新华社：我国可再生能源发电总装机占比超过 50%[EB/OL].（2023-12-22）. http：//www.xinhuanet.com/2023-12/22/c_1130040585.htm

[6] 中国光伏行业协会．2023-2024 年中国光伏产业发展路线图 _ 报告 _ 市场 _ 机会 [EB/OL].（2024-02-28）. http：//www.chinapv.org.cn/road_map/1380.html

[7] 观研报告网．中国地热能行业发展现状分析与未来前景调研报告（2022-2029 年）[EB/OL].（2023-03-10）. https：//www.163.com/dy/article/HVFD9HG60518H9Q1.html

[8] 张鸽．太阳能光伏发电技术现状及其发展方向研究 [J]. 光源与照明，2023（12）.

[9] 周玲，周思思．一种光伏光热（PV/T）一体化系统热电性能研究 [J]. 价值工程，2023，42（31）.

[10] Robert E. Parkin. Building-integrated solar energy systems[M]. Florida：CRC Press Taylor & Francis Group，2016.

[11] 徐桑．太阳能建筑设计 [M]. 2 版．北京：中国建筑工业出版社，2021.

[12] Ying S，Zhang X，Wu Y，et al. Solar photovoltaic/thermal（PV/T）systems with/without phase change materials（PCMs）：A review[J]. Journal of Energy Storage，2024，89.

[13] 中华人民共和国住房和城乡建设部．《建筑采光设计标准》GB 50033—2013[EB/OL].（2013-01-05）. https：//www.mohurd.gov.cn/gongkai/zhengce/zhengcefilelib/201301/20130105_224720.html

[14] Karthick A，Kalidasa Murugavel K，Kalaivani L. Performance analysis of semitransparent photovoltaic module for skylights[J]. Energy，2018，162.

[15] Cheng Y，Gao M，Dong J，et al. Investigation on the daylight and overall energy performance of semi-transparent photovoltaic facades in cold climatic regions of China[J]. Applied Energy，2018，232.

[16] 曹静宇，郑玲，彭晋卿，等．基于热管的光伏冷却技术研究进展 [J]. 湖南大学学报（自然科学版），2024，51（1）.

[17] Dai Y，Bai Y. Performance Improvement for Building Integrated Photovoltaics in Practice：A Review[J]. Energies，2020，14（1）.

[18] Ma T. Using phase change materials in photovoltaic systems for thermal regulation and electrical efficiency improvement_ A review and outlook[J]. Renewable and Sustainable Energy Reviews，2015.

[19] 唐志伟，张宏宇，牛利敏．热泵原理与工程设计 [M]. 北京：化学工业出版社，2022.

[20] 马最良，吕悦．地源热泵系统设计与应用 [M]. 北京：机械工业出版社，2014.

[21] 张国东．地源热泵应用技术 [M]. 北京：化学工业出版社，2014.

[22] 杨卫波．地埋管地源热泵理论与应用 [M]. 北京：化学工业出版社，2024.

[23] 王立雄，王楚尧，于娟，等．城市轨道交通车站照明环境调研与分析 [J]. 照明工程学报，

2022，33（2）：169-176.

[24] 张肖肖，李俊民．航站楼内不同视觉区域的光环境评价方法 [J]. 智慧建筑电气技术，2022，16（4）：59-62.

[25] 张涛，刘效辰，刘晓华，等．机场航站楼空调系统设计、运行现状及研究展望 [J]. 暖通空调，2018，48（1）：53-59.

[26] 刘小佳，张浩宇，张家玮．我国航站楼出入口空间节能设计现状分析 [J]. 城市建筑，2022，19（13）：163-167.

[27] 张涛，刘晓华，李凌杉，等．高铁客站供暖空调系统设计、运行现状及研究展望 [J]. 暖通空调，2019，49（6）：25-31.

第6章 数字技术在低碳交通建筑设计中的应用

6.1 概述

随着经济发展和技术进步，我们国家的建筑业正处在以数字化推动全面转型、以绿色化实现可持续发展的创新时代。住房和城乡建设部发布的《中国建筑业信息化发展报告（2021）智能建造应用与发展》总结展示了数字技术在数字中国建设、推动城乡建设绿色发展和推进“新城建”大背景下的应用场景，如以云计算、大数据、边缘计算、移动通信为代表的新一代信息技术；以BIM、GIS、3D扫描、计算机视觉为代表的数字化技术；以及以自动化、机器人、物联网、人工智能、虚拟现实为代表的集成技术[1]。就低碳交通建筑设计领域而言，数字技术在其中起到了重要作用，其应用涵盖了场地分析、气候环境分析、可视化建模、参数化设计、建筑信息模型技术、低碳性能优化等多个方面。采用数字化方法能够提高设计效率、精确分析、优化设计并实现可视化展示，有助于应对设计复杂性，推动低碳交通建筑的发展。

在低碳交通建筑方案设计工作流程和设计阶段中，可将数字技术的应用分为三个阶段：①数字技术在低碳交通建筑场地分析中的应用；②数字技术在低碳交通建筑方案设计中的应用；③数字技术在低碳交通建筑性能优化中的应用。

6.2.1 场地数据收集与分析

在低碳交通建筑方案设计前期，通过数字技术对场地数据进行收集与分析，可以更深入了解用户需求、能源消耗、碳排放等方面的情况。在建筑方案设计中，利用大数据和人工智能技术分析历史数据，可以更好地预测未来的能源需求和碳排放趋势，为低碳设计提供依据。以下是如何通过数字技术进行场地数据收集与分析的简要阐述。

1）方案设计前期的场地数据收集

数字技术为低碳交通建筑的场地数据收集提供了高效、准确的手段。具体来说，可以通过 GIS、遥感技术、物联网设备、问卷调查与社交媒体分析等多种方式进行。

借助地理信息系统（GIS）可以整合多维多源数据，包括低碳交通建筑场地内的地质、气象、环境等数据，为设计者提供全面的场地背景信息；借助卫星遥感或无人机航拍技术获取的场地高清影像数据，可以精确展示场地的地形地貌、植被覆盖、既有建筑等信息；借助物联网设备，在场地周边及内部布署传感器网络，可以实时监测温度、湿度、光照、CO_2 浓度等环境参数，以及水、电、燃气等能源消耗数据；借助问卷调查与社交媒体分析，可以通过实地调研、在线问卷、社交媒体平台等方法收集用户的使用习惯、出行方式、能源消费观念等数据，了解用户的实际需求。下图（图 6-1）即为借助航拍图片进行的成都某轨道交通建筑 TOD 场地在 2000—2020 年间的场地变化分析图。

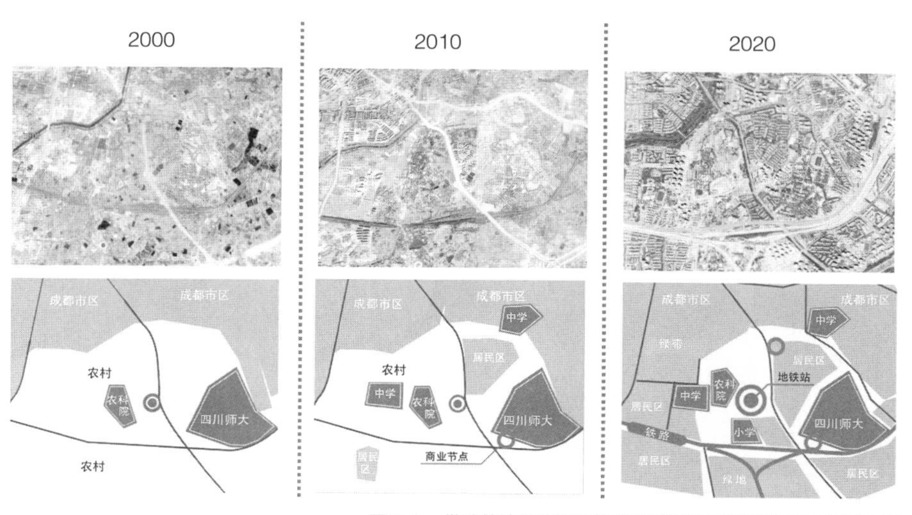

图 6-1　借助航拍图片进行的成都某轨道交通建筑 TOD 场地分析
资料来源：西南交通大学建筑学院学生课程设计

2）方案设计前期的场地调研与数据分析

方案设计前期的场地调研结果以及收集到的场地数据需要经过可视化，与设计方案有机结合在一起才能转化为低碳交通建筑设计中直观可用的设计依据。图 6-2 即为针对某 TOD 方案根据场地调研和数据分析后绘制的场地多样化交通层级分析图。

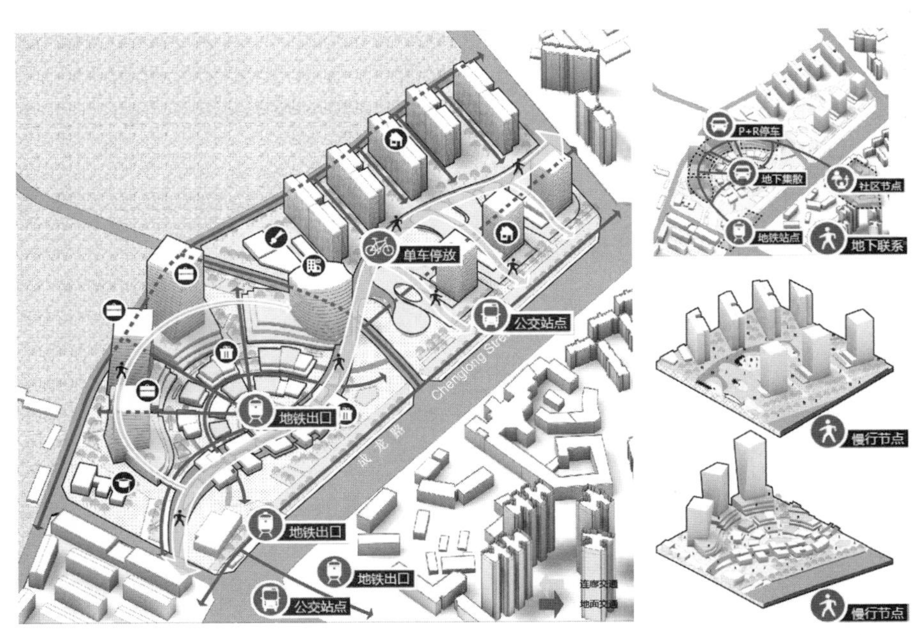

图 6-2　某 TOD 方案通过场地调研结果绘制的场地多样化交通层级分析图
资料来源：西南交通大学建筑学院学生课程设计

除了与方案结合的可视化结果外，单就场地数据分析而言，常见的数据分析方法包括统计分析、数据挖掘、模式识别和构建预测模型等方式。其中借助统计分析可以运用统计软件对数据进行描述性分析，计算平均值、中位数、方差等指标，初步了解建筑及场地周边能源消耗和碳排放的总体情况；借助数据挖掘和模式识别可以使用机器学习算法对历史数据进行训练，识别出能源消耗和碳排放的时空模式，并找出影响因素；基于历史数据分析还可以构建能源需求和碳排放的预测模型，通过这些构建的预测模型可以借助统计数据、环境参数、用户行为等多种输入变量来预测建筑使用状况。

3）方案设计前期中的大数据与人工智能技术应用

近年来，随着数字技术发展，大数据和人工智能技术在设计前期分析中的作用变得尤为突出。在低碳交通建筑方案设计中，具体应用包括用户需求分析、能耗模拟与优化、碳排放预测与减碳策略选择等。

借助用户需求分析可以通过分析用户的历史数据和行为模式，更准确地把握用户需求，如节能期望、出行习惯、舒适需求等。这些分析结果可以为设计者提供定制化的设计建议，如调整空间布局以更好地适应用户的出行需求、设置智能照明系统以提高舒适度和节能效果等；通过能耗模拟软件输入建筑参数、气象资料、用户行为模式等数据，可以模拟低碳交通建筑在未来运行过程中的能源消耗情况，还可以结合优化算法，找出降低能耗的最优方案；基于人工智能技术的预测模型可以根据相应交通建筑历史碳排放数据预测未来的碳排放趋势，并评估不同设计方案对碳排放的影响，有助于制定针对性的减碳策略，如选择低碳建材、提高建筑运行能源利用效率、优化建筑流线布局等措施以降低交通碳排放。

综上所述，在低碳交通建筑方案设计前期，通过数字技术对场地数据进行收集与分析是实现设计目标的关键步骤之一。这不仅有助于深入了解用户需求、优化建筑布局、分析建筑能源消耗和碳排放等方面的情况，还可以利用大数据和人工智能技术预测未来的趋势并制定优化的设计方案。

6.2.2 场地现状可视化建模

在低碳交通建筑方案设计前期，除了通过数字技术对场地数据进行收集与分析外，借助数字技术，综合处理通过现场实测、激光三维扫描、遥感图片等方式获取的地形数据，使用三维建模软件创建可视化的低碳交通建筑场地和周围环境的数字模型，有助于更好地理解设计场地基础条件和潜在问题，以便在设计前期阶段提高场地利用的科学性，使场地中的各要素形成一个有机整体，保证建设项目能合理有序地使用，发挥出经济效益和社会效益。同时，使建设项目在低碳目标指引下与基地周围环境更有机地结合，从而产生良好的环境效益。

在低碳交通建筑设计前期，如何利用三维软件实现场地现状可视化建模是设计流程中至关重要的一步。下面将简要阐述如何在设计中使用软件工具来创建建筑场地和周围环境的数字模型，以便更好地协调场地中的各项内容，提高场地利用的科学性，为低碳交通建筑的模拟分析和深入设计做好前期准备。

1）为场地建模选择合适的软件

在设计开始前，需要选择一款功能强大、操作简便的三维建模软件。如 AutoCAD Civil3D、Autodesk Revit、SketchUp、Rhino 等，它们都具有丰富的地形建模工具，能够帮助设计者快速准确地构建三维场地模型。

2）处理数据建立三维场地模型

（1）三维地形建模：首先，可以基于卫星影像、航空摄影数据以及测绘图纸等基础资料，使用三维建模软件中的地形工具，根据实地勘测数据或地理信息系统（GIS）数据，生成包括地面高程、坡度、坡向等信息的建筑场地三维地形模型。图 6-3 即为三维建模软件中生成的场地三维地形模型。

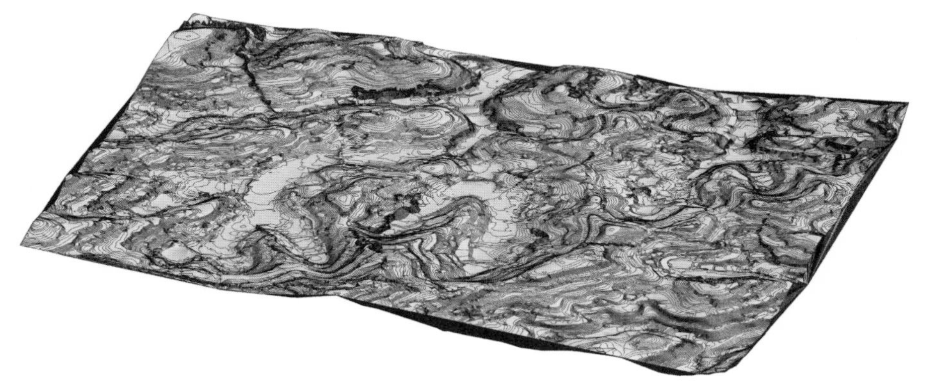

图 6-3 场地三维地形模型

（2）添加场地元素：在地形模型的基础上，使用三维建模软件中的配套工具，添加场地内的构成元素，如道路、植被、水系等。其中场地内外的交通关系和道路建模是这一阶段的重点，也是为低碳交通建筑根据实际交通流量和设计要求进行合理布局奠定基础。

（3）完善周围环境：在场地三维模型的基础上，添加周围区域及建筑物模型，包括高度、形状、色彩等信息，使模型更贴近实际情况，也有助于更准确地评估低碳交通建筑与周围环境的融合程度，使模型更贴近实际情况。同时，在场地现状可视化建模过程中可以考虑加入气候条件数据等环境因素，如风速、湿度、日照时数等，为下一步评估低碳交通建筑在实际环境中的性能表现做好准备。

3）借助场地数字模型进行问题研究

在低碳交通建筑方案设计前期，通过三维建模软件创建的场地数字模型，不但可以实现场地的可视化展示，设计者还可以直观地观察和分析建筑与环境的关系，研究交通流线是否合理、建筑布局是否存在潜在的设计缺陷等。

在下一步设计工作中，利用性能分析软件的日照分析、风环境模拟、碳排放模拟等功能，还可以对低碳交通建筑的能效和环境影响进行有效的评估，这不仅有助于实现更环保、更高效的建筑设计方案，还可以为后期的施工和运维管理提供有力的支持。图 6-4 即为某城市轨道交通建筑设计借助场地三维模型进行策略研究的案例。

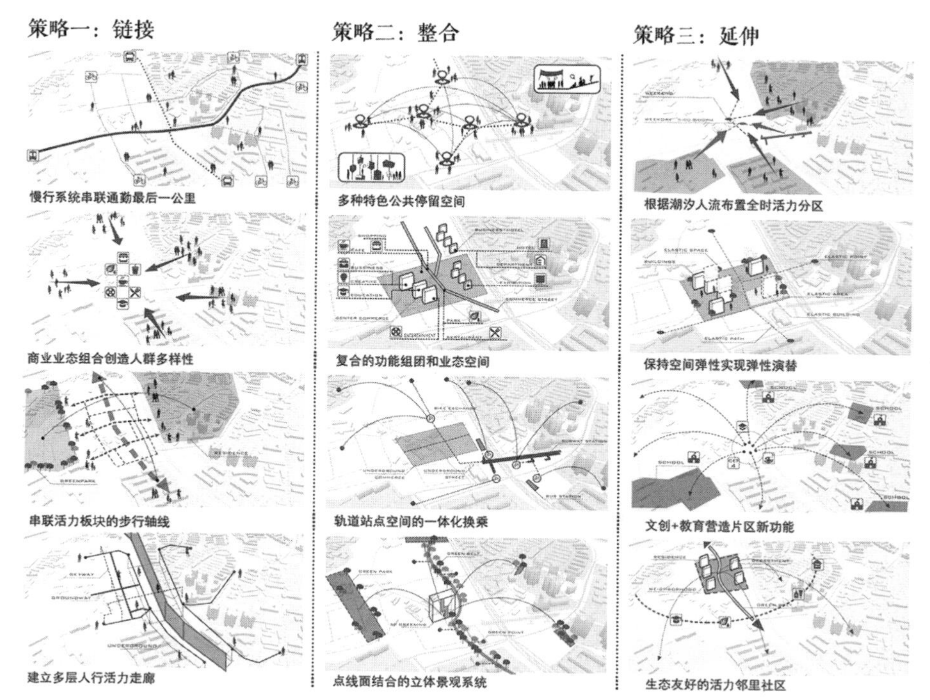

图 6-4 借助场地三维模型进行的某城市轨道交通建筑设计策略研究
资料来源：西南交通大学建筑学院学生课程设计

6.2.3 气象数据可视化分析

通过场地气候分析，设计人员可以深入了解建筑所在地区的气候特点，包括气温、湿度、风向、日照、太阳辐射、降水量等信息，从而在交通建筑设计前期就考虑气候因素，采用更适合当地气候特点的低碳建筑形态与设计措施，同时也可为包括太阳能、风能在内的可再生能源规划和利用提供科学依据。

近年来随着数据采集与计算机技术的发展，气象数据可视化分析方法在城市规划与建筑设计领域受到广泛关注。该方法利用数字技术来对项目所在地气象数据进行处理，并以图表、地图等形式直观展现出来。通过可视化分析，设计人员可以更直观地了解各类气象数据的空间分布、时间变化趋势、异常情况等特征，进而为设计决策、资源管理等方面提供重要参考。

Ladybug&Honeybee 是一套开源的建筑环境与性能模拟工具，基于参数化设计平台 Grasshopper 开发，集成了气象数据分析模块和建筑光、热、风等众多专业仿真模拟工具。其中，Ladybug 提供了用于获取、处理和可视化城市气象数据的功能，如图 6-5 所示。

建筑用气象数据来源众多，主要涉及气温、相对湿度、湿球温度、气压、风速、风向、云量、太阳总辐射、散射辐射等众多气象要素，表 6-1 对比了常用的国内气象数据。目前在 Ladybug 中常用的数据格式为 epw，可以直接从 EPWmap 网站上下载，如图 6-6 所示。通过提取文件中的气象要素数据，可以获得全年温湿度变化图、焓湿图、太阳运行轨迹图、全年太阳辐射强度图、全年室外水平照度图、风玫瑰图等。

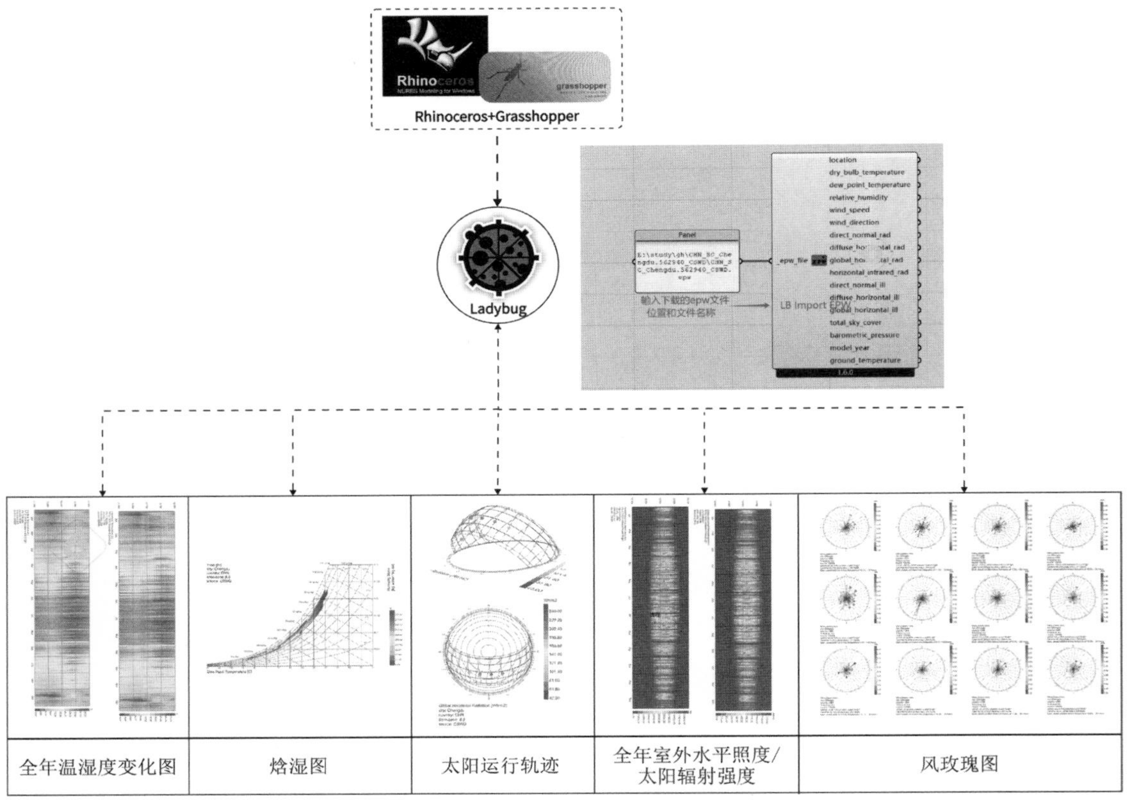

图 6-5　基于 Ladybug 工具的城市气象数据可视化

不同气象数据对比 [2-4]　　表 6-1

名称	开发者	数据年限	涵盖范围	涵盖内容
中国建筑用标准气象数据手册（CTYW）	张晴原和 Joe Huang	1982—1997	中国主要城市	标准年气象数据、标准日气象数据、不保证率气象数据，包括干球温度、露点温度、风向、风速、云量以及太阳辐射（由太阳辐射模型推算）
中国建筑热环境分析专用气象数据集（CSWD）	中国气象局和清华大学	1971—2003	中国主要城市	典型年气象数据（气温、湿球温度、太阳总辐射、太阳散射辐射、水汽压、相对湿度、地面温度、风向风速、本站气压、日照时数和云量）和极端年的最大焓值、最高和最低温度以及太阳辐射等
国际能源计算天气数据（IWEC）	ASHRAE	1982—1999	美国和加拿大以外的全球 3012 个地点	典型年气象数据（风速和风向、天空覆盖、能见度、干球温度、露点温度、大气压力、降水等）

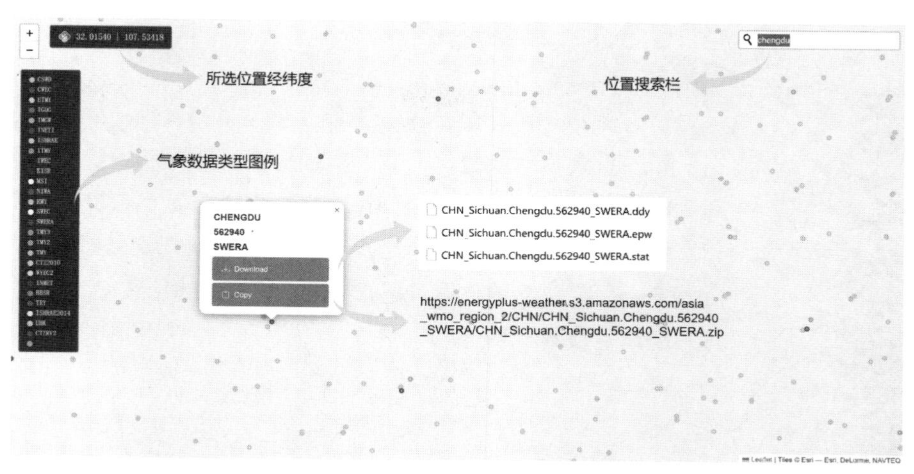

图 6-6 EPWmap 气象数据下载界面

资料来源：https://www.ladybug.tools/epwmap/

6.3.1 参数化设计

参数化设计是一种基于参数化逻辑的设计方法，通过将设计要素、规则和关系表示为参数化形式，实现对设计过程和设计方案的灵活控制。正是由于这种优势，参数化设计可以生成多个方案供设计师进行比较与参考，与仅获得单一方案的常规设计方法相比（图 6-7），其对设计可能性的探索更为充分。目前，参数化设计已广泛应用于建筑设计、工业设计、产品设计、艺术创作等领域。

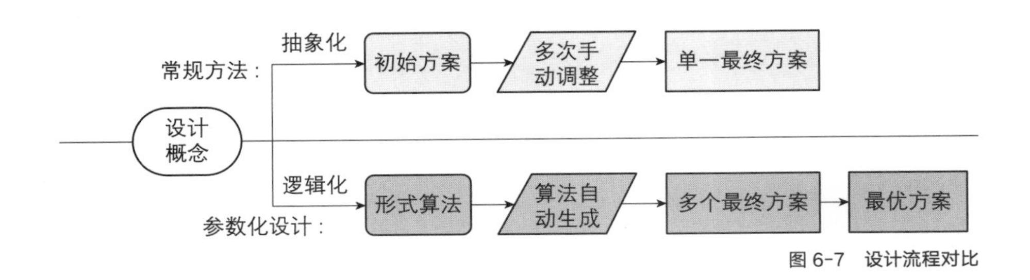

图 6-7 设计流程对比

进行参数化设计时，设计人员需要综合考虑建筑周边的环境信息，建立各参数之间的拓扑关系以描述设计对象，进而借助一定的固有逻辑（如数学原理、几何逻辑等）和计算机辅助设计技术，通过调整其内部的参数，表达设计目的，并解决其几何形式问题 [5]。

大型交通建筑一方面作为城市门户和面向世界的窗口，其建筑形式往往需要独具特色，能够在城市中脱颖而出；另一方面，该类建筑在功能和结构上通常具有高度复杂性，在设计过程中往往需要更为频繁的迭代调整以满足量化要求。参数化设计技术尤为擅长生成复杂几何形式，可以为交通建筑赋予更具创造性的形态与表皮，同时通过改变参数的数值或逻辑规则，也可以实现设计方案的快速灵活调整，因而在实践中受到颇多建筑师青睐。

意大利雷焦艾米利亚高铁站 [6] 由卡拉特拉瓦设计，该建筑采用一系列模块单元排列而成，总长度达到 483m。其中，每个单元由 25 个间距 1m 的钢构件组成，这些钢构件实现了墙面与屋顶的无缝过渡；同时，通过杆件高度和角度参数的调整，使立面和屋顶呈现出类似正弦曲线的韵律变化，进而形成动感波浪形态（图 6-8）。该设计在合理分配结构构件的受力弯矩、提高整体刚性的同时，也充分展现了结构的美感与张力，实现了对传统建筑形态和现代主义理念的革新。

在常用的参数化辅助设计软件当中，Rhinoceros 及其可视化编程插件 Grasshopper 是目前最为流行的参数化平台；此外，Revit 的可视化编程平台 Dynamo 应用也较为广泛。这些工具能够为设计探索过程提供更高的自由度

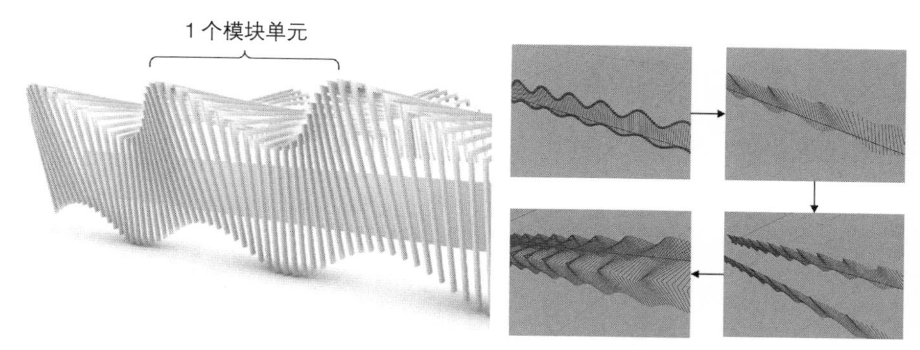

图 6-8 雷焦艾米利亚高铁站形体参数化设计
资料来源：西南交通大学建筑学院学生课程设计

和灵活性，其强大的分析功能和良好的交互性便于设计师调整设计方案并观察其变化过程，从而实现创新的设计思路。

6.3.2 参数化性能模拟

随着绿色低碳需求的日益增强与数字技术的普及发展，建筑环境性能模拟在研究与实践中得到了广泛应用。它是一种通过数学模型或计算机程序对建筑物在假定设计参数、气候条件和使用方式下的性能表现进行预测的技术，涉及建筑能耗、建筑日照、自然采光、自然通风、热舒适度评价等多种能源环境性能。基于此，建筑师可以量化评价设计方案的优劣，从而做出更合理的设计决策。

然而，既有建筑性能模拟方法学习成本高昂，而且通常需要使用者在几何建模工具与专业模拟工具之间进行联动，这一过程中不但容易丢失信息，对几何模型的手动调整也会显著影响工作效率。为了解决这些问题，参数化性能模拟应运而生，它可以让使用者在参数化平台调用多种性能模拟工具，并通过参数控制实现设计方案的快速调整，从而降低学习和使用成本[7]。

深圳国际机场 T3 航站楼[8]在设计过程中使用了参数化性能模拟方法。建筑表皮的“几”字形金属板与玻璃形成 0°、2°、4°、8°、12° 五种角度的标准模式，而玻璃窗按照 0.9m、1.2m、1.5m、1.8m、2.4m 的高度规格进行标准化（图 6-9）。设计者采用日照模拟技术分析了不同角度和高度参数组合下的表皮设计方案，最终确定了自顶向下、自东向西渐变开合的玻璃窗组合模式，创造出建筑空间内部多变的光影效果。

参数化性能模拟与分析的一般流程如下：

1）明确性能模拟问题

一方面，需要明确待分析的建筑性能类型，比如能源效率、采光性能、

图 6-9　深圳国际机场 T3 航站楼表皮 [8]

通风效果、热舒适性等，由此进一步确定需要计算的具体性能指标。另一方面，需要明确控制方案变化的参数及其取值范围。一般来说，在不同的设计阶段有不同的设计内容，因而参数类型也有明显区别：方案创作阶段多为决定建筑形式与空间尺寸的几何参数；扩大初步设计阶段会聚焦于表皮设计，经常考虑窗户或固定遮阳构件的位置和尺寸参数；施工图设计阶段则主要以围护结构构造与材料作为参数。

2）建立参数化性能模拟模型

根据前面确定的参数建立建筑参数化模型，然后在此基础上构建参数化性能模拟模型。其中，需要进一步设置模拟所需边界条件、内部计算参数等，该过程往往不是一蹴而就的，需要使用者根据模型初步结果不断进行调整，以求得模拟精度与效率的平衡。

3）运行参数化性能模拟

由于参数化控制的嵌入，每一次参数变化得到的建筑模型，都会自动触发建筑性能模拟运行。单次模拟时间的长短一般是由性能模拟类型、模拟参数以及建筑几何模型复杂度等决定。当参数较多或取值范围较大时，所需模拟次数较多，此时可以利用并行计算或云计算工具（如 Pollination）来实现批量运算，进而大幅节省时间。

4）模拟结果分析与可视化

由于参数化性能模拟会得到众多方案的性能结果，需要进一步对这些数据进行管理、编辑与可视化分析，从而为设计者提供更直观的支持和参考，如图 6-10 所示。这些反馈的数据可以根据时间维度列出，例如逐时建筑空调能耗、逐时建筑室内温度等；也可以根据空间维度列出，比如室内工作区域

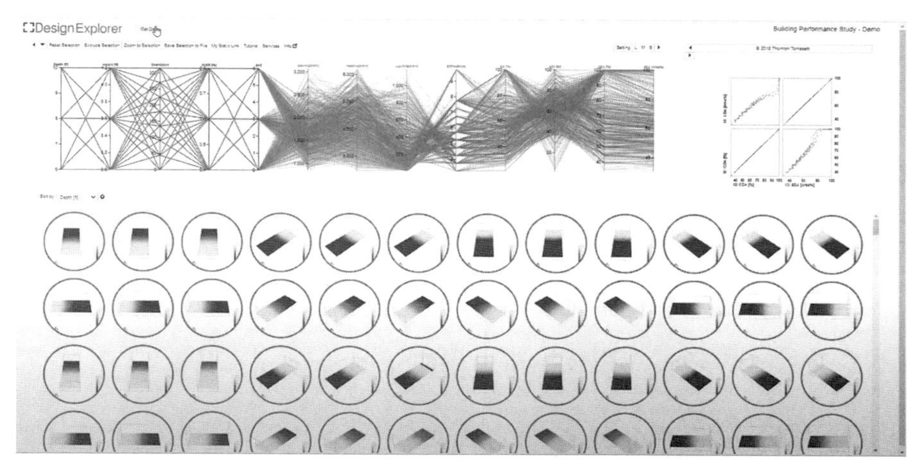

图 6-10 设计探索可视化平台（Design Explorer）
资料来源：https：//www.thorntontomasetti.com/capability/design-explorer

逐点的照度分布、室外空间逐点的风速和风向。

基于主流的参数化设计平台，目前已开发多种参数化性能模拟工具，其主要作用是便于参数化几何模型与各类性能模拟引擎之间的数据转换。Ladybug&Honeybee 工具箱仍是其中使用较为广泛的一种，除了 6.2.3 节提及的气象数据分析模块之外，还包括 Honeybee、Dragonfly 和 Butterfly 等模块，它们集成了 Radiance、Daysim、Energyplus、OpenFOAM 等专业物理性能模拟引擎，可以完成城市与建筑能耗、自然采光、城市热岛效应、太阳辐射、室内外风环境等性能模拟分析。

6.3.3 数字化三维建模

在低碳交通建筑方案设计构思中，利用数字技术创建三维模型并实现可视化的建筑设计是一个至关重要的步骤。这一过程不仅有助于设计者更直观地展示建筑的外观效果、空间关系和材料质感，还能帮助项目的各参与者更好地理解设计方案，从而提出有针对性的反馈和建议。下面将简要阐述如何在设计中使用软件工具来创建建筑三维模型，实现可视化的建筑设计。

1）选择三维建模软件

首先根据低碳交通建筑的设计需求、项目的复杂度和设计者个人偏好，设计项目需要选择一款功能强大且易于上手的三维建模软件开始建模工作。市面上流行的软件如 SketchUp、Rhino、Autodesk Revit、3ds Max 等，都具备丰富的三维建模工具、空间处理能力和材质库，能够满足不同程度的建模需求。

2）创建建筑三维模型

创建低碳交通建筑的三维数字模型包括建筑物基本形态建模、模型细化、赋予模型材质和贴图等步骤。根据设计方案，设计者首先使用三维建模软件中的直线、圆弧、立方体、圆柱体等基本建模工具来建立建筑的基本形态，即建筑的三维体量模型；在体量模型的基础上，进一步细化建筑的门窗、楼梯、栏杆等细节部分；然后是应用材质和贴图，可以利用建模软件中的材质库及材质功能，为模型赋予真实的材质和纹理贴图，使模型更加真实地展示建筑的外观效果和材料质感。图 6-11 为海南西环铁路东方站设计方案的三维体量模型与深化后的三维模型。

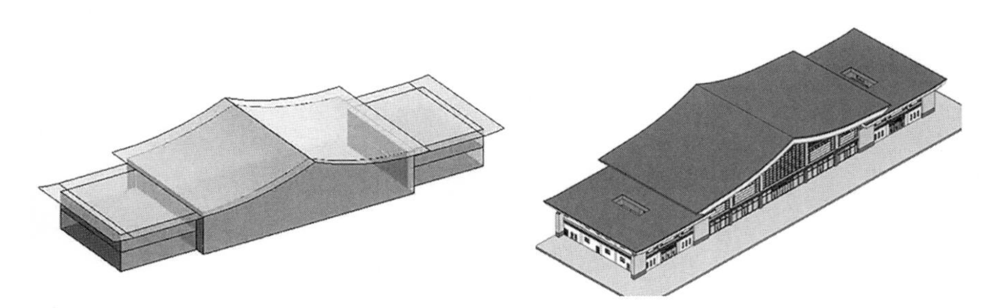

图 6-11　海南西环铁路东方站设计方案的三维模型
资料来源：中铁二院工程集团有限责任公司提供

3）三维模型渲染和输出

低碳交通建筑方案设计的三维模型渲染和输出包括光源设置、渲染设置、渲染输出和后期处理等环节。光源设置通过在模型中添加自然光、人工照明等光源，模拟真实的光照环境，同时依托天空、地面、周围建筑等背景环境设置，增强模型的空间感和场景感；渲染设置包括渲染引擎选择和参数调整，要根据设计需求选择合适的渲染引擎并设置分辨率、抗锯齿等级、光线反射次数等渲染参数；渲染输出包括静态图像和动画输出，目的是综合展示建筑的多个透视角度和细节以及在不同时间和光照条件下的外观；后期处理是指使用图像处理软件对渲染结果进行色彩校正、对比度调整、添加景深和运动模糊等特效。在整个流程中，设计者需要确保最终输出的图像或动画能够准确地传达设计方案的理念和细节。图 6-12、图 6-13 分别为海南西环铁路东方站的室外渲染图像与某低碳高铁站房建筑设计方案的室内、室外渲染图像。

在低碳交通建筑方案设计构思中，创建数字化三维模型是一个非常重要的步骤，它能更直观地展示低碳交通建筑的空间关系、细部构造和外观效果，及时发现并解决潜在的建筑功能、空间组织、材质搭配等问题，为提高建筑的设计效率及质量提供有力支持。

图 6-12　海南西环铁路东方站设计方案的室外渲染图像
资料来源：中铁二院工程集团有限责任公司提供

图 6-13　某低碳高铁站房建筑设计方案的室内、室外渲染图像
资料来源：西南交通大学建筑学院学生课程设计

6.4.1 借助智能算法技术进行方案优化

在低碳建筑设计中，一般流程采取正向优化流程（图 6-14）[9]，即从建筑模型中读取建筑基本信息，对所选的性能评价指标进行计算和评价，用户可以根据反馈结果调整方案。它为设计师提供了一个“即绘即模拟”的机制，但最终仍然由设计师来手动修改设计方案。

与这种正向优化流程相反的是“性能驱动设计思维”，其本质是一种反向优化流程[9]（图 6-14）。具体来说，设计师依据项目任务书限制一部分建筑参数（例如任务书中关于建筑面积、基地范围等硬性要求），而对与建筑体形、空间、平面相关的可调节参数，设定其上限和下限，同时将建筑性能指标作为优化目标，调用智能优化算法搜索由各参数构成的解空间，最终生成性能最优的建筑方案。在这种性能驱动设计优化中，设计师对于建筑设计过程的主观介入发生于优化设计过程前和优化设计过程后，而优化过程完全由算法根据目标函数值自动对设计参数进行调整，不论是计算效率还是最优结果的可靠性都要明显优于正向优化流程。

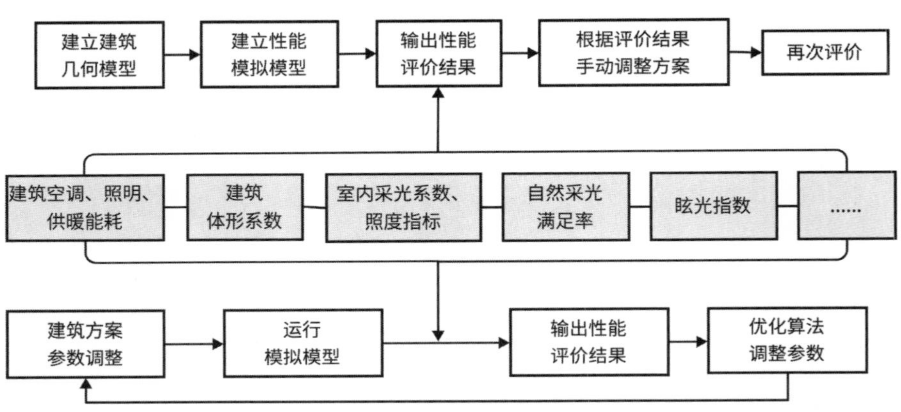

图 6-14　正向优化流程与反向优化流程

上述反向优化流程可以理解为在给定一组约束条件下，寻找使目标函数达到最大值或最小值的一组决策变量的过程。优化问题通常包括决策变量、目标函数和约束条件三个核心要素。在设计问题中，前两者分别对应设计参数和性能指标；而约束条件则是描述设计方案可行性的指标。当目标函数只有一个时，为单目标优化问题，否则即为多目标优化问题。不论何种类型，性能优化问题往往是非线性的复杂问题，且需要多次迭代，因而其求解过程非常依赖智能优化算法来实现。

遗传算法是目前应用最为广泛的单目标优化算法之一，它是受生物进化理论启发而提出的，具有全局搜索能力和良好的鲁棒性。该算法以种群为迭代更新对象，种群中包含众多个体，每个个体代表一个解并以染色体的形式表示，这里的染色体是由参数决定的基因组成。通过对种群进行选择、交叉和变异操作，不断引入新的个体，进而使种群自适应地搜索解空间，朝着最优解方向演化。最终，当满足停止条件时，输出最优解或近似最优解。

与单目标优化不同，多目标优化需要在权衡多个竞争目标函数之间找到最佳平衡点，因而其结果通常并非单一最优解，而是一组折中最优解集，也称为帕累托（Pareto）最优解，它们无法在改善一个目标的同时不损害至少一个其他目标。帕累托最优解之间存在非支配关系，如图 6-15 所示，如解 A 在 f_1 目标上优于 B，但在 f_2 目标上劣于 B，由这些解构成的曲线或曲面称为帕累托前沿。设计师可以依据实际需求对多个目标进行权衡，从帕累托前沿上选择一个或多个可接受的方案作为参考。

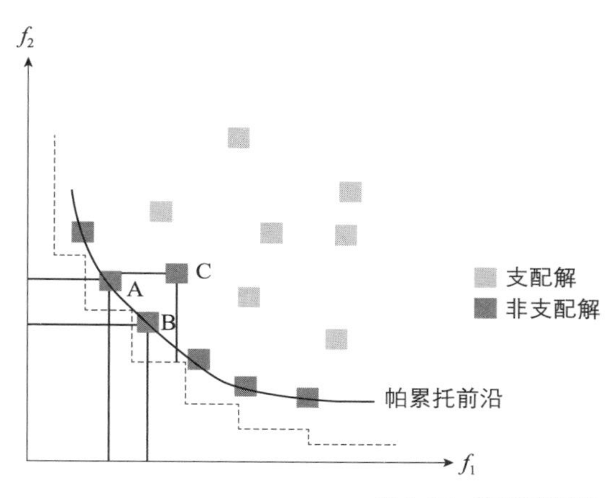

图 6-15　帕累托前沿图

目前 Grasshopper 平台可以提供多个优化工具，如表 6-2 所示，其中集成了常用的单目标和多目标优化算法，同时还可以对优化结果进行可视化分析。下面的案例基于 Octopus 插件对寒冷地区中小型高铁站空间布局进行优化[10]。其中，以建筑空间参数为决策变量，日均建筑能耗与建筑室内热舒适度为目标函数，其流程如图 6-16 所示。

基于 Grasshopper 平台的优化工具对比　　表 6-2

工具		适用问题类型	算法	是否可视化
Galapagos		单目标优化	遗传算法，模拟退火算法	进化过程的简单可视化界面
Octopus		多目标优化	基于 SPEA-2 和 HypE 算法，支持多种收敛和变异方式	进化过程的可视化、解的空间分布
Walliaci		多目标优化	多种遗传算法的变体，如蚁群算法	高级可视化功能，包括对参数和目标值的详细分析

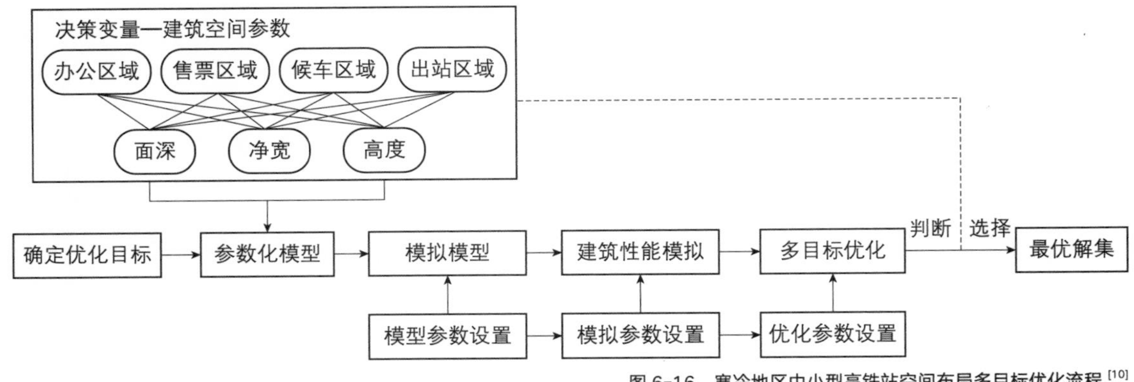

图 6-16　寒冷地区中小型高铁站空间布局多目标优化流程 [10]

图 6-17 为优化计算得到的帕累托最优解集在目标空间中的分布，帕累托前沿上共有 13 个最优解。表 6-3 是从中选取的三个方案。其中，方案 A 的能耗较高，但热舒适度较好；方案 B 与 C 为中部点，是能耗与热舒适度均非最值的兼顾方案。纵观三个方案，其单位建筑面积能耗与热舒适度值各不相同，设计师可以依据实际需求，在对两个目标进行权衡后，从帕累托前沿上选择最符合设计期望的方案。值得一提的是，在实际情况中，往往还需要兼顾建筑场地、建筑立面、流线形式等其他设计准则，因此设计师可以结合实际情况、个人经验等对选择的最优解进行二次调整。

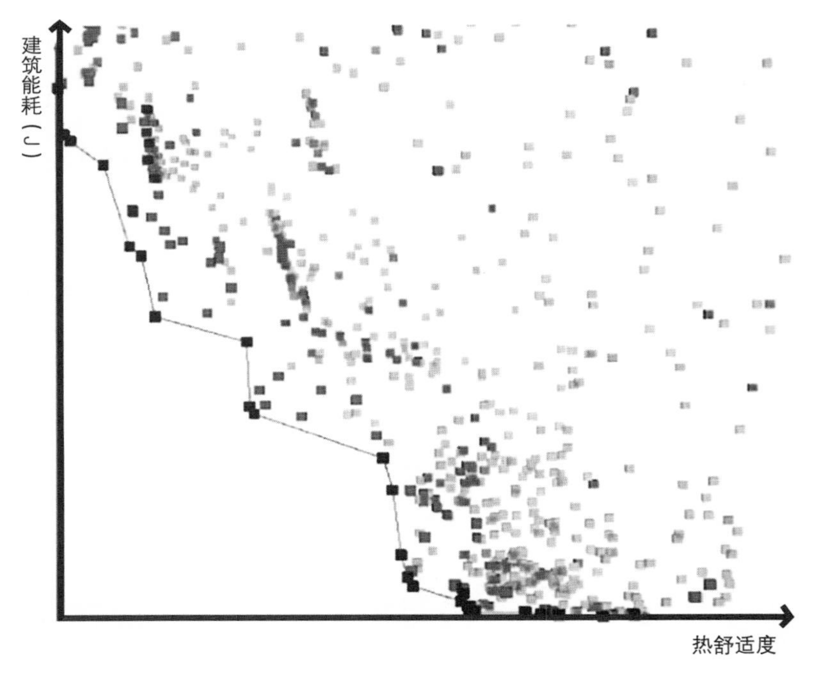

图 6-17　优化计算得到的帕累托最优解集（黑色实线为帕累托前沿，矩形点颜色越深，越接近进化终期）[10]

帕累托最优解对比[10]

表 6-3

最优解	单位建筑面积能耗（J/m^2）	热舒适度	方案微调前后对比	平面图
最优解 A：能耗较高，热舒适度较好	1.84×10^8	0.386		
最优解 B：能耗与热舒适度均非最值的兼顾方案	1.51×10^8	0.467		
最优解 C：能耗与热舒适度均非最值的兼顾方案	1.22×10^8	0.552		

6.4.2 借助虚拟现实技术进行方案优化

在低碳交通建筑方案设计优化迭代技术手段中，虚拟现实技术（Virtual Reality，VR）是一种新的人机交互手段。它借助计算机和传感器，综合了计算机图形、计算机仿真、传感器、图形显示等多种科学技术。借助虚拟现实，可以在多维信息空间上创建一个虚拟信息环境，使用户具有身临其境的沉浸感，具有与环境的交互作用能力。在建筑设计领域，VR 技术为设计者提供了一个全新的视角和工具，使设计方案能够更加直观地展现，并在虚拟环境中进行实时修改和优化。对于低碳交通建筑方案设计而言，VR 技术的引入不仅可以提高设计效率，还能有助于实现更低碳、更环保的建筑设计。

1）硬件设备与软件平台

虚拟现实技术常见的硬件设备主要有头戴式设备（HMD）、CAVE（自动虚拟环境）、跟踪设备、体感控制器等。一个标准的虚拟环境由视觉输出设备和一个或多个输入设备组成。就目前而言，CAVE 和头戴式设备是最常见的两种视觉输出设备。图 6-18 即为虚拟仿真采用的 CAVE 和头戴式视觉输出设备。

为了解决 VR 体验中的身体感应问题，跟踪设备可以跟踪运动并将其转换为常规控制器信号。如 Kinect 传感器等设备可以帮助虚拟环境获得全身位置信息，并允许用户四处移动，在中等范围内进行空间跟踪。

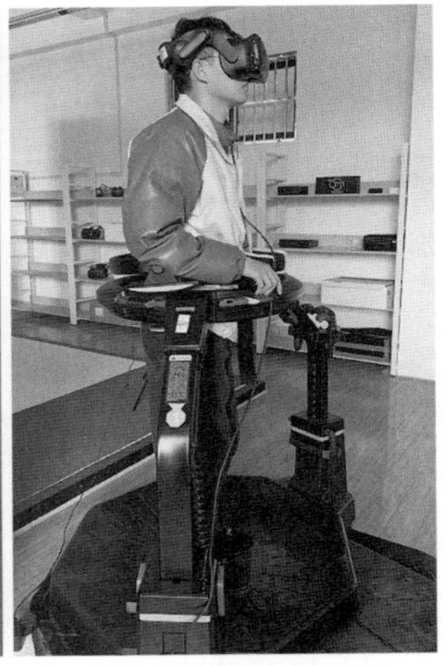

图 6-18　虚拟仿真采用的 CAVE 和头戴式视觉输出设备

除硬件设备外，软件平台也是运用虚拟现实技术必不可少的组成部分。目前支持在低碳交通建筑设计中实现虚拟现实技术的软件平台主要有 Unreal Engine、Unity 3D 和国产的光辉城市 Mars、万间 OurBIM 等平台。Unreal Engine 和 Unity 3D 这两款软件原本是用于游戏开发，但近年来也被广泛应用于建筑虚拟仿真。它们提供了强大的实时渲染能力和交互功能，使得用户能够在高度逼真的虚拟环境中体验建筑设计。国内知名的虚拟仿真软件光辉城市 Mars 可以基于地理信息系统数据创建个性化的虚拟场景。用户可以在场景中导入低碳交通建筑方案的三维模型，放置各种建筑、地形和植被，还可以根据需要添加交互效果，如照明、材质、声音等来创建一个高度逼真的虚拟环境，软件还支持在 VR 模型中加入人流、车流等真实的环境因素模拟，以更全面地评估设计方案在实际环境中的表现。国内万间科技以 OurBIM 平台作为数据标准化和管理智能化的实践平台。在该平台上，手机端、PC 端、MR 眼镜端，都可以成为数据交互的端口，多个设计师或团队成员可以同时进入 VR 环境，进行实时的协作和讨论，为使用者提供多方协作、管理沟通的技术平台。

2）借助虚拟现实技术优化低碳交通建筑方案设计

借助虚拟现实技术优化低碳交通建筑方案设计的过程包含虚拟现实模拟与评估、交互式设计与修改、能源效率与碳排放分析以及公众参与意见反馈等主要环节。在虚拟现实模拟与评估过程中，利用 VR 技术，设计者可以创建一个高度逼真的虚拟建筑环境，对低碳交通建筑设计方案进行全方位的模拟和评估。图 6-19、图 6-20 是在国家虚拟仿真实验教学课程共享平台（https：//www.ilab-x.com）上的国家级一流课程“高铁客站地上地下一体化

图 6-19 “高铁客站地上地下一体化建筑设计虚拟仿真实验”的软件运行界面
资料来源：西南交通大学国家级一流课程“高铁客站地上地下一体化建筑设计虚拟仿真实验”

图 6-20 通过虚拟仿真实验进行评估的某高铁站室内环境
资料来源：西南交通大学国家级一流课程“高铁客站地上地下一体化建筑设计虚拟仿真实验”

建筑设计虚拟仿真实验”的软件运行界面，以及通过虚拟仿真实验进行评估的某高铁站室内环境。

VR 技术的交互性为设计者提供了在虚拟环境中直接修改设计方案的能力。通过在 VR 环境中对低碳交通建筑进行实时的调整和优化，可以立即看到修改后的效果。这种即时反馈的设计方式大大提高了设计效率，同时也有助于激发设计者的创造力和灵感。此外，VR 技术还支持在虚拟环境中进行的多方实时协作，能进一步提升设计方案的完善度和可行性。将 VR 模型与能源模拟软件相结合，可以更精确地评估低碳交通建筑方案的能耗和碳排放情况。根据模拟分析结果调整建筑的能源配置和节能措施，可以实现更低的能耗和碳排放目标。通过在 VR 环境中模拟建筑施工过程并精确估算建筑成本，设计者可以在建筑全生命周期中结合能耗分析、碳排放减少量等因素综合评估建筑方案的长期效益，以确保设计方案的可行性与可持续性。利用 VR 技术还可以更好地推动公众参与，建立反馈机制。利用公众体验 VR 平台，不但可以收集用户数据，分析用户行为和偏好，为设计优化提供依据，还可以让公众直观沉浸式地提前体验建筑方案，及时了解公众对设计方案的看法意见和收集反馈建议，从而做出相应的调整和优化，增强了公众对低碳交通建筑的认同和支持。

可以看到，随着近年来虚拟现实技术的不断发展和完善，其在低碳交通建筑方案设计领域的应用将会更加广泛和深入，为未来开启一个新的建筑设计和沟通方法。

6.4.3 借助建筑信息模型技术进行方案优化

1）建筑信息模型的定义

在国家标准《建筑工程信息模型应用统一标准》GB/T 51212—2016 中将建筑信息模型 Building Information Model（BIM）定义为："全生命期工程项目或其组成部分物理特征、功能特性及管理要素的共享数字化表达"。由此可见，建筑信息模型不是简单地将数字信息进行集成，而是一种数字信息的应用，并可以用于设计、建造、管理的数字化方法。这种方法支持建筑工程的集成管理环境，可以使建筑工程在其整个进程中显著提高效率、大量减少风险。借助建筑信息模型，低碳交通建筑的方案设计可以完整地描述设计对象，包括建筑项目的几何尺寸、物理属性、相互关联关系等多方面的数据和能耗、碳排放信息，并为其后续阶段所使用，同时使不同软件得以共享数据。

2）建筑信息模型的通用技术标准（IFC 标准）

建筑信息模型（BIM）与低碳交通建筑方案设计结合，进行能源消耗模拟和碳排放量分析的数据共享基础主要是通过通用技术标准（IFC 标准）来实现的。为了让所有的数字化信息基于一个共同的标准和流程进行协同，buildingSMART 组织的前身国际协同工作联盟 IAI 组织（International Alliance for Interoperability）在 1994 年制定了建筑工程数据交换标准，该标准的全称是 Industry Foundation Class，作为开放中立的技术标准，IFC 标准的核心内容可分为两部分，一是工程信息的描述，二是工程信息的获取。IFC 标准从下往上以资源层、核心层、共享层、领域层四个层次来描述信息，IFC 标准中每个层次又包含若干模块，相关联的信息集中在同一个模块里描述。IFC 标准是面向建筑工程领域的数据交换标准，用于不同的系统间交换与共享数据。它通过建立一个共同的标准，让模型能在同一数据源的基础上描述建筑物对象信息、建筑各部分间的关系信息和建筑建造运维流程中的信息，实现了不同软件间数据的共享及交互。[11]

3）建筑信息模型技术在低碳交通建筑方案设计优化中的应用

近年来，随着建筑行业信息化水平的不断提高，建筑信息模型（BIM）技术在建筑行业的设计、施工、管理等各方面得到了越来越广泛的应用。在国家规范层面，中国国家标准化管理委员会 2005 年发布了《建筑信息模型工程应用导则》，2016 年发布了《建筑信息模型应用指南》GB/T 50346—2016，确立了国家 BIM 应用标准和指南。在具体实施中，住房和城乡建设部发布的《建筑信息模型应用统一标准》GB/T 51212—2016，自 2017 年 7 月 1 日起实施；《建筑信息模型施工应用标准》GB/T 51235—2017，自 2018 年 1 月 1 日起实施。与之相应，各地也相继发布了推进 BIM 技术应用的若干政策和技术规范。建筑信息模型技术在低碳交通建筑方案设计应用中，主要的实施步骤包括建立模型、性能模拟、优化方案、选择与评估建筑材料、多专业协同与信息共享等环节。

低碳交通建筑方案设计阶段可以根据共同的建模标准，根据设计和专业分工，建立包含建筑、结构、机电等各专业的 BIM 模型。图 6-21、图 6-22 即为位于海南省东方市八所镇境内，距东方市区约 1.5km 处的海南西环铁路东方站的建筑、结构和机电 BIM 模型。

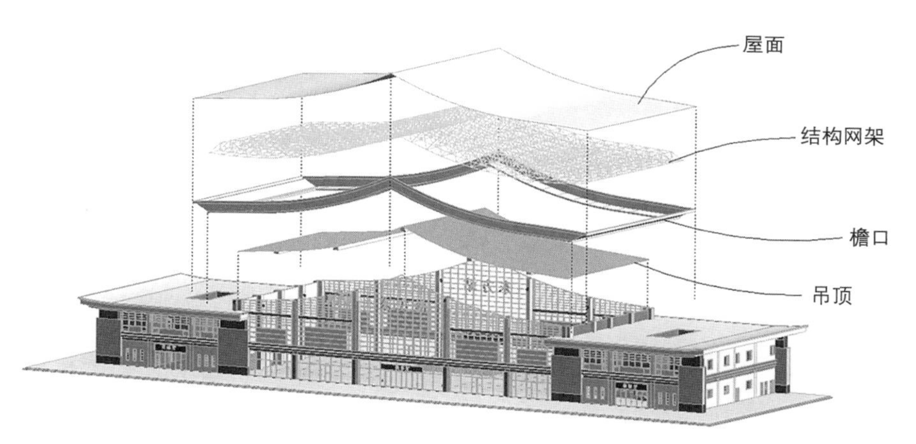

图 6-21　海南西环铁路东方站建筑 BIM 模型
资料来源：中铁二院工程集团有限责任公司提供

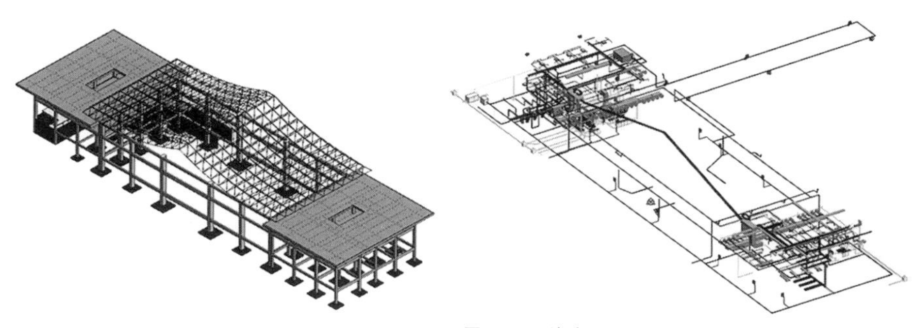

图 6-22　海南西环铁路东方站的结构和机电 BIM 模型
资料来源：中铁二院工程集团有限责任公司提供

在全专业 BIM 模型基础上，低碳交通建筑可以利用专业的性能模拟软件对 BIM 模型进行室内环境、能耗、碳排放等性能的模拟与分析；可以根据模拟结果对设计方案进行调整和优化，以实现更低的能耗和碳排放，创造更舒适的环境；可以利用 BIM 模型进行材料的选择与评估，选择低碳、环保的材料以及适当的构造形式；可以在专业和设计团队间利用 BIM 技术进行协同设计，确保各专业之间的顺畅沟通和信息共享。图 6-23、图 6-24 是海南西环铁路东方站基于 BIM 模型的室内风环境模拟和空气温度值在三维空间中的等值面分布分析图。

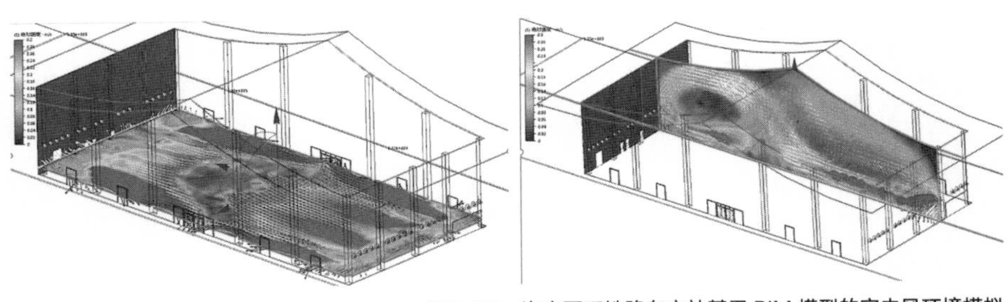

图 6-23　海南西环铁路东方站基于 BIM 模型的室内风环境模拟
资料来源：中铁二院工程集团有限责任公司提供

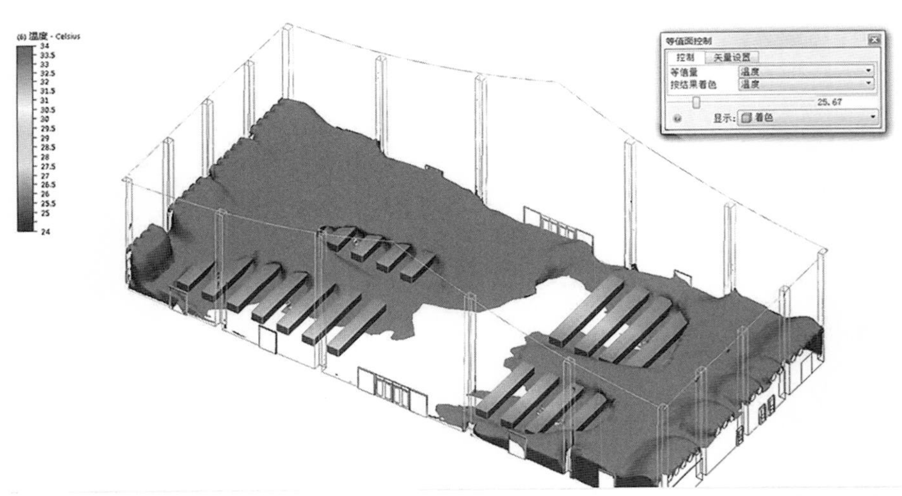

图 6-24　海南西环铁路东方站基于 BIM 模型的空气温度值在三维空间中的等值面分布分析
资料来源：中铁二院工程集团有限责任公司提供

BIM 技术不仅提高了低碳交通建筑方案设计的效率和质量，还通过性能模拟和优化、材料选择与评估等手段，帮助建筑实现更低的能耗和碳排放。相信随着 BIM 技术的不断发展和完善，其在低碳交通建筑方案设计优化迭代中的应用将更加广泛和深入。

参考文献

[1]《中国建筑业信息化发展报告（2021）智能建造应用与发展》编委会．中国建筑业信息化发展报告（2021）智能建造应用与发展[M]. 北京：中国建筑工业出版社，2021.

[2] 张晴原，Huang Joe. 中国建筑用标准气象数据库[M]. 北京：机械工业出版社，2004.

[3] 中国气象局气象信息中心气象资料室，清华大学建筑技术科学系．中国建筑热环境分析专用气象数据集[M]. 北京：中国建筑工业出版社，2005.

[4] ASHRAE. International Weather for Energy Calculations（IWEC Weather Files）Users Manual and CD-ROM [M]. Atlanta：ASHRAE，2001.

[5] 马志良．建筑参数化设计发展及应用的趋向性研究[D]. 杭州：浙江大学，2014.

[6] 卡拉特拉瓦．圣地亚哥·卡拉特拉瓦：着迷于自然，为建筑插上翅膀[J]. 城市 环境 设计，2023（146）：107-111.

[7] 孙澄．建筑参数化设计[M]. 北京：中国建筑工业出版社，2020.

[8] 马泷．深圳国际机场T3航站楼的参数化设计实践[J]. 建筑技艺，2011（Z1）：62-67.

[9] 林波荣，李紫微．面向设计初期的建筑节能优化方法[J]. 科学通报，2016，61（1）：113-121.

[10] 施迎初．基于BP神经网络与多目标优化算法的空间参数优化研究[D]. 天津：天津大学，2021.

[11] 李建成．数字化建筑设计概论[M]. 2版．北京：中国建筑工业出版社，2012.

第7章 我国低碳交通建筑发展趋势

7.1.1 法律法规与政策环境

法律法规和相关政策的完善是低碳交通建筑实现可持续发展的先决条件。交通建筑的“节能减碳”工作涉及领域广、产业链条长、利益主体多，低碳交通建筑要想实现从蓝图到成为现实的转变，需要加强政府的干预作用，充分发挥法律法规的引导和相关政策的推进作用，引导低碳交通建筑的发展步入正轨。

推动低碳交通建筑的良性发展，仅依靠低碳技术手段的迭代更新是远远不够的，要借助法律法规的约束和引导，以确保低碳交通建筑的良性发展。同时，也要强化法律法规的执行力度和检查力度，确保低碳交通建筑的发展顺利推进。除法律法规的引导外，低碳交通建筑的建设还需要政策上的推动与支持。目前，我国已制定了一系列有关减碳的政策与标准，但在低碳交通建筑层面仍有待完善，低碳交通建筑的建设需要具体有力的激励措施、支持政策作为支撑，以鼓励和推动企业、行业采取节能减排行动；同时政府相关部门需要完善低碳交通政策，加快交通建筑的低碳标准体系建设，积极引导交通建筑发展方式向低碳化转型，在制定相关发展政策的时候也需要考虑政策目标的可行性，为低碳交通建筑发展政策的制定和实施提供有效的保证。

随着全球对气候变化的关注和应对措施的加强，未来将有更多的政策支持和市场激励措施来推动低碳建筑发展，以实现全球减碳目标和可持续发展。

7.1.2 技术创新与研发

建筑业高质量可持续发展依赖于技术的创新。近年来，数字化和人工智能等新兴技术的快速发展，对建筑行业核心技术的转型升级提出了重大要求。随着“双碳”目标的提出，低碳建筑领域的技术创新将不断加速，这也将深刻地影响到建筑的发展。

首先，“节能降碳”是实现交通建筑低碳发展的关键核心。新型低碳建筑材料、新结构形式、可再生能源技术等对实现建筑在其全生命周期的节能减排具有至关重要的作用。这些技术与建筑设计的协同是必然趋势。

数字化技术，包括BIM技术、大数据分析、云计算等，在建筑设计、施工和运维中的广泛应用和深度融合，推动了建筑行业的数字化转型。随着物联网、大数据等技术的快速发展，智能建筑逐渐成为现实。基于大数据分析和计算的协同设计可以为建筑师的设计创作以及建筑的性能预测提供更为准确的计算模型；智能建造在实际建设过程中是实现城乡建设领域低碳发展，减少交通建筑建设过程中碳排放的主要举措；智能交通系统可以实现道路资源的高效利用，从而减少能源消耗和碳排放；智能化建筑控制系统还能实现对建筑能耗的精准调控，进一步提高能源利用效率。

7.1.3 社会意识与价值观

社会意识与价值观对低碳建筑的影响是多方面的、深层次的，它们在推动低碳建筑发展方面起到了至关重要的作用。近年来，气候变化带来的极端天气频发，公众对气候变化和可持续发展问题的认识不断加深，低碳生活和环保理念逐渐成为社会共识。这种共识为低碳建筑的发展提供了强大的社会推动力，有助于形成利于低碳建筑发展的政策、市场和舆论环境，提高市场对低碳建筑解决方案的关注和投资。这种意识的提升推动了低碳建筑相关技术的创新与应用，如绿色建筑材料、节能技术和可再生能源的利用，增强了低碳建筑竞争力。此外，社会价值观的演进促进了政府、企业、公众行为的转变。这种转变体现在两个方面：首先，它引导公众趋向于绿色消费，促进公众选择低碳、环保型建筑产品以及绿色低碳行为方式；其次，它强化了政府、企业的社会责任意识，促使他们积极推动低碳建筑发展，这在为政府和企业带来长久社会效益的同时，又促进了经济、社会和环境的协调发展。

因此，加强社会意识的培养和价值观的引导对于推动低碳建筑的发展具有显著的作用。在这两大需求的引导下，政府应发挥主导作用，完善相关政策法规，并通过多种渠道加大宣传力度，提升全社会的低碳建筑认知。企业应积极参与低碳建筑的建设和推广，加大技术创新和研发力度，推动产业升级。[1] 公众则需提高对低碳建筑的认知度，倡导绿色消费，积极参与到低碳建筑的建设和运营过程中，形成全社会共同关注和支持低碳建筑发展的良好氛围，从而推动低碳建筑事业的健康发展。

交通建筑的更迭是一个国家建筑科学技术水平提升与艺术审美变化的综合体现，作为“城市文化载体”的交通建筑未来要应对日益庞大的规模、日渐繁杂的功能以及日渐恶化的城市环境，新时代低碳交通建筑的发展将何去何从？这对我国城乡建设领域的规划与交通领域的发展有着极为重要的影响。

7.2.1 绿色智能化低碳发展趋势

低碳交通建筑的发展趋势深刻体现了建筑行业在应对全球气候变化和推动可持续发展方面的积极探索，随着社会的发展和科学技术水平的不断提升，绿色化、智能化等理念在交通建筑设计中应用是必然趋势。在低碳交通建筑的具体实践中落实绿色智能化理念有助于交通和建筑行业的可持续发展。

要实现低碳交通建筑的可持续发展，必须将绿色化与智能化理念逐渐延伸至建筑设计的全过程之中，发展低碳交通建筑是社会和时代进步的必然结果，符合节能环保的时代主题。推进智能化、绿色化在低碳交通建筑领域的融合发展，是增强低碳交通建筑产业核心竞争力、促进产业迈向成熟的重要表现。现阶段我国交通建筑领域的设计中，在建筑设计的全过程、全环节中对绿色化、智能性的考量还存在不足。

智能化是在“双碳”背景下，低碳交通建筑设计要做的工作。智能建筑管理、智能交通管理、智能交通方式的大量引入，对于特大型交通建筑的多种交通方式系统实现高效率、低碳排的集合运行而言意义重大。[2] 智能化的应用可以使得建筑设计更加低碳环保，可以根据建筑物内的具体能耗情况来优化设备的使用，并且智能地调节电气设备的运行状态以及运行时间，这样就可以更大限度地节省电能的使用，以实现对建筑能耗的最优控制和智能调节，大力推动低碳交通建筑在节能减排、提高能源利用效率方面的实际效果。

绿色化发展是建筑行业面对当前全球气候变化和能源消耗的必然趋势，推动绿色设计和技术的应用，能有效降低能源消耗和碳排放，为“双碳”目标的实现提供有力支持。通过使用太阳能、风能等新能源建筑技术，为建筑提供清洁能源，减少对传统能源的依赖，实现资源的节约和环境的保护，为可持续发展做出贡献。

在这两大发展趋势的引导下，相关领域人士应加强对绿色智能理念在交通建筑行业领域中的应用问题的关注，要加强主被动技术同智能化技术的结合，不仅需要关注材料、结构、能源等方面的绿色技术应用，更要注意其与智能化技术的双向协同。

7.2.2 多元集约化低碳交通建筑设计发展

1）功能复合

高效、开放、可持续的多元集约将会是今后交通建筑发展的主要方向，交通方式和功能复合也会是未来交通建筑发展的一大趋势。虽然新时代交通建筑功能和形式越来越复杂，但其本质还是为了满足居民实现高效、便捷换乘的公共建筑，在贯彻资源节约、环境友好理念的同时，低碳交通建筑需要满足使用者的基本需求，不能用牺牲使用功能的方式来降低能耗。未来低碳交通建筑是要在保证建筑舒适度与实用性的情况下，对功能进行整合和最大限度的利用，用多功能复合和空间的高效利用等手段缓解城市化进程中空间资源紧张的问题。

2）交通规划

低碳交通整体规划也是未来交通建筑系统设计中的一环，未来交通领域也须改变当前的发展模式，减缓当前交通碳排放快速增长的态势，实现交通建筑领域中交通组织集约化的发展倾向。需要完善低碳交通建筑中的公共交通体系，提高公共交通的服务质量和覆盖范围，引导居民绿色出行，减少私人汽车使用融入绿色交通理念，整合社会资源、优化交通运输效率，大力推进绿色低碳出行，方便居民日常出行的同时减轻碳排放负担。

3）资源利用

对资源的集约利用也是未来低碳交通发展的必然趋势，资源的有限性促使我们必须走集约利用资源的道路，通过对可再生资源的集约利用，有利于提高能源利用效率，缓解能源紧张的局面。高效地利用土地空间资源使得建筑物所需的可建设面积减少，尤其在城市建筑的建造过程中城市的面积有限，必须在有限的面积上更高效地使用空间，同时减少建造也可以更大限度地节省能源，避免占用过多的土壤，从而对环境的破坏降到最低，实现可持续发展。

7.2.3 数据驱动与性能导向下的低碳交通建筑发展

对于使用者来说，效率和体验应该成为低碳交通建筑升级发展的重要目标之一，围绕效率和体验，设计者更要充分利用现代建筑技术，如大数据技术、人工智能等，对交通建筑内不同空间场景进行数据分析和模拟，找出低碳化发展的最优解，使低碳交通建筑的建设和管理更为科学高效。

1）数据驱动的设计与优化

未来的低碳交通建筑的设计应充分发挥数据信息系统的统筹管理作用，配合建立完善的实时能耗监测系统和交通道路资源信息系统。通过大数据分析和人工智能技术的结合应用，在设计之初就能通过建筑性能模拟对设计进行分析和改进，对设计方案的性能进行更为直观的量化评估，找到更为节能的方案。其次，也能更为准确地了解建筑在全生命周期内各个环节的建筑能耗和碳排等关键指数，进而根据数据在不同时间段采用不同的能耗模式，优化和提升节能减碳效能。通过数据驱动的设计与优化使得低碳交通建筑的设计更为科学、精准和高效，为建筑行业的可持续发展提供了有力支持。

2）性能导向的评估与改进

低碳交通建筑的可持续发展离不开以性能为导向的评估和改进。性能导向的评估与改进，是低碳交通建筑在持续性质量提升方面的关键手段。通过建立科学的评估体系和指标体系，对建筑性能的定期评估，可以及时发现存在的问题和潜在的改进空间，推动建筑在设计、材料、技术等方面的不断创新和优化，利用科学的评估方法对适应于交通建筑的低碳技术进行筛选，有助于推动低碳交通建筑的不断提升与优化。

参考文献

[1] 许珍．我国城市低碳建筑发展缓慢的原因分析 [J]. 城市问题，2012（5）：50-53.
[2] 陈雄，郭建祥，金旭炜，等．塑造未来城市的交通建筑 [J]. 当代建筑，2023（1）：6-13.